유럽 도시 경관 가이드북

유럽도시 경관 가이드북

萩島 哲 저 강명수 역

普文堂

머 리 말

경관은 또 다른 문화의 모습이다. 왜냐하면 경관은 사회 의사 표출의 총 집합체이기 때문이다. 따라서 경관 설계는 그 시대의 의지와 신념을 반영하면서 도시를 의도적으로 변화시킨다.

오늘날의 도시에 대한 요구는 앞으로 경관분야, 특히 조사분석 및 디자인의 역할이 매우 커질 것이다. 그렇지만 디자인이라는 것은 조사가 전제되어야 하며, 조사 분석이 병행되지 못하는 디자인은 시대를 앞서 갈 수 없다. 그렇다고 하여 조사된 모든 내용이 디자인에 반영되어야 한다는 생각 또한 위험하다. 정밀한 조사는 디자인의 단적인 부분에 지나지 않는다. 치밀함의 정도는 경관 설계에서 요구되는 조작성의 정도에 따라 포괄적인 개념을 포괄할 수 있어야 한다. 단지 자세한 조사라고 하여 반드시 바람직한 디자인이 되는 것은 아니다.

이 책은 1996년 일본에서 발간된 "풍경화와 도시경관(이공도서)"의 후편이며, 도시 그림을 그린 풍경화의 실제 경관을 조사하여 분석한 결과를 그 내용으로 정리하고 있다. 나는 도시경관이라는 시각에서 경관 감상법의 하나로서, 회화의 새로운 감상법을 제안하고 있다. 따라서 현지 조사의 결과가 경관설계의 조작 지표로 반영될 수 있도록 주의하였다. 때문에 본 서에서 그림의 구도에 주목하여 분석하고 있음에도 불구하고, 그려진 실제 경관의 특성을 전함에 있어 그 표현에 부족함이 없도록 신중을 기하였다. 조사가 진행되면서 아쉬움도 남는 결과이지만, 정리된 내용들이 앞으로의 도시경관 설계에 기여할 수 있는 계기가 되기를 진심으로 바란다.

이 책은 일본 문무과학성의 과학연구비 보조금(기반B) "19세기 유럽 인상파의 풍경화에 그려진 도시경관의 시점장 조사(과제번호12574011; 2000-2003)"에 의한 중간 연구보고의 일부분으로 구성되었다. 여기서의 시점장 검색은 기존 연구와 문헌을 참고하며 진행하였고, 많은 연구 협력자들에 의해 진행 할 수 있었다.

마지막으로 책에 기제를 허락해주신 회화 소장 미술관과 회화 판권 때문에 고생하신 출판사에게도 머리 숙여 감사의 뜻을 전하고 싶다.

하기시마 사토시

2002년 8월 16일

추천의 글

우리는 매일 무엇을 보고 사는가?

'매일 무엇을 먹고 사는가'가 우리의 신체 건강을 지키는 중요한 문제인 만큼 '무엇을 보고 사는가'는 우리의 정신 건강을 지키는 중요한 문제이다.

조망권의 중요성이 보편화되고 있는 현실에서 볼 수 있듯이, 오늘날 양호한 경관의 조성은 생활공간 조성에 있어 주요한 과제로 부각되고 있다. 사람이 나이가 들면서 그의 인생역정과 정신세계가 그의 얼굴에 드러나 보이듯이, 어떤 사회가 보여주는 경관은 그 사회의 모든 것이 거기에 나타나 있다 하여도 과언이 아닐 것이다. 이제 우리나라도 우리의 경제성장에 걸맞고, 우리 사회의 발전에 어울리는 품위 있고 아름다운 경관을 조성해 나가야 한다.

경관계획은 어떤 사회가 지니고 있는 의식 수준과 그 사회를 움직이는 모든 힘의 한계를 뛰어넘는 계획이나 디자인의 제안과 그 실천은 매우 어려울 것이다. 우리나라도 최근 각 시, 군에서 독자적인 경관계획을 수립하고 집행하려는 노력이 활발해지고 있지만, 도시공간이건 농촌공간이건 각 공간에 적용할 수 있는 구체적인 경관지표의 제안까지는 잘 미치지 못하고 있는 것이 현실이다.

그 동안 경관연구가 주로 경관 심리평가와 시뮬레이션에 의해 평가해 온 것 또한 그 배경이라 할 수 있겠다. 물론 이들 분야의 연구결과 역시 중요하지만, 경관이 주로 시각적으로 인식되어 평가된다는 점을 감안할 때 인식되는 시각적인 구도에 대한 연구가 중요하다. 앞으로 이들 분야에 대한 성장을 기대하면서 본 서가 경관의 기본이라 할 수 있는 장면 경관을 대상으로 경관 구도 분석에 대하여 자세히 논하고 있는 것이 도움이 될 수 있으리라 생각한다. 이는 경관을 담당하는 행정기관에서 주민과 함께 공감하는 경관을 알기 쉬운 구체적인 지표로 목표상을 구축하는 일에도 큰 도움을 줄 것으로 기대된다. 또한 아무리 이상적인 경관 계획을 제안한다 하여도, 행정과 주민이 함께하는 실천이 전제되지 않으면 이루어 낼 수 없는 것이 경관 조성이다.

우리 모두 이 책의 저자를 따라서 유럽의 회화여행과 함께 도시 기행을 하면서, 그 곳곳의 특성을 살린 경관이 어떻게 구성되어, 우리들이 어떻게 그것을 보고 즐기고 있으며, 아름다운 경관 조성이 미술이나 관광과 마찬가지로 지역 경제를 지지하고 있음을 직접 경험하면서, 이 책을 우리의 경관을 품위 있고 아름답게 조성하는 훌륭한 길잡이로도 활용하기를 기대한다.

"맛있는 음식을 먹기 위해 음식 먹는 방법을 익혀 즐기듯, 경관을 즐기기 위해서도 그 감상법이 있다"

서울대학교 조경 지역시스템공학부 교수
안 동만

옮긴이의 글

새로운 관점에 대한 신선한 충격이었다.

유명한 그림을 전 세계사람들에게 검증된 이상적인 경관으로서 그 경관이 어떻게 조성되었는지를 현실 공간에서 파악하여 그 이상의 것을 만들기 위한 작업.

변함없는 열정과 노력으로 지금까지도 이어지고 있는 경관계획을 위한 조사작업이지만, 본 서에서 볼 수 있는 것처럼 10여 년의 연구 성과로 보기에는 조금은 초라한 것 같기도 하다. 그렇지만, 이러한 사고의 접근과 노력의 성과가 앞으로 우리가 살아가는 도시공간의 경관 조성을 위하여 그림이라는 소재가 얼마나 많은 무한한 힌트를 지니고 있는가를 실감하기에는 충분하다.

정보가 넘쳐나는 오늘날, 사고와 행동이 세계적인 흐름에 따라 나라를 넘어선 변화와 공유를 보인다. 예전처럼 한정된 공간만을 고려하는 시점으로는 앞서는 디자인 구상이 어렵다. 특히 경관은 공간으로 인하여 형성되는 것이지만, 인간의 생활을 배경으로 하는 사고를 바탕으로 눈을 통한 시각적인 감각을 통하여 경험과 문화, 교육, 심지어 심리까지 포함한 다양한 측면에서의 평가를 받는다. 개인적인 평가도 가능한 반면, 어느 부분보다도 공공성을 가지고 있는 부분이기도 하다. 때문에 경관계획의 접근은 매우 신중하여야 한다.

전달매체의 발달로 경관이라는 분야가 우리들에게 가까워지고 있는 요즘, 여러분들께 시각적으로 인식되는 경관을 즐기기 위한 하나의 접근법을 제시하는 것은 앞으로의 경관 발전에도 의미가 있는 일로 생각한다.

본서는 크게 5부분으로 구성되어있다.

서론 부분인 제1부는 눈에 비쳐지는 경관을 경관 조성에 도움이 되도록 경관 구도에 대한 기본적인 접근법과 조사방법에 대하여 논하고 있다.

본론 부분은 도시를 구성하는 6대 경관의 타입 별 특징을 논하고 있는 제2부, 기본 타입이 이어지면 형성되는 시가지내의 파노라마 경관 조성 원리를 파악한 제3부, 그리고 마지막으로 기본 타입들이 한 지구에서 반복, 변화되면서 구성되는 연속경관에 대한 특징을 제5부에서 논하고 있다.

결론 부분에서는 이러한 접근과 그 조사결과가 경관기본계획에 어떻게 적용, 활용될 수 있는 지에 대하여 논하며 앞으로의 방향성을 적고 있다.

유럽을 대상으로 하고 있지만 일본에서 연구되었기 때문에 번역함에 있어서, 외국어 표기에 대한 고민을 많이 하게 되었다. 결국 독자들이 책을 읽고 실제로 유럽을 방문하였을 때, 설사 다른 일로 방문하게 되었다 하더라도, 이 책에 표기된 지명이 현지에서 바로 도움이 될 수 있도록 최대한 현지발음에 충실한 지명 표기가 되도록 노력하였다.

그 외 미흡한 점은 옮기는 작업을 한 내 자신에게 가장 큰 원인이 있다고 생각한다. 여러분들의 양해를 바라며, 마지막이 되었지만, 이 번역서가 출판되도록 기회를 주신 서울대학교 안동만 교수님, 김명수 박사님, 무척이나 어려웠던 편집 작업에 최선을 다해주신 디자인 샘, 그리고 이 책이 세상에 나올 수 있게 해 주신 도서출판 보문당께 진심으로 감사의 마음을 전합니다.

2006년 3월

강 명수

contents

contents

Ⅲ. 시가지 파노라마 경관 구도

contents

I 경관구도론의 기초

1-1 경관 구도론의 개념

1-2 도시 경관 구도 조사 방법

1-1 경관 구도론의 개념

1. 경관의 소재

종종 TV 등 방송에서 기억에 남는 아름다운 풍경을 볼 수 있다. 가을 단풍과 겨울의 설경, 위에서 내려다보는 풍경은 자연의 웅대함을 느끼기에 충분하다. 멀리 보이는 산맥도 한눈에 내려다 보인다. 이러한 풍경은 대부분 산맥과 해변의 경우이다. 반면, 자연 생태와 같은 미시적인 모습도 경관의 하나로서 소개하기도 한다. 예를 들어 물 속을 헤엄치는 물고기떼, 숲 속에서 뛰노는 동물, 평야 가득한 꽃 등, 살아있는 생명의 모습들이 그것이다. 그외로도 역사적 도시의 모습이나 노목의 모습도 소개되어지곤 한다.

이렇게 우리들은 자연과 도시의 풍경, 그리고 생명이 약동하는 모습 등 다양한 경관을 접하고 있다.

2. 경관을 만들어내는 생활

지방의 특산물과 요리, 전원, 산촌, 어촌의 생활 모습 등이 일본의 대표적인 경관의 하나로 소개되는 경우가 종종 있다. 이렇듯 우리들의 다양한 일상 생활이 아름다운 하천 경관을 만들어 왔음을 우리들은 이미 무의식 중에 받아들이고 있다. 그럼에도 불구하고 예부터 일상의 다양한 생활이 아름다운 경관을 보존하고 있음을 일부러 강조하지 않는 것은, 경관과 이를 만드는 생활과의 관계가 매우 밀접하기 때문이다.

나에게도 기억에 남아있는 경관이 있다. 그것은 “시만도강의 사람들”과 “아름다운 시간의 흐름–능수버들 벚나무 밑에서 살아가는 가족 이야기–”라는 방송이었다. TV에 소개된 계곡과 산의 혜택을 누리고 있는 일상 생활과 전원, 배경의 숲이 어우러진 영상. “첫사랑과 함께 온 길”이라는 영화에 비쳐진 생생한 나무와 산맥의 경관. 확실하진 않지만, 아마도 ‘자연과 함께 하는 인간 생활의 발자취’ 라는 주제로 인간을 둘러싼 주변 풍경이 묘사되었던 것으로 기억한다.

그러나, 여기서는 눈으로 보이는 아름다운 풍경과 그 배후에 존재하는 생활을 구분하여 논하고자 한다. 어업이 하천 경관을 만들어내는 조건이라 할지라도 ‘하천 경관’ 을 소개할 때, 어업 실태에서 물고기의 생태까지 묘사할 필요는 없기 때문이다. 만약 경관을 논할 때 생산에서 생활에 걸치는 모든 것을 경관 대상으로 취급되어야만 한다면, 이는 “경관론”에 과중한 기대와 과제를 부담시키는 꼴이 되고 만다.

3. 경관의 표현 방법

경관을 논하는 경우, 또 하나의 관점이 있다.

산악의 단풍과 설경을 망원 렌즈로 내려다보며 촬영하는 방법, 또는 접사하여 미시적인 세계를 표현하는 방법 등이다. 어느 쪽도 우리들이 흔히 경험하는 경관과는 다르다. 망원 렌즈에 비쳐진 경관은 표준 렌즈로 보는 경관과 큰 차이가 있다. 물론 대상을 가까이에서 보는 경우도 있지만, 그리 흔한 경험은 아니다.

그렇다면, 왜 생활하고 있는 일상 경관에서 아름

다운 경관을 찾으려 하지 않는 걸까? 왜 항상 보고 있는 도시의 광경이나 산과 강, 녹지 등의 아름다움이 외면당하고 있는 것일까?

4. 경관의 개념 정의

이처럼 경관은, 경관의 "소재", 경관을 만들어내는 "배경", 그리고 그것을 제 3자에게 전달하는 "표현"과 같은 3가지 관점으로 설명된다.

첫째, 무엇을 보는가? 즉 '보는 소재가 무엇인가' 라는 점이다. 내가 여기서 말하고자 하는 경관은 자연과 인간 활동의 결과로 만들어진 인공적인 경관이다.

둘째, 이것을 만들어내는 '일상 생활' 의 개념이다. 카메라로 보는 일상 생활의 경관도 그 나름대로 아름답다. 그러나, 이것은 경관을 보여주기는 하지만, 그 자체는 광경에 불과하다. 때문에, 본 서에서는 보통 아름답다고 느끼는 경관의 영역, 즉 매우 "평범한" 일상적인 아름다움에 한정하고자 한다.

太宰治는 "富岳百景"[1]에서 경관을 다음과 같이 논하고 있다. "미사카(御坂峠)는 甲府에서 도카이도(東海道)로 이어지는 카마쿠라까지의 일정 중, 가장 아름다운 북쪽면의 후지산을 바라볼 수 있는 소방내 중 하나이다. 이 곳에서 바라보는 후지산의 모습이 '후지삼경' 이라고 칭송을 받고 있을지언정, 나는 아무래도 동감할 수 없었다. …… 너무 뾰족한 후지산이다. …… 마치 목욕탕에 그린 페인트 그림이질 않은가. …… 아무리 생각해도 막그린 경치로 너무 창피하다. ……" 또, " …… 후지산을 보면서 '너무 속세적이잖아. 후지산님이라는 느낌 …… 오히려 보고 있는 쪽이 얼굴을 들 수 없었다' ……" 라며 처음에는 후지산의 아름다움을 이해할 수 없었다.

그러나, 후에 다자이(太宰)는 미사카에서 바라보는 광경을 다음과 같이 평하고 있다. "방 너머 유리창 밖으로 보이는 후지산은 정말 당당하고 믿음직스럽다. '흠, 역시 후지산은 대단해' 어느 무엇도 후지산과 비교될 수 없을 거라고 느꼈다."

다시말해, 다자이(太宰)는 당초 일반 시민이라면 누구라도 알고 있을 법한 '주문대로', '세속적인' 모습의 아름다움을 인정하지 않았다. '자신 나름대로 아름답다' 라고 생각되는 이유를 찾아내지 못하는 한 납득할 수 없었던 것이다. 결국, "좋다, 후지산은 …… 정말 대단해 ……" 라는 자신의 표현 이유를 찾아내고 처음으로 다자이후 나름의 후지산을 평가하기에 이른다.

여기서 내가 다자이의 富岳百景를 인용한 의도는, 결코 화가가 속세의 "주문대로" 그림을 그렸다는 것을 주장하기 위해서가 아니다. 내가 말하고자 하는 것은, 설사 회화를 피상적으로 감상한다고 하여도, 그 대상이 되는 실경은 "그림이 되는 경관" 분석의 소재가 될 수 있다는 것을 설명하고 싶기 때문이다.

셋째, 경관이라는 것을 제 3자에게 전할 때, 전달매체의 참모습에 관한 의문이다. 그것은 망원 렌즈, 광각 렌즈, 표준 렌즈에 이해 동일한 대상이더라도 가기 다르게 표현되고 전달된다. 그러나 일반적으로 가까운 것은 크게, 멀리 있는 것은 작게 또는 희미하게 보인다. 이처럼 일상 감각으로 경관을 표현하고 있는 것, 사실적으로 표현하고 있는 것 즉, 누가 보아도 똑같이 보이는 경관에 대하여 논하고자 한다.

5. '그림이 되는 경관' 의 의미

우리들이 흔히 보는 것은 시가지의 건물, 도로, 가로수 그리고, 하천, 바닷가, 멀리 보이는 산맥, 녹지 등이다.

영국 풍경 화가인 컨스터블은 이미 19세기 초에 다음과 같은 글을 남기고 있다. "회화는 이해되는 대상이지, 맹목적으로 감탄하는 선망의 대상물이 아니다. 게다가 단순히 시적인 열망으로 보는 것이 아니라, 합리적, 과학적, 그리고 수학적인 이해가 추구되는 대상이다"[2]. 이에 이어 "화가라는 직업은 시적인 동시에 과학적이어야 한다. 상상력으로 현실과의 비교만으로 끝나버리는 회화는 결코 과거에도 제작되지 않았으며 앞으로도 제작되지 않을 것이다". "육안으로 결코 볼 수 없는 것을 사람이 그리는 것처럼 어리석은 일은 없다. 보이는 것을 그리는 것, 그 자체만으로도 이미 충분히 어려운 작업이기 때문이다"[2].

6. 그림과 실제 경관과의 차이점

회화는 사진을 찍어 그것을 모사하는 것이 아니다. 화가는 실경(實景:실제경관)과 똑같이 그리는 경우도 있고, 수정하여 그리는 경우도 있으며, 전혀 다르게 그리는 경우도 있다. 풍경을 사실적으로 그린다는 것보다 그것을 소재로 하여 조합해서 그린다. 그려진 것들은 화가의 눈을 통해 재구성된 결과이기 때문에 화가의 사고나 묘사 기법에 의해서도 다르며, 심지어 시대 제약에 의해서도 다르다.

본 서에서 나는 사실적으로 그린 "그림이 되는 경관"을 분석하는 것을 전제로 하고 있다. 실제로, 19세기 유럽 인상파 화가들은 비교적 실경에 가까운 경관을 그리고 있다.

프랑스 문화성(文化省)은 코로의 그림을 참고하면서 성당을 복원하고 있다. 피사로는 르 아브르 항만의 매립 전의 모습을 "기록"하기 위해 그림을 그렸다고 편지에 서술하고 있다[3].

본 서는 이러한 회화를 "그림이 되는 경관"의 자료로 이용하였다. 그리고 실경과 회화와의 공통점과 차이점에 주목하여 조사를 하였으며, 이들 조사 결과를 바탕으로 "그림이 되는 경관"을 조성하기 위한 실제경관의 공간 특성을 정리하였다.

7. 색채 분석

도시를 그린 인상파의 회화를 분석함에 있어서 색채 분석이 불가피하다. 때문에 '왜 색채 분석을 하지 않느냐' 라는 지적을 적지 않게 받았다.

흔히 인상파 회화의 특징은 맑고 투명한 색채라고들 한다. 인상파 화가는 한 순간의 "빛의 형태"를 캠퍼스에 정착시키기 위해 주력 해 왔다. 분명 형태보다 색채가 더 중요한 것처럼 느껴지기도 한다. 그러나 색채 분석은 현단계에서는 불가능하다고 나는 생각하고 있다. 미술관에서 회화를 보아도 조명의 정도나 앵글에 의해 달리 보이고, 또한 미술관에서 빌린 필름으로 인쇄한 경우도 그 색채는 출판사에 따라 다르다. 이는 독자가 직접 동일 회화를 서로 다른 출판 인쇄물과 비교해보면 바로 일목요연하게 이해될 것이다. 따라서 본 자료들로 색채 분석을 행하기에는 정확하지 못한 점들이 많다. 그러나 색채에 특징을 가진 인상파의 회화이지만, 이를 살리기 위해 정확한 형태와 구도의 스케치를 바탕으로 하고 있기 때문에, 구도 분석을 함에 있어서도 훌륭한 자료가 된다고 판단된다.

1-2 도시 경관 구도 조사 방법

1. 시점장 조사의 목적과 주의점

(1) 시점장 조사 목적

19세기 유럽 풍경화는 자연의 아름다움과 도시의 생활상을 함께 그리고 있다. 이것은 지금까지도 변함없이 시대를 넘고 국경을 넘어 전세계 사람들에게 사랑 받아오고 있다.

이러한 풍경화는 도대체 어떤 장소에서 이떤 대상을 그린 것일까? 흔히 우리들은 풍경화를 보고 그 풍경을 상상할 뿐, 대부분의 경우 그 실제 경관(이하 실경)은 잘 모른다. 그래서 나는 그 실경을 조사하여 왜 많은 화가들이 수많은 경치 중에서 하나의 구도를 선정하여 "그림이 되는 경관"으로 그렸을까라는 화가들의 비밀을 알고 싶다. 또한, 실경과 그려진 회화를 비교하여, 그림이 그려진 이유를 실제 경관을 통하여 알아보고, 그 결과를 도시 경관 설계 수법에 도움이 되는 지표로서 확립하고자 한다.

이를 위해서는 반드시 그려진 장소의 방문이 불가피하다. 화가가 이젤을 놓고 그린 장소에서 360도 주변을 돌아보고 그 중에서 그려진 방향을 확인하고 무엇을 그렸는지, 그려진 경관의 현황과 시대상의 종류, 시대상까지의 거리 등과 같은 공간적인 특징을 명확히 할 필요가 있기 때문이다. 가능한 한 많은 화가의 수많은 회화를 조사하여 그 중에서 공통된 특징을 정리하고자 한다. 때문에, 이러한 시점장 공간의 조사를 위해서는 우선 시점장의 위치를 확인하여야만 하였다.

(2) 시점장 지점 선정 시 주의점

시점장 위치를 찾아내는 일은 그리 용이한 일이 아니다. 유명한 회화의 경우, 이미 시점장이 관광지로 활용되고 있기 때문에 시점장 검색이 비교적 용이하다. 그러나, 구체적인 공간을 알아보기 위해서는 실제로 방문하여 회화와 부합하는 지 어떤지를 비교하여야만 한다. 때로는 이미 해당국, 여행 가이드, 현지 관광 안내소(i) 등에 의해 예상했던 지점과 다른 경우도 있는가 하면, 오히려 안내 지점이 시점장이 아닌 경우도 있다. 따라서, 지리적인 특징이 회화와 일치한다는 속단은 내 경험상 매우 위험하다. 단, 유명한 회화의 경우, 대부분 그림이 그려진 도시나 지구는 확인되어있기 때문에, 우리들은 구체적인 세부 지점을 검색하기만 하면 되어 수월하다.

2. 조사단계

(1) 예비 조사

심지어 매우 유명한 회화일지라도 상기와 같은 점을 주의해야 하기 때문에, 별로 일반에 알려지지 않은 그림의 경우는 그림 제목에 있는 지명을 확인하는 작업부터 시작되어야만 한다.

만약 그림 제목에 지명(도시, 하천, 산, 교회 등의 명칭, 또는 길 이름 등)이 포함되어 있으면 이것이 시점장 발견의 가장 큰 힌트가 된다. 우선 지명의 철자를 확인하여 지도에서 확인한다. 지도에서 확인이 되면 다음 단계로 도시 지도, 세부 지도를 수집한다. 만

약 일본 국내에서 입수할 수 있는 관광 지도에서 확인이 안 된다면 그 나라 전 지도를 입수하여 지도에서 지명의 존재를 확인한다. 또는 인터넷을 이용하여 그 국가나 도시에 접속하여 지구의 지도와 사진을 확인한다. 여기까지 확인되면 다음 단계로 그 도시의 세부 지도를 입수한다.

혹시 그림 제목에 지명이 명기되어있지 않은 경우는 화가의 방문 예상 장소를 미학, 미술사학의 성과와 수 많은 문헌에서 조사하여야만 한다. 이 경우 시점장 검색은 장기전이 된다. 이상과 같은 절차에 따라 그려진 도시와 지명을 확정해 간다.

(2) 지도 수집

그렇다면, 도시 지도는 어떻게 입수할 수 있을까? 나라에 따라 도시 지도는 관광 지도와 관제 지도, 2가지 종류가 있다. 관광 지도는 민간 지도 회사가 제작한 것이고, 관제 지도는 흔히 일본에서 말하는 국토 지리원이나 군에서 제작한 것이다. 일본에서는 동경 간다 M하우스에서 이러한 외국 지도를 입수할 수 있다.

우선, 관광 지도는 길 이름이 명기되어있기 때문에 시점장과 시대상을 검색함에 있어 반드시 필요하다. 단 모든 도시에서 제작되고 있지 않다는 점과 거리 등의 계측 내용이 부정확하다는 단점이 있다. 또한, 관제 지도는 거리가 비교적 정확하게 기재되어있기 때문에, 시대상까지의 거리를 계측함에 있어 반드시 필요하다. 이 지도의 입수를 원한다면 각국의 관제 지도 작성 방법, 발행 방법, 지도 축척, 지도 번호 등을 사전에 파악 해 두어야만 한다. 영국(OS)[주1], 프랑스(IGN)[주2], 베네룩스의 경우는 국토 지도 시스템에 관한 팜플렛이 있어 관제 지도 제작법을 알 수 있다.

여기까지 파악되면, 그 다음에는 지도 발행 시스템을 알 수 있는 팜플렛에서 해당 도시의 지명이 기재되어 있는 지도 번호를 조사한다. 필요한 지도 번호를 조사하여 그 지도를 M하우스에 발주하여 입수한다. 단, 이탈리아의 경우, 해당 지도 번호를 발주하더라도 입수 불가이거나 1년 이상의 입수 기간이 필요한 경우가 많다. 물론 M하우스를 통하지 않고 직접 영국, 프랑스의 국토 지리원에 발주하는 것도 가능하다. 그 외로도 해외 조사 시 국토 지리원이나 관련 점포에 들려 광역 지도와 도시 지도(1/25,000–1/100,000)를 입수하는 방법도 있다. 지도를 입수하면 지명의 철자에 주의하면서 대상이 되는 도시를 확정한다.

또한 시점장의 현지 조사에서는 1/1,000–1/5,000의 세부 지도가 필요하다. 이 지도가 있는지, 있다면 어디서 입수할 수 있는 지를 조사하여 가능한 한 빠른 시일 내에 준비해 놓을 필요가 있다.

(3) 현지 조사

다음 단계로, 그 곳을 방문하기 위한 교통 수단을 확인한다. 만약 현지가 작은 마을이라면, 그 수단을 찾아내기란 여간 어려운 일이 아니다. 우선은 비행기, 철도, 버스, 택시 등으로 어디에서 그 마을까지 갈 수 있는지를 조사한다. 원칙적으로 철도 이동을 원칙으로 하고, 쿡크의 유럽 철도 시간표에서 역 이름을 확인하거나, 현지의 중앙역에 문의한다. 여기까지 확인되면 다음은 실제로 가 보는 수 밖에 없다.

현지 도시에 도착하면 바로 관광 안내소(i)에 들린다. 그리고 세부 지도 등을 입수하거나, 회화, 지도, 역사에 관한 정보를 수집한다. 단, 앞에서 말한 것처럼 (i)의 정보를 무작정 신뢰해서는 안 된다. 현지에서 정보 수집이 끝나면 다음은 회화가 그려진 장소를 찾아내기 위한 예비 조사로 주위를 배회한다. 일반적으로 역에서 1km범위에 구시가지가 위치한다. 지도를 잘 보고 다시 한번 그림과 비교하면서 시점장의 후보 지점을 열거한다. 여기까지 준비가 되면 구시가지에 가서 후보 지점을 걸어보면서 그 주변을 찾아보면 대부분 시점장을 발견할 수 있다.

대부분의 경우, 회화를 그린 시기의 시가지와 현재의 시가지는 큰 차이를 보이거나, 심한 경우에는 당시의 모습을 전혀 찾아볼 수 없는 경우도 많다. 또 기준이 될 만한 것이 그려져 있지 않은 그림의 경우는 그 도시의 어디서라도 그림처럼 보일 것 같은 곳도 있다. 이런 경우에는 시점장 발견이 매우 어렵다. 묘사된 장소를 단정할 수 없기 때문이다. 이 경우에는 그림이 그려진 당시의 지도가 필요하다. 때문에 고지도 수십 또한 중요한 작업이나. 고지도와 현재의 지도를 비교하면서 시점장을 추정하여 확인한다.

이외에도 또 하나의 문제점이 있다. 앞에서도 언급하였지만, 그것은 화가가 눈에 보이는 대상을 그대로 그림에 그렸다고 단정할 수 없다는 점이다. 당연한 이야기이지만, 회화에 그린 대상은 실경과 다른 경우가 많으며, 실제로 우리들이 보고 있는 경관과도 다르다. 말하자면, 회화는 조작되었다는 것이다.

이처럼 시점장의 검색은 매우 어려운 작업이다.

3. 조사 대상 도시와 화가

(1) 대상 도시

19세기 인상파의 그림을 중심으로 조사한 나라(도시)는 구체적으로, 프랑스(파리, 파리 근교, 루앙, 디에프, 르 아브르, 샤르트르, 두에, 라 로셸, 셍 로, 수아송, 아를르, 아비뇽, 마르세이유 등)을 중심으로, 스위스(주네브), 이탈리아(로마, 티볼리, 피렌체, 볼테

그림 1.1 주된 조사 도시

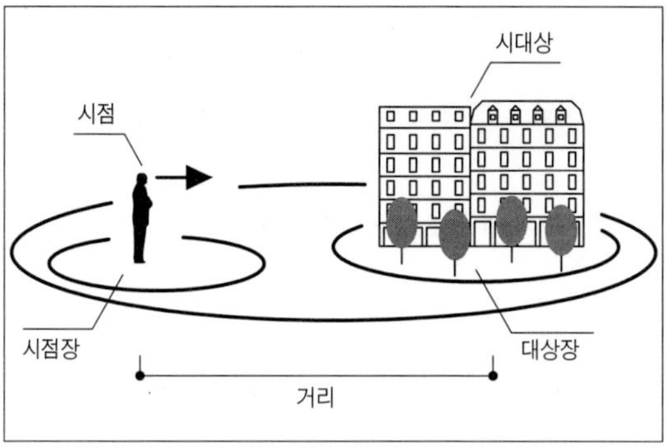

그림 1.2 시점장과 시대상의 개념

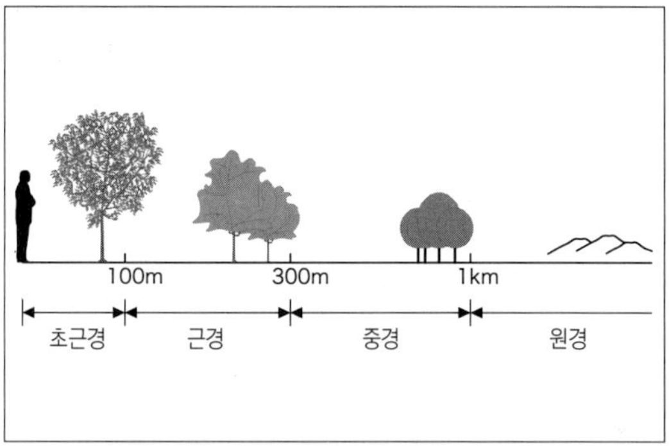

그림 1.3 시대상까지의 거리

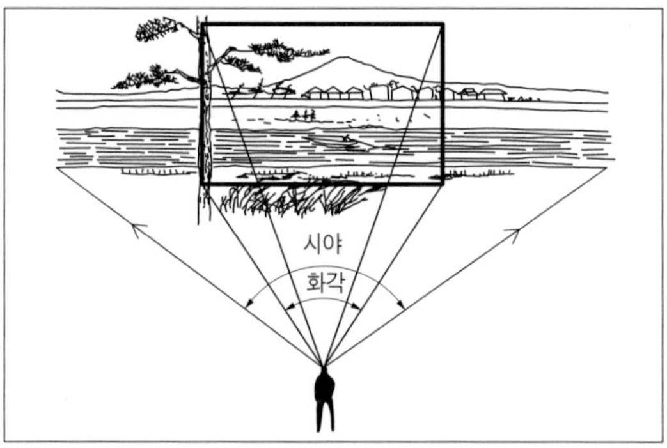

그림 1.4 화각, 시야의 개념

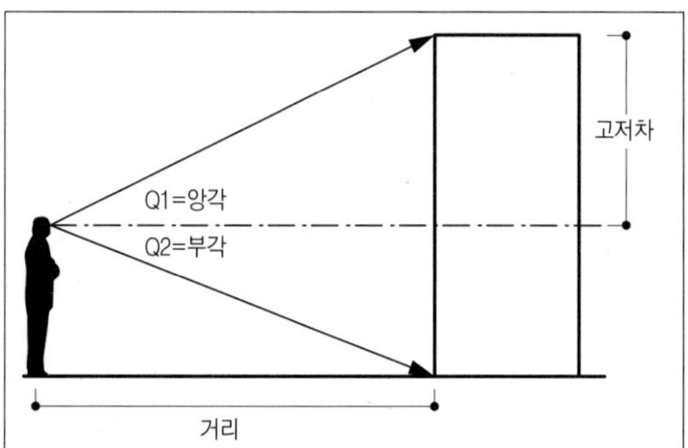

그림 1.5 앙각, 부각, 고저차의 개념

라, 베네치아, 제노바), 영국(런던, 햄튼, 솔즈베리, 더람, 버나드 캐슬, 리치몬드, 웨이크필드), 독일(드레스덴), 네덜란드(델프트, 도르트레히트, 잔담), 벨기에(안트베르펜), 노르웨이(오슬로)이다(그림 1.1).

대부분의 도시가 처음 방문하는 곳이었으나, 어느 곳도 역사적이면서 개성이 강한 도시이어서, 도시의 어느 곳을 가도 "그림이 되는 경관"으로 가득한 곳이었다. 이러한 도시 대부분은 현재 심각한 주차난을 겪고 있었고, 이 문제의 해결은 "그림이 되는 경관"을 유지함에 있어서도 매우 중요한 공통 과제임을 실감할 수 있었다.

이들 도시에는 지금까지도 시점장이 되는 공간(굽어진 돌 포장 노지나 광장 등)과 시대상(성당 등)이 여기저기 곳곳에 다수 존재하고 있다. 이러한 시가지에서 일반 사람들이 아닌, 화가의 독자적인 시점장에서 "그림이 되는 경관"을 선별하여 그림을 그린 것이다.

상기의 도시에서는 지역 건축가와 연구자들이 전통적인 마을 복원 작업에 참여하고 있으며, 설사 그 목적과 방법이 서로 다르다 하여도, 내가 머물렀던 짧은 시간에 조사를 마칠 수 있었던 것에 많은 것을 생각하게 하였다.

(2) 대상 화가

본 서에서 취급하고 있는 인상파 그림을 그린 화가들은 다음과 같다. 주로 19세기 유럽 인상파의 도시 경관을 그린 그림을 선정할 예정이었으나, 실제로는 로망주의, 사실주의 화가들의 회화들은 그리 많지 않았다. 결국, 시점장 검색이 가능하였던 그림을 그린 화가들은 다음과 같다.

구아르디 (1712–1793) Francesco Guardi,

터너 (1775–1851) Joseph Mallord William Turner,

컨스터블 (1776–1837) John Constable,

달 (1788–1857) Johan Christian Dahl,

코로 (1796–1875) Camille Corot,

용킨트 (1819–1891) Johan Barthold Jongkind,

부뎅 (1824-1898) Eugène Boudin,
피사로 (1830-1903) Camille Pissarro,
시슬레 (1839-1899) Alfred Sisley,
세잔 (1839-1906) Paul Cézanne,
모네 (1840-1926) Claude Monet,
고흐 (1853-1890) Vicent Van Gogh,
쇠라 (1859-1891) Georges Pierre Seurat,
시냐크 (1863-1935) Paul Signac,
뭉크 (1863-1944) Edvard Munch,
위트릴로 (1883-1955) Maurice Utrillo,

4. 용어 정의

그림이기 때문에 '정밀 조사' 라는 것 자체가 어울리지 않을 수도 있다. 그러나, 경관 설계 조작 지표[4)5)] 항목을 기본으로 조사하였다.

따라서, 한 장의 그림마다 그림에 그려진 실제 공간을 실측하였다. 우선, 시점장의 사진과 비디오, 디지털 카메라에 의한 촬영과 함께 다음 항목을 계측하였다. 이 때, 실측에는 간이 각도계, 거리 계측기(30m용:Disco Pro 30m, 1km용: Yardage Pro 1000), 줄자(5.5m)등을 이용하였다. 또한, 시점장과 시대상이 멀리 떨어져 있는 경우에는 2팀으로 나누어 조사하였다.

(1) 시점장(視点場)

화가가 캠퍼스를 세운 위치(그림 1.2).

(2) 시대상(視對象)

화가가 그림에 그린 대상물, 건물, 도로, 하천, 또는 가로수 등이다(그림 1.2).

(3) 시대상까지의 거리(초근경, 근경, 중경, 원경)

시점장에서 시대상까지의 거리로, 초근경, 근경, 중경, 원경으로 구분된다. '초근경' 은 화가가 서 있는 위치에서 100m이내, '근경' 은 300m이내, '중경' 은 1km까지의 거리, '원경' 은 1km이상으로 구분된다(그림 1.3).

(4) 화각(畵角), 시야각(視野角)

본 서에서 말하는 '화각' 이라 함은 화가가 그림에

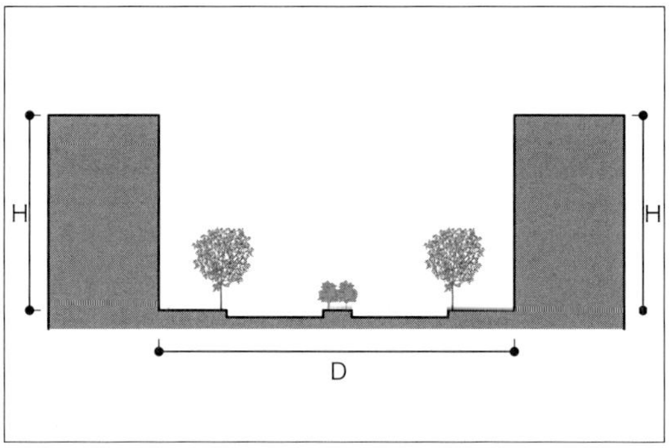

그림 1.6 D/H의 개념

그림 1.7 정면경(正面景)

그린 수평 각도이며, '시야각' 은 화가가 서 있는 위치에서 주변의 수평 장해물이 없는 개방도 또는 투시 정도를 나타낸다[6)].

문헌에 의하면 35mm렌즈의 화각은 수평54도이며, 50mm렌즈의 화각은 실측한 결과 수평 37도(그림 1.4)임을 알았다.

(5) 앙각(仰角), 부각(俯角)

시점장에서 시대상을 바라보는 경우, 시점장부터 시대상까지의 거리와 시대상의 높이와의 각도(그림 1.5).

(6) 고저 차(高低差)

시점장의 표고와 시대상의 높이와의 차(그림 1.5).

(7) D/H (도로의 폭/건물 높이) 또는 (광장의 안쪽 길이/건물 높이)

원칙적으로는 도로 폭과 그것에 면하고 있는 건물 높이와의 비이며, 광장의 경우는 광장 안쪽의 길이와 건물 높이와의 비(그림 1.6).

그림 1.8 축경(軸景)

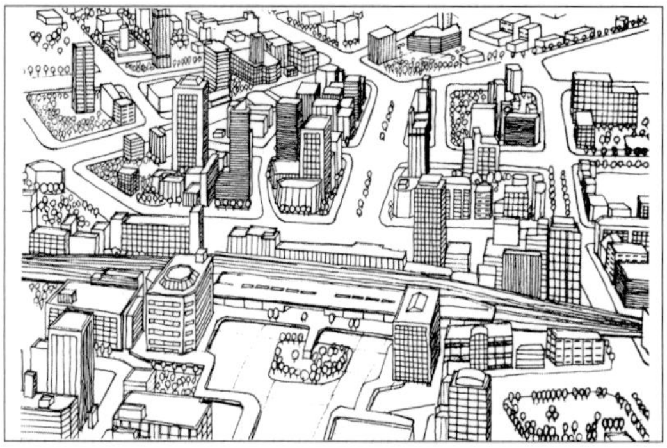

그림 1.9 부감경(俯瞰景)

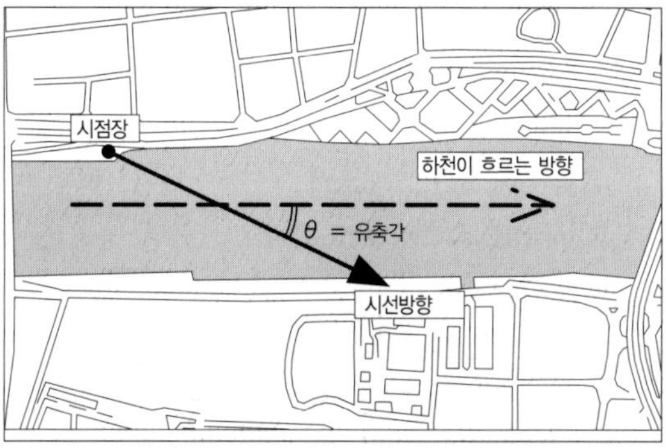

그림 1.10 유축각(流軸角)의 개념

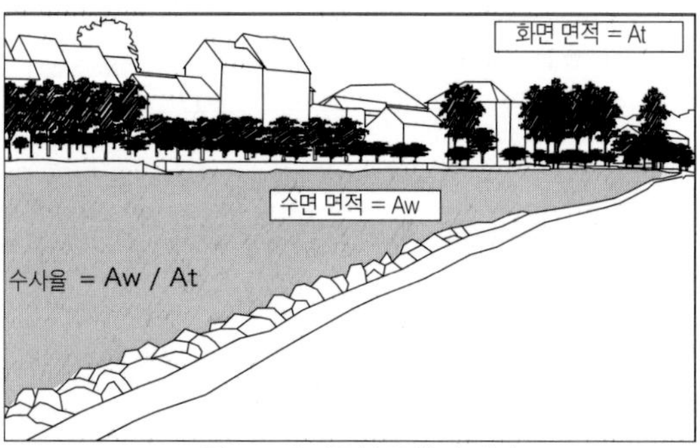

그림 1.11 수시율(水視率)의 개념

(8) 정면경(正面景; 對岸景)

건물 정면을 바라보는 경관을 말한다. 하천의 경우 하천이 흐르는 방향과 직각으로 호안을 바라보는 경관(그림 1.7)이다.

(9) 축경(軸景)

일반적으로는 도로 방향으로 보는 경관이며, 하천일 경우에는 하천이 흐르는 방향을 향하여 보는 경관(그림 1.8).

(10) 부감경(俯瞰景)

높은 시점장에서 낮은 위치에 있는 시점장을 내려다보는 경관(그림 1.9).

(11) 유축각(流軸角)

하천이 흐르는 방향과 시선 방향과의 각도(그림 1.10).

(12) 수시율(水視率)

그림의 화면, 또는 촬영된 사진에 포함된 수면의 면적 비율(그림 1.11).

5. 내용 구성

필자는 이미 1989년부터 1995년에 걸쳐, 유럽 풍경화 71점을 대상으로 제1단계의 경관 분석을 마쳤다. 그 결과 도시 경관 구도는 "마을 전체를 내려다보는 경관", "심볼릭한 건조물 경관", "도로와 건축의 투시도적 경관", "도로와 하천의 투시도적 경관", "하천과 마을의 경관", "항만의 경관", 총 6가지의 전형적인 대표 구도로 구성됨을 알았다[7]. 그 시점장의 대부분이 도로의 교차로나 그 주변 오픈 스페이스로, 이러한 공간을 확보 및 정비함으로써, 그 장소에서 길 방향으로 펼쳐지는 "그림이 되는 경관"을 얻을 수 있음을 언급하고 있다.

이는 회화에서 얻을 수 있는 아주 작은 성과에 지나지 않으며, 실제로 회화에서 배울 수 있는 경관 계획의 교훈이 무궁무진하다. 이에 그 후 조사 대상이 되는 풍경화의 범위를 확대하여 시점장 조사를 강행하였다. 본 서는, 경관 분석의 제2단계로, 조사된 시점장 조사 결과 및 시대상의 공간적인 특징에 대하여 정리한 것이다.

그 주된 내용은 3가지로 요약된다.

1) 19세기 유럽의 도시적 풍경화(총 78점)를 6가지 대표 경관으로 나누어 시점장을 조사하여, 시점장의 공간 특징과 시대상의 특징에 대하여 기술하고 있다. 제2부가 이 시점장 조사 결과의 총괄 내용이다.

처음에 나는 인상파 그림을 중심으로 시판되고 있는 화집을 이용하여 조사 대상을 수집하였다. 그 후 조사가 진행되면서 현지에서 코로, 터너, 피사로 등의 연구서[3) 8) 9)]를 구하였고, 그 후 조사 대상을 추가하면서 그 수도 점차 확대되었다. 그 결과, 코로, 터너의 그림이 많아진 반면, 시점장 검색이 난이했던 모네의 회화가 줄었다.

2) 제Ⅲ부 내용으로, 피사로가 그린 도시 풍경화에 한정하여 그 시점장 공간의 조사 결과를 소개하였다.

피사로는 특정한 지점에서 많은 그림을 그리고 있다. 게다가 이 다수의 그림은 열거해보면 파노라마적인 경관으로 이어져 하나의 경관을 표현하고 있다. 이런 경관을 가능하게 한 시점장과 시대상의 특징을 논하고 있다.

3) 위트릴로가 그린 몽마르트르 지구의 그림 46점을 현지 조사하여 그 결과를 제Ⅳ부에 논하고 있다. 위트릴로는 몽마르트르라는 작은 지구의 시가지 경관을 수 없이 반복하여 그렸다. 때문에 그가 그린 구도에서는 지구 경관의 특징을 이해할 수 있으며, 특히 언덕 정상에 있는 사크레 쾨르 성당이 그려진 시점장에서 그 예를 볼 수 있다.

마지막에는 이러한 시점장이 연결된 산책 경로도 제안하고 있어, 공간적 리듬감과 연속적으로 이어지는 "그림이 되는 경관"을 경험할 수 있다.

이러한 모든 내용을 총괄하여 제Ⅴ부에 정리하였다. 그리고 현지 조사에서 얻은 지표의 자세한 값은 내용의 번잡함을 피하기 위하여 본 서에서는 생략하고 있으나, 추후 별도로 공표할 예정이다.

본 서에서는 시점장 발견 과정을 중심으로 설명하고 있으며, 또한 현지 지도를 가능한 많이 기재하여 시대상에 관한 문헌 자료로서 활용하도록 구성하였다. 흔히 시점장 검색을 비교적 용이한 작업으로 예상하겠지만, 실제 작업은 곤란의 연속으로 그것을 발견했을 때의 감격은 형용할 수 없는 것이었다.

나는 독자들이 이 책을 계기로 그림을 감상할 때 그려진 실경을 상상하고, 그러한 시점장 발견을 위한 여행에 적극적으로 참가하기를 기대하고 있으며, 또한 그 시점장 발견의 기쁨을 함께 공유할 수 있기를 바란다. 그 중에서 혹시 내가 발견한 시점장 검색에 잘못이 있을지도 모르겠다. 이런 지적을 포함하여 독자들이 실경의 풍경화 발견의 여행에 나서주기를 바라며 또한 그 결과를 공유할 수 있었으면 하는 바람을 가지고 있다.

마지막으로, 본 서에 게재된 그림이 흑백 인쇄에 원본 그림의 크기와도 상이하여 독자들에게 부족함이 많은 것에 죄송한 마음을 표하며, 원본 회화를 꼭 소장 미술관에서 감상하시기를 추천 드립니다.

|주|

1) OS : Ordnannce Survey, 영국 국립지리원

2) IGN : Institute Geographique National, 프랑스 국립지리원

|참고 문헌|

1) 太宰治 : 富岳百景, 日本文学全集, 新潮社, 1968

2) C.R.レズリー, 斎藤泰三訳 : コンスタブルの手紙, 彩流社, 1989

3) Richard R. Brettell, Joachim Pissaro : The Impressionist and the City : Pisarro's Series Paintings, Yale University Press, 1992

4) 樋口忠彦 : 景観の構造, 技報堂, 1975

5) 芦原義信 : 街並みの美学, 岩波書店, 1990

6) 鈴木信宏 : 水空間の演出, 鹿島出版会, 1981

7) 萩島哲 : 風景画と都市景観, 理工図書, 1996

8) Vincent Pomarede : Corot, Leonardo, 1996

9) David Hill : Turner in the North, Yale University Press, 1997

10) 篠原修編著 : 景観用語事典, 彰国社, 1998

11) 三浦金作 : 視覚的構造よりみた広場の尺度ーイタリアの広場の空間構成に関する研究 (2), 日本建築学会計画系論文報告集, 第398号, 1989

Ⅱ 도시를 구성하는 6대 도시 경관 구도

2-1 전형적인 6대 도시 경관 타입

2-2 마을 전체를 내려다보는 경관

2-3 심볼릭한 건조물 경관

2-4 도로와 건축의 투시도적 경관

2-5 도로와 하천의 투시도적 경관

2-6 하천과 마을의 경관

2-7 항만 경관

2-8 도시 경관 구도 특징

제Ⅱ부에서는 19세기 유럽 인상파 78점의 회화를 6가지 경관 타입으로 나누어 조사하였다. 제일 먼저 화가가 서 있었던 시점장을 검색하여 그 결과를 정리하였고, 다음으로 회화의 실경과 비교하여 시점장의 공간 특징과 시대상까지의 거리, 앙각 등에 대하여 논하고 있으며, 마지막으로 이들이 공통적으로 가지고 있는 구도의 경향을 정리하고 있다.

2-1 전형적인 6대 도시 경관 타입

인상파가 그린 도시적 풍경화를 대상으로 그 구도를 분류하면 다음과 같이 6가지 경관 타입으로 구분된다.

사고, 장소, 묘사 방법, 그린 시기 등 화가에 따른 차이가 있음에도 불구하고, 모든 회화는 대부분 다음과 같은 6가지 경관 타입으로 분류된다. 자세한 내용은 출처[1] 를 참고하기 바란다.

1. 마을 전체를 내려다보는 경관

높은 곳에서 낮은 곳의 시가지를 내려다보는 "마을 전체를 내려다보는 경관" 이다. 이 타입은 교외의 구릉지나 언덕이 시점장이 되어 그 곳에서 시가지를 내려다보는 경관과 시가지에 있는 높은 건물에서 멀리 보이는 산과 해변을 바라보는 경관, 2가지가 있다. 즉 파노라마 경관의 일부를 잘라낸 경관과 같은 그림을 말한다.

2. 심볼릭한 건조물 경관

단독 건조물에만 한정하여 바라보는 "심볼릭한 건조물 경관"이다. 역사적으로 저명한 건조물이나 참신한 디자인의 건조물을 가까이에서 바라보는 경관이다. 정면에서 보는 경우도 있고, 옆에서 보는 경우도 있으며 때로는 뒤에서 바라보는 경우도 있다. 다시 말해 심볼릭한 건조물에만 초점을 맞춘 경관이다.

3. 도로와 건축의 투시도적 경관

시가지의 가로 경관으로, 도로에 따른 축 방향으로 양측의 건물을 함께 바라보는 "도로와 건축의 투시도적 경관" 이다. 이는 직선 도로와 양측 건물을 보는 비스타 경관이다. 완만히 굽은 도로에서 멀리까지 보이는 경관도 이 타입에 해당된다. 또한 축의 끝은 아이 스톱으로서 건축물의 보이는 경우도 있다.

4. 도로와 하천의 투시도적 경관

시가지를 흐르는 하천과 그 양측의 도로를 하천 흐름에 따른 축경으로 보는 "도로와 하천의 투시도적 경관" 이다. 시가지를 흐르는 하천과 그 양측 또는 한 쪽에 면하는 도로나 보도를 유축 방향으로 본다. 이는 하천 옆 보도, 하천 부지나 배 위, 또는 다리 등을 시점장으로 하여 하천의 상류나 하류를 바라본다.

5. 하천과 마을의 경관

하천과 그 건너편에 있는 마을을 바라보는 "하천과 마을의 경관" 이다. 시가지를 흐르는 하천의 호안을 바라보는 경관과 하천과 해안의 시가지 마을을 바라보는 경관이 여기에 포함된다.

6. 항만 경관

해변과 항만을 바라보는 "항만 경관" 이다. 항만 입구에서 해변을 바라보거나, 부두에서 선박을 포함한 해안을 바라보는 또는 해안에 위치하는 항구의 시가지를 바라보는, 한마디로 항만의 마을을 바라보는 경관이다. 여기에는 하천이나 운하가 있는 항구의 경관이 포함된다.

2-2 마을 전체를 내려다보는 경관

우리들은 이미 시가지에 만들어진 전망 타워나 교외 구릉지의 전망대에서 아래 방향으로 펼쳐지는 시가지를 내려보는 경관을 즐기고 있다. 끝없이 펼쳐지는 시가지나 해변과 같은 광대함에 감격하면서 시가지 전체를 파악하게 되고 지금 자신이 서 있는 장소를 확인하게 된다.

이러한 곳은 어쩌면 쾌적한 파노라마 경관을 제공하는 전망대의 높이, 시대상과의 거리와 부각 등 그 관계성을 제시하여 주는 곳일지도 모른다. 왜냐하면 때때로 높은 곳의 전망대에서 올라섰을 때 발 밑이 보여 오히려 공포심을 느낀 적이 있기 때문이다. 마을 전체를 내려다보는 경관에 대한 분석은 이러한 공간에 대한 적절한 지표를 제시할 수 있을 것으로 기대된다.

조사 작품은 코로의 작품이 가장 많은 10점, 터너 2점, 세잔 1점, 피사로 1점으로 총14점이다.

"마을 전체를 내려다보는 경관"을 그린 그림의 시점장을 찾아내기는 매우 어렵다. 이러한 경관은 근경, 중경, 원경의 3가지 거리경이 포함되어있어 시점장과 시대상을 포함한 지리적인 공간이 매우 넓기 때문이다. 시점장에서 볼 수 있는 중경이 약 1km의 한계를 가지기 때문에, 대부분 시점장을 중심으로 한 1km 범위에 주된 시점장이 존재한다. 따라서 전후 좌우로 최대 약 2km의 넓이가 조사 대상이 된다. 때문에 그 중에서 한 지점, 즉 화가가 이젤을 놓았던 장소(시점장)을 찾아내기란 여간 쉬운 일이 아니다.

그러나 다행스럽게도, 여기서 다루고 있는 그림은 주로 철탑을 가진 성당이 시대상이어서 현지 방문에서 그 대상은 쉽게 찾을 수 있었다. 단, 지점을 찾아내기가 쉽지 않았다. 이들 시점장이 대략 중경 범위에 있기 때문에 시점장 주변의 어느 지점에서도 그림과 같이 보여 화가가 서 있었을 것으로 예상되는 단 한 곳의 지점 선정이 난해했기 때문이다. 심지어 어떤 경우에는 예상 지점이 사유지로 접근이 차단되어 그 주변의 도로나 하천 또는 길이 없는 나지를 헤매야만 하는 경우도 있었다.

1. 파르네제 정원에서 포룸을 바라보는 경관(이탈리아)

이탈리아 루마 시내에 위치하는 대표적인 고대 유적은 누가 뭐래도 원형 극장 콜로세움과 그 옆의 포로 로마노일 것이다.

코로는 "고대 로마의 중심 광장이었던 포로 로마노에 있는 파르네제 정원에서 북서쪽을 바라보고 그림을 그렸다. 왼쪽에서 오른쪽으로, 카피톨리노 언덕 위의 세나토리오 궁, 사투르누스의 신전, 콘스탄티누스 대제의 개선문, 그리고 산티 루카 에 마르티나 성당과 원로원으로 이어진다" [2] (그림 2.1).

시점장은 고대 로마 유적 위에 위치하는 팔라티노 언덕에 있는 파르네제 정원의 테라스이다. 그 유적의 상부는 현재 잔디로 정비되어 있고, 우리들이 직접 여기저기 걸어 다니면서 검토한 결과, 시점장을 유적지의 남서단으로 판정하였다(그림 2.2).

그림 2.3은 시점장에서 북쪽을 보고 포로 로마노,

그림 2.1 파르네제 정원에서 포룸의 전망(코로, 1826)

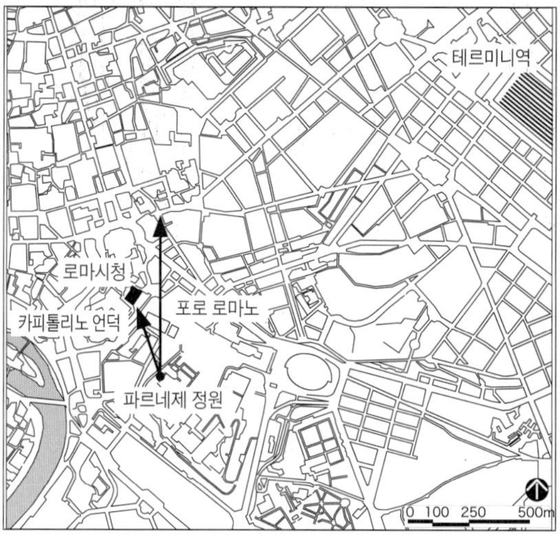

그림 2.2 시점장 위치

그림 2.3 실경

카피톨리노 언덕 위의 로마 시청, 파라지오 세나도리오 등의 로마 시가지 경관을 촬영한 것으로, 거의 회화와 동일한 실경을 얻었다. 이곳에서 시대상까지의 거리는 비교적 가까운 근경 범위이며, 그림에 그려진 건물 크기와 실제 보이는 크기가 완전히 일치한다. 뒤

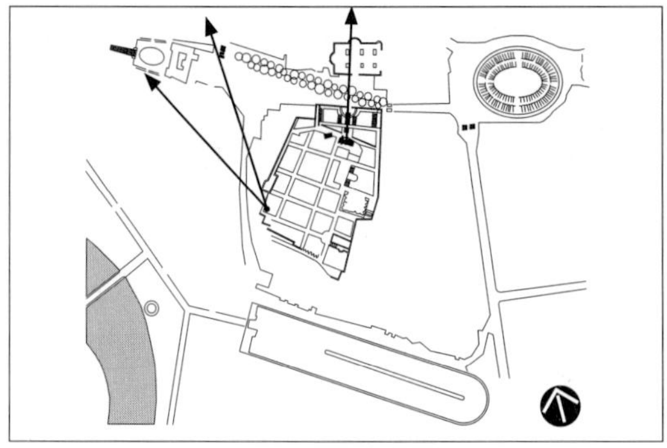

그림 2.4 파르네제 정원

에서 다시 설명하겠지만, 보볼리 정원에서 본 피렌체의 그림과 비교해보면, 이 그림의 시가지 건물 묘사가 매우 평범하다.

이 시점장이 된 파르네제 정원은 1500년대, 단순히 레크리에이션을 위해 조성된 곳으로 도로와 계단, 그리고 중정의 건축물적인 조합체로, 이곳에서의 동쪽 조망이 고려되어 디자인되었다[3].

그러나 코로는 동쪽이 아니라, 로마 유적으로 싸여진 마을이 보이는 북서쪽을 그림에 그리고 있다(그림 2.4). 이처럼 코로는 공원 디자인보다 마을 전체를 내려다보는 경관을 더 중요시하였다.

현재 이곳에서의 경관은 코로가 그림을 그린 당시와는 다른 스카이라인을 보이고 있으며, 세나토리오의 뒤로 비토리오 엠마누엘레 2세 기념관이 추가되어 있다.

2. 메디치家에서 보는 트리니타 데이 몬티 성당 (이탈리아)

트리니타 데이 몬티 성당은 로마 시내 북쪽에 있다. 이 성당 앞이 스페인 광장이다. 코로는 메디치家에서 이 성당을 바라보며 2장의 그림을 그렸다. 하나는 메디치家의 테라스(상부)에서 그렸고, 또 하나는 메디치家의 전면 광장(지표면)에서 그렸다.

전자(그림 2.5)에 그려진 "성당은 메디치家에 나란히 면하고 있다. 관광 명소인 스페인 계단 정상부에 보이는 2개의 탑의……아름다운 건축이다. 그 후 코로

는 이 성당을 또 그린(후자)걸 보면, 그에게 이 성당은 친밀한 모티브였나 보다"[2]. 후자는 근경의 트리니타 데이 몬티 성당과 근경과 중경 사이에 위치하는 로마 시내를 내려다보는 경관이다.

그림 2.5 메디치家에서 본 트리니타 데이 몬티 성당(코로, 1826-1828)

이 그림에서는 석양이 서쪽 성당 건물벽에 비쳐진 음양을 볼 수 있다.

시점장은 메디치家의 최남단 3층 테라스이다(그림 2.6). 이 저택 또한 2개의 탑을 가지고 있으며, 그 소유권은 코로가 그림을 그린 당시부터 지금까지 변함없이 프랑스 아카데미가 가지고 있다. 실제 조망은 그림 2.7과 같으며, 전면이 수목으로 가려져 보이지 않는다. 이 저택은 언덕에 위치하기 때문에, 테라스에서 보볼리문, 테베레강과 해안, 그 너머 시내까지 내려다볼 수 있다. 특히 메디치家가 있는 이 지구를 "핀치오 언덕(정원 언덕)"[3]이라고도 하는 것처럼(그림 2.8), 이 그림의 시점장이 된 테라스는 바로 트리니타 데이 몬티 성당과 로마 시가지를 내려다보기 위한 테라스이었던 것이다.

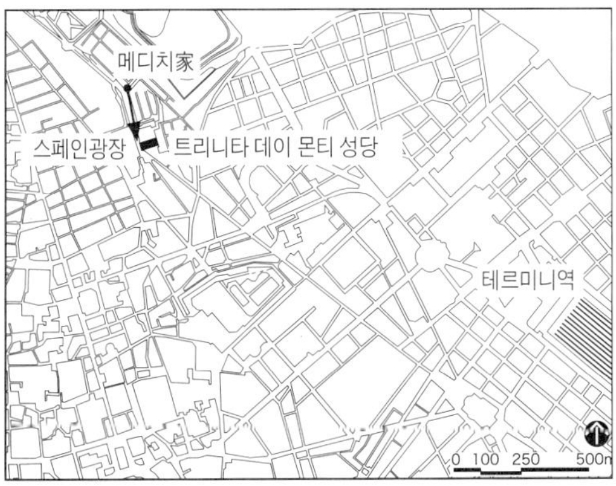

그림 2.6 시점장 위치

그림 2.7 실경

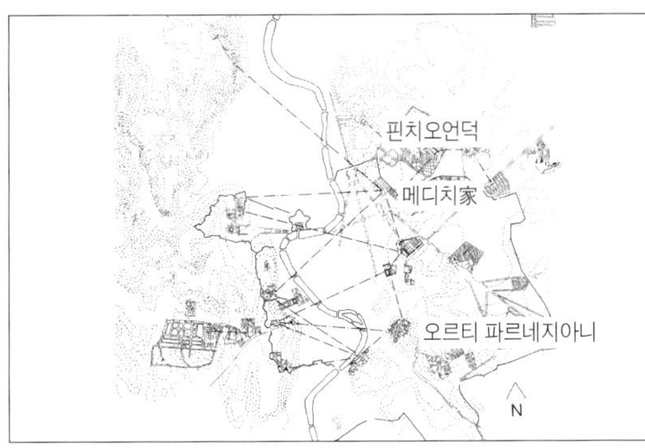

그림 2.8 로마 언덕

메디치家의 전면에는 조그만 광장이 조성되어 있으며, 그 중앙에 수반(水盤)이 놓여져 있다(그림 2.9). 코로는 또 다른 그림("메디치家의 수반"1825)에서도 이 수반을 그리고 있어, 총 2장의 그림이 이곳에서 그려졌음을 알 수 있다.

조사가 끝나고 되돌아오는 길에, 이 광장에서 트리니타 데이 몬티 성당을 뒤돌아보니 후자의 그림과 동일한 구도로 보였다. 덕분에 그림에 그려진 트리니타 데이 몬티 성당의 2개 탑의 위치가 일치하는 시점장을 확인할 수 있었다.

그림 2.9 메디치家 전면 광장

그림 2.10 시점장 위치(1748년 지도)

그림 2.11 산 피에트로 성당

그림 2.12 바티칸에서 보는 로마(터너, 1820)

그림 2.13 실경

3. 바티칸에서 보는 로마(이탈리아)

이 그림의 시점장은 바티칸의 산 피에트로 성당의 상부(2층) 테라스(북동측 테라스)로 추정된다. 그림 2.10이 그 위치 관계의 평면도이다.

그림 2.11은 성당 정면에서 촬영한 것으로 2층 좌측이 시점장이다. 이 그림(그림 2.12)에서 터너는 라파엘로 회랑에서 "바티칸의 보물인 작품들이 주의 깊게 운반되고 있는"[4] 모습과 라파엘로가 그린 천장의 프레스코 그림을 더욱더 사실적이고 3차원적으로 그렸다. 게다가 그 창에서 내려다 보는 산 피에트로 광장의 콘칠리아치오네 대로의 경관까지 그리고 있다.

터너는 젊어서(1807년 32세), 영국의 로얄 아카데미의 투시도법 교수가 되었다. 그 영향일까. 근경에 그려진 이 회랑 내부가 비교적 정확한 건축적 축척이 적용되어 있다. 일반적인 건축 투시도와 비교해 보면, 다소 깊이감이 극단적으로 짧기는 하지만, 천장 부분을 자세히 보면 4개의 다리와 축이 있고 3개의 주간이 그려져 있다. 그림의 아래로 보이는 광장의 시점장은 대성당의 가장 왼쪽, 북측에 위치하는 회랑으로 판단된다.

옥상 테라스에서 산 피에트로 광장과 콘칠리아치오네 대로 쪽의 시가지를 내려본 사진이 그림 2.13이다. 산 피에트로 광장 끝에서는 부각 8.5도이고 길 끝에서는 부각 5도이다. 회화에서는 시가지 전체가 그려

그림 2.14 산 피에트로 광장의 회랑

져 있고 멀리에 알프스 산맥이 보인다.

그러나, 실제로 가 보면 그림과 전혀 다르다. 이 테라스는 광장과 길 두 방향으로 시야가 트여있기 때문에 광장과 길을 볼 수 있는 시점장이 될 수도 있겠지만, 회랑에서 우측이 안 보이고 게다가 테라스의 깊이도 부족하기 때문에 그림에 그려져 있는 것처럼 회랑의 테라스는 보이지 않는다. 이처럼 광장의 묘사는 실경과 다르나, 이곳의 경관은 그림과 실경이 동일하다.

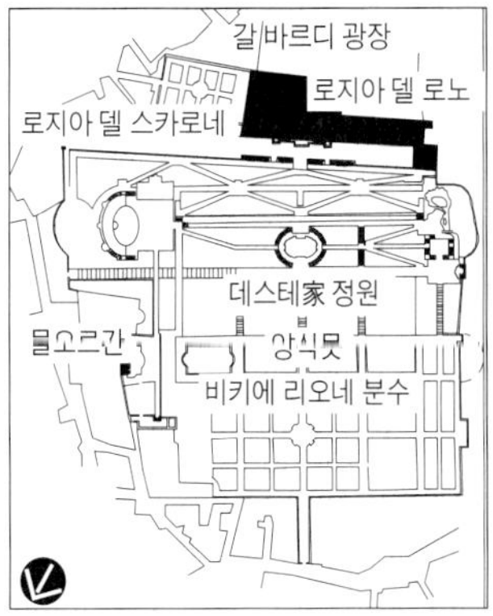

그림 2.15 데스테家 정원의 평면도

그림 2.16 데스테家 정원에서 테라스를 보고

산 피에트로 광장은 반원형의 회랑에 4열의 원기둥이 있고 그 상부는 성인 조각상으로 장식되어있다. 이 회랑은 사원으로 진입하기 위해 만들어졌으며 군집의 햇빛과 비의 차단을 목적으로 만든 높이 18.3m의 장대한 콜로네이드이다. 콘칠리아치오네 대로는 폭이 매우 넓다.

그림 2.17 티볼리의 데스테家 정원(코로, 1843)

4. 티볼리 데스테家 정원(이탈리아)

티볼리는 로마 근교 동쪽으로 약 30km 부근에 위치하고 있으며, 그곳에는 예전 로마 귀족이 아끼던 데스테家 정원이 있다(그림 2.15). 이 정원은 서쪽으로 기울어진 완만한 경사지이다.

1550년 이뽈리토 데스테 2세에 의한 티볼리 통치시기에, 도시 서쪽 언덕 경사면에 시 경계벽이 있던 프랜치스코 수도원을 7여 년에 걸쳐 정원으로 정비하였다. 정원에 면하여 2층 구조의 로지아가 부설되면서 수도원은 저택의 모습으로 변하였다. 1565년 부지의 경사지는 테라스로 조성되면서, 시 경계벽이 이 테라스를 지지하게 되었다(그림 2.16). 수 년 후 건물 남서쪽의 2층 테라스에 식사용 로지아가 추가되었다.

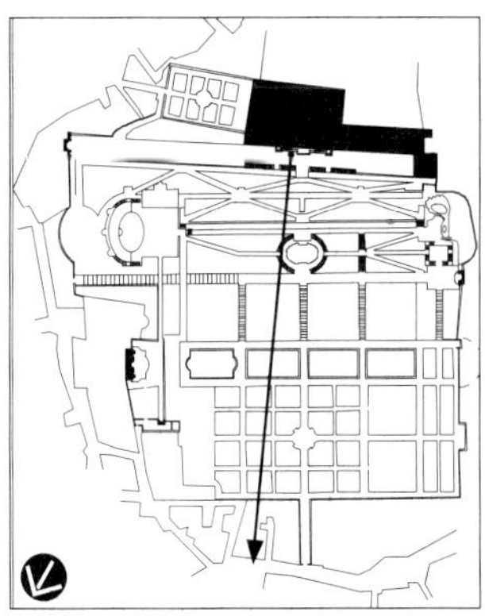
그림 2.18 시점장 위치

그림 2.19 시점장 사진

17세기가 되어 이 정원은 베르니니에 의해 비키에리오네 분수와 물 오르간, 그리고 양어장 사이의 폭포 등이 기하학적인 모양으로 재현되었다.

코로는 이 그림에서 앞쪽에 테라스의 난간, 왼쪽에는 우뚝 솟은 삼나무, 원경에는 산등성이를 그리고 있다(그림 2.17).

시점장은 티볼리의 지상 갈바르디 광장에 면한 로지아 델 로노의 지면 테라스이다(그림 2.18). 여기는 성벽의 도로 면에서는 지하층이 되고, 정원에서 보면

그림 2.20 실경

그림 2.21 볼테라市(코로, 1834)

그림 2.22 실경

그림 2.23 시점장의 실경

건물의 2층 테라스가 된다. 이 테라스에는 '오픈 파노라마 회랑'이라는 별명이 붙어 있다. 이곳에서 서쪽으로 누각이 보이며, 그 광경을 이 회랑에서 그림으로 그린 것이다(그림 2.19).

이 저택은 사면에 위치하고 있기 때문에, 테라스에서 그 밑으로 펼쳐지는 데스테家 정원을 내려볼 수 있다. 그러나 여기서는 정원의 수목 정도일 뿐, 정원 내부를 볼 수는 없다. 따라서 이곳에서 아주 멀리 보는 경관, 즉 "맑은 날에는 저 멀리 로마까지 이어지는 경관을 잘라냈다"[3](그림 2.20).

그림 앞쪽에 있는 테라스의 손잡이 디자인과 그 연속되는 윤곽은 코로가 그린 것과 동일하다.

단, 그려진 산등성이의 좌우 범위가 넓고 또한 앞쪽 근경에 배치된 테라스의 난간과 양측의 건물은 아쉽게도 표준 렌즈 범위 내에 포함되지 않는다.

5. 볼테라市(이탈리아)

볼테라市는 이탈리아 토스카나주 피사현의 산악 도시로, 피렌체에서 남서쪽으로 약 60km 떨어진 곳에 위치한다.

이탈리아의 산악 도시는 산 지미냐노 (시에나 역사지구)로 대표되듯이, 구릉지의 정상에 시가지가 형성되어 그곳에 수 많은 탑이 즐비하게 서 있는 특징이 있다. 물론 볼테라에도 여기저기 탑이 솟아있으며, 코로는 이러한 산악 도시인 볼테라를 그렸다.

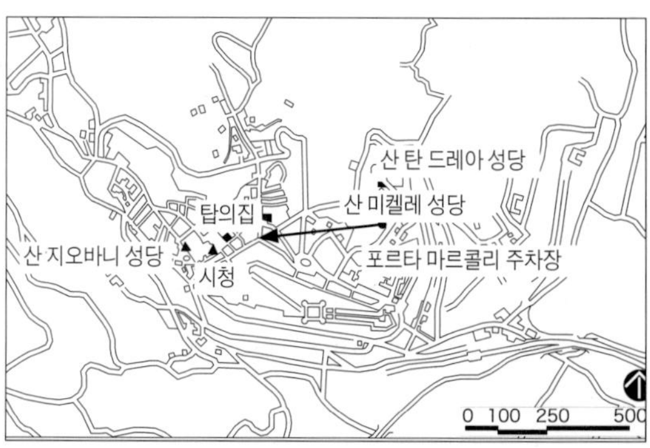

그림 2.24 시점장 위치

이 그림은 시 성벽 밖의 약간 낮은 위치에서 시 성벽 안에 위치하는 시가지와 그 안의 4개의 탑(시점장에서 약 500-600m 떨어진 곳에 위치)을 약간 올려다 보고 있다(그림 2.21). 낮은 위치임에도 불구하고 시점장과 시대상과의 사이에 계곡이 흐르고 있어 오목한 지형이기 때문에 성벽 안의 시가지를 올려다보는 경관에 깊이감을 더하고 있다.

그림에 그려진 4개의 탑은 중경 범위에 위치하며, 오른쪽부터 시청, 옥탑 방, 산 지오바니 성당 탑, 그리고 산 미켈레 성당으로, 이들을 올려다 보는 각도(앙각)는 평균 3.6도이다. 지금은 시점장과 탑 사이의 지역에 이미 신주거 단지가 조성되었고 계곡 밑부분의 녹지 부분도 이미 택지화가 진행되고 있었다. 그러나, 코로가 그린 성벽 내부의 탑들에 의한 스카이라인은 아직도 그대로이었다(그림 2.22).

그림의 시점장은 시 성벽의 남측, 포르타 마르콜리 주차장 근처의 민가 테라스이다(그림 2.23). 지역 주민에 의하면, 예전에는 농업 학교의 농장이었다고 한다. 여기서 시 성벽 너머 서쪽의 첸토로를 올려보고 그렸다. 이 시점장에서는 유일하게 서쪽으로의 조망만이 가능하다(그림 2.24).

제일 먼저, 관광 안내소(i)에 들려 직원에게 그림을 보여주고 시점장의 위치를 물었다. 그러자 직원은 관광 지도를 꺼내 또 다른 코로의 그림 구도가 비슷한 사진을 보여주며 그 사진의 시점장을 가르쳐주었다. 이 지점이 팜플렛에 '파노라믹 뷰'로 표시되어 있었다. 그곳은 구릉지 남동쪽의 산 탄 드레아 성당 앞이었고, 이곳에서는 남동쪽으로 조망이 가능하였다. 틀림없이 이 지점은 눈 밑으로 펼쳐지는 전원을 내려다보기에 두말할 나위가 없었다. 그러나 우리가 찾는 코로의 구도는 마을 전체를 내려다보는 구도이었기 때문에 그 주변을 재 탐색하여야 했고, 결국 우리가 원하는 또 다른 시점장을 찾아냈다. 이 지점에 대한 확인은 2번째 현지 조사에서도 재확인하였다.

6. 보볼리 정원에서 보는 피렌체(이탈리아)

피렌체는 이탈리아 중부 토스카나주의 주도(州都)이며, 마을 전체가 르네상스의 예술 작품으로 만들어진 곳이나, 지금까지도 변함없이 이어지고 있는 마을이다.

이 그림은 보볼리 정원에서 그 피렌체 시가지를 내려다 보는 경관이다(그림 2.25).

보볼리 정원은 피렌체 남부 핀치오 궁전에 면한 약간 높은 언덕에 위치하고 있는 이탈리아식 정원이다. 핀치오 궁전은 브루넬레스키 작품(1435)으로 유명하다. 이 그림은 정원에서 아르노강 해안의 마을을 바라보는 경관을 그리고 있다. 우측부터 산 로렌초 성당, 지오토 종탑, 대성당(시점장에서의 거리 1,000m, 높이 109m), 시청 탑(베키오 궁), 파데아 페조라나 교회를 보고 있다. 이것들은 모두 중경 범위에 위치하고

그림 2.25 보볼리 정원에서 보는 피렌체(코로, 1840)

그림 2.26 실경

있다. 우측으로 셍 로지오 교회가 보이고, 원경에는 피렌체의 산능성이, 페조레 언덕이 보인다. 전체 구도는 실경과 일치한다(그림 2.26).

단, 탑, 대성당 등 눈에 띄는 건물은 시점장에서 약 1km 위치에 있어 중경에서 원경의 경계에 위치하고 있다.

이미 지적한 것과 같이[2], 실제로 보이는 것보다 양감 있는 표현을 하고 있다. 이들 건물의 앙각은 5도에서 8도 사이의 범위이다.

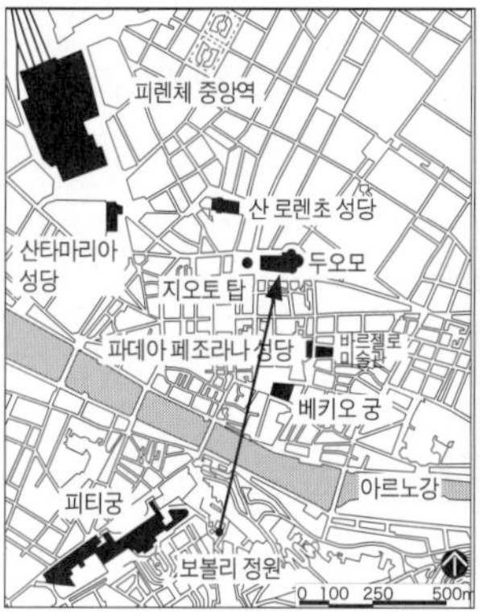

그림 2.27 시점장 위치

그림 2.28 시점장의 사진

시점장은 보볼리 정원의 북동쪽 잔디밭 위이다(그림 2.27). 정원은 잔디와 수목으로 구성된 기하학적인 모양으로 매우 단순하지만, 돌출이 있어 풍부한 변화와 리듬감을 가지고 있다. 그러나 그림에 그려진 난간 있는 테라스는 실제로 존재하지 않았다. 시점장의 배후에는 작은 원형의 2층 레스토랑이 있다(그림 2.28).

그림 2.29 미켈란젤로 광장의 난간

그림 2.30 미켈란젤로 광장에서 본 피렌체 시내

보볼리 정원의 직원은 이 그림이 미켈란젤로 광장에서 그려진 것이라고 지적하였다. 미켈란젤로 광장은 보볼리 정원에서 동쪽으로 1.5km 떨어진 곳에 위치한다. 그의 지적대로 이 그림에서 그린 테라스의 난간은 미켈란젤로 광장에 있는 난간 디자인과 동일하며(그림 2.29), 바닥 디자인 또한 동일하다. 그러나, 미켈란젤로 광장에서 피렌체 시가지를 보면, 시뇨리아 광장에 있는 탑의 위치가 코로의 그림과 달라(그림 2.30), 미켈란젤로 광장에서 보는 경관이 아니라는 것을 알았다.

따라서 코로는 보볼리 정원에서 피렌체를 본 구도로 그린 후, 미켈란젤로 광장의 테라스 난간과 바닥 디자인을 화면 밑에 첨가한 것으로 이해될 수도 있겠다. 그러나, 미켈란젤로 광장은 1832년도와 1855년도 피렌체 지도에서는 기재되어있지 않고, 1915년이 되어서야 비로소 처음으로 등장한다.

7. 산 마르코 광장(이탈리아)

터너는 "줄리엣과 그 유모"라는 그림에 베네치아의 산 마르코 광장을 내려보며 그리고 있다(그림 2.31). 이 광장에서 약간 떨어진 산 모이제 수도원에 있는 종탑의 전망대가 시점장이었을 것으로 추정된다(그림 2.32). 이곳에서 산 마르코 광장을 둘러싼 관청 건물과 산 마르코의 종각, 그리고 산 마르코 수도원을 내려다 본 경관을 그렸다. 단, 총독 관저는 그려져 있지 않아 실경과는 사뭇 다르나, 산 마르코 광장과 탑, 수도원의 모양 등 모두 동일하다.

그림에서는 이 광장의 번화한 축제 광경이 그려져 있다. 저녁 하늘에 올려진 불꽃놀이의 빛이 주변 건물을 환히 비추고 있으며, 쥴리엣은 유모와 함께 옥상 테라스에서 산 마르코 광장의 축제를 내려다 보고 있는[4] 모습을 그렸다.

그림 2.31 쥴리엣과 그 유모(터너, 1836)

8. 아쿠아솔라 산책로에서 보는 제노바시 전경(이탈리아)

이탈리아 서부에 위치하는 제노바시는 이탈리아 제1의 항구 도시이다. 시내 북동부에 아쿠아솔라라는 언덕이 위치하고 있으며, 그 정상 부분은 매우 넓고 지금은 숲으로 둘러싸인 공원으로 조성되어 있다. 이곳에서의 시야는 남동쪽으로 열려있을 뿐, 항구 방향인 남서쪽의 시가지는 숲으로 모두 가려져 있기 때문에, 그림과 같은 시점장을 찾아내기 어려웠고, 현재 아쿠아솔라 산책로에서도 그림과 같은 경관은 볼 수 없었다.

아쿠아솔라에서 코르베토 광장을 지나 서쪽으로 더 들어간 곳에 위치하는 구릉지의 녹지, 빌레타 디 네그로 쪽으로 탐색을 계속해 가던 중 시점장을 발견하였다(그림 2.33). 시점장의 발견은 사실 굉장한 우연이었으며, 그 곳은 다름아닌 일본 고미술과 회화 수집으로 유명한 키오소네 동양 미술관의 작은 정원이었다.

즉, 시점장은 제노바 중심지인 코르베토 광장 북측 언덕에 있는 키오소네 동양 미술관의 정원이며, 이곳에서 남서쪽을 바라보며 제노바의 시내와 항구를 그림으로 그린 것이다. 코르베토 광장의 언덕 끝에 있는 동양 미술관의 북쪽 한 귀퉁이에 산책과 휴식을 위한 조그만 정원이 조성되어있는 데 이곳이 바로 시점장이었던 것이다(그림 2.34).

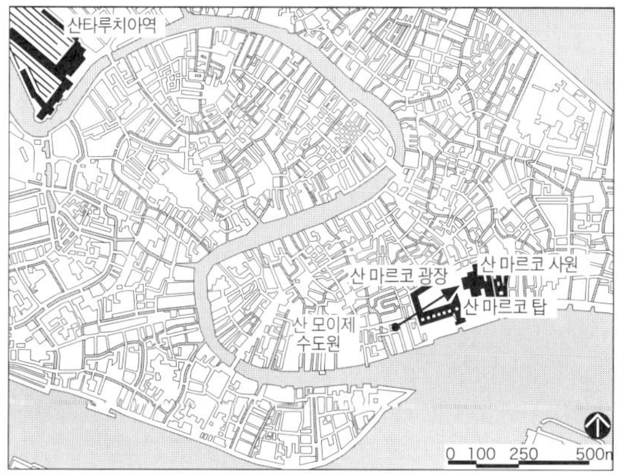

그림 2.32 시점장 위치

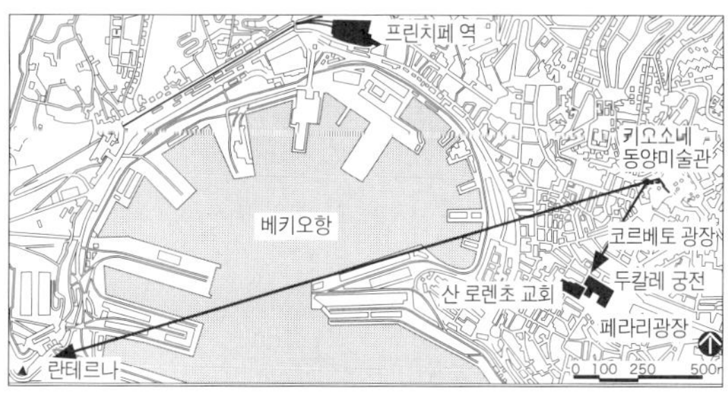

그림 2.33 시점장 위치

그림 2.34 시점장 사진

그림 2.35 아쿠아솔라 산책로에서의 제노바시 풍경(코로, 1834)

그림 2.36 실경

시가지에 우뚝 솟아있는 몇몇의 탑을 그림에 그리고 있다. 우선, 화면 가장 오른쪽에 제노바의 란테르나로서도 유명한 항만의 등대를 그렸고, 이것은 시점장에서 2.6km거리에 위치한다.

그리고 왼쪽으로 눈을 돌리면, 산 로렌초 대성당의 탑과 돔, 두칼레 궁전의 종루 등이 중경에 위치한다. 그림에서는 이러한 시가지에 있는 탑을 보는 경관을 그리고 있다.

바다 수평선은 높고 해변은 부각 4.5도로 내려다보며 시가지의 스카이라인 안에 여러 개의 탑을 그리고 있다(그림 2.35). 실제로 가장 앞쪽에 그려진 오른쪽 끝의 건물은 현재 존재하지 않아 확인 할 수 없었다. 이처럼 그림은 전체가 좌우를 넓게 포함하고 있는 광각으로 그려져 있다.

페라리 광장 앞의 큰 건물, 카를로 펠리체 극장이 코로가 있었던 시대에 제노바시의 스카이라인에 포함되었다.

지금도 남아있는 가장 오른쪽 끝의 란테르나는 실제로는 훨씬 더 오른쪽에 위치하고 있어 일반적으로 화면에 포함되지 않는 범위이다(그림 2.36).

9. 에스타크 마을에서 보는 마르세이유 항구(프랑스)

마르세이유 북부에 에스타크 마을이 있다. 열차로 마르세이유역(생 샤를르)에서 약 15분. 이 그림은 에스타크 역(SNCF)[주1]의 뒤편 트라베르스 보비 거리에서 카스투 막다른 길을 오르는 구릉지 중간(산이 험함)에서 마르세이유 항구를 그린 것이다. 마르세이유는 바다도 하늘도 새파란 지중해에 면하고 있다.

이 그림은 앞쪽에 무르피안 지구, 남동쪽으로 멀리 마르세이유 항구와 반도, 그 뒤편으로 시가지의 구릉지 정상에 위치하고 있는 노트르담 성당(시점장에서 약 10km 떨어져 있으나 조망이 용이하다)을 중앙에서 약간 오른쪽으로 바라보고 있는 경관을 그리고 있다(그림 2.37).

시점장인 이 구릉지는 표고 139m로, 석회암의 암석면을 그대로 내보이고 있으며(그림 2.38), 세잔이 곧잘 그리던 생 빅투아르의 산 지표면과 비슷하다. 조사 때문에 이 구릉지에 올랐지만 험한 경사, 미끄러지는 암석, 그리고 왠지 모르지만 여기저기 약초가 산란되어 심어져 있었다. 세잔은 이 구릉지에서 마르세이유항을 바라보는 경관을 그렸다(그림 2.39). 해안선의 부각은 6.1도이다.

멀리 보이는 노트르담 사원은 1864년에 조성된 마르세이유 중심 시가지의 남쪽 보방 지구의 구릉지(147m) 정상에 위치한다. 이곳에서의 시점장과 시대상의 표고는 거의 동일하다.

또한, 높이 34m의 성당 탑이 있는데 이 에스타크 마을의 시점장에서도 이 성당을 선명하게 볼 수 있다. 성당이 서 있는 중심 시가지로 가보니, 그 정상까지의 길은 매우 급한 경사길이었다. 정상에는 누각과 두 분의 성모 마리아상이 모셔져 있었고, 조사 당시 성모

그림 2.37 에스타크 마을에서 본 마르세이유(세잔, 1885)

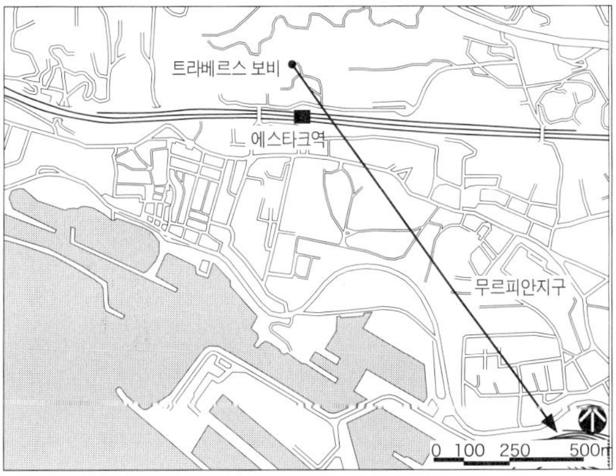

그림 2.38 시점장 위치

그림 2.39 실경

마리아상은 복원 중이었다.

10. 교황청(프랑스)

아비뇽은 프랑스 남부 프로방스알프코트다쥐르주(州) 보클뤼즈현(縣)의 주도(主都)이다. 마르세이유의 북쪽에 아비뇽이 있다. 마르세이유 셍 샤를로 역(SNCF)에서 아비뇽역(SNCF)까지 약 60분이 소요된다. 이 그림은 좌우로 매우 넓은 흙빛의 성벽 경관을 그린 작품이다(그림 2.40).

우선, 아비뇽의 관광지도 1/10,000를 입수하여 이 지도와 그림만으로 시점장을 책상 앞에서 추정하였다. 입수한 지도에서 아비뇽 북부에 있는 '빌뇌브 레 자비뇽(아비뇽의 신도시)'이라는 지명을 찾았다. 이 지명이 그림 제목에 기재되어 있기 때문에 우선은 이곳이 그림과 관련이 있을 것으로 판단하였다. 그러나 문제는 이곳이 시점장인지, 시대상인지 알 수 없었다.

그 후 다른 문헌에서 '교황청'과 '아비뇽 다리(생 베네제 다리)'의 위치를 파악하였다(그림 2.41). '교황청'은 잠시 동안(약100년간) 로마 교황청이 있었던 시기에 건설되었다. 그림에 그려져 있는 이것을 '교황청'과 '다리'로 추정하고, 아비뇽에 있는 강은 론강밖에 없었기 때문에 그림에 그려진 강을 론강으로 판단할 수 있었다. 여기까지 정리되자 빌뇌브 레자비뇽 지구가 시점장임을 알 수 있었다. 이상이 지도와 문헌 등으로 판단할 수 있는 최대 범위이다. 이와 같은 예비 정보를 바탕으로 현지 조사를 하게 된다.

아비뇽역에서 북쪽으로 약 1km 떨어진 곳에 구시가지가 있고 그 중심에 오를로쥬 광장이 있다. 그 중앙 광장의 북쪽 지구에 '교황청'이 있고, 그 앞이 팔레 광장이다. 제일 먼저 자전거 대여점을 찾는다. 관광안내서에 의하면 이 주변은 2곳이 있다. 그 중의 한 곳인 성 피에르 성당 근처에서, 자전거를 빌려 교황청이 있는 구시가지에서 론강을 건너 서북 방향의 빌뇌브 레자비뇽 지구로 향하였다.

그러나, 구릉지로 구성된 이 지구는 자전거로 경사를 올라가는 도중에 체인이 빠지고 타이어가 펑크나기도 했다. 이렇게 산전수전을 겪으면서 빌뇌브 레자비뇽 지구에 도착하자, 아비뇽의 마을 전체를 내려다 볼 수 있었지만, 교황청과 탑이 그림처럼 보이지 않았다. 결국은 포기하고 구시가지로 다시 내려오던 중, 론강의 중앙섬에 걸려있는 에두아르 달라디에 다

그림 2.40 아비뇽, 교황청(코로, 1836)

그림 2.41 교황청 주변도

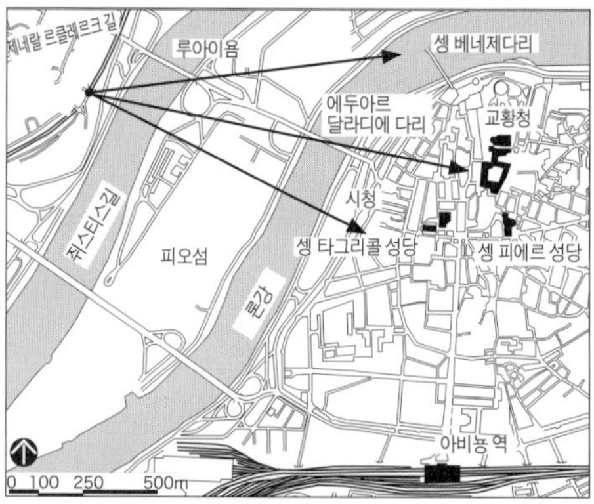

그림 2.42 시점장 위치

리 중앙 지점에서 문득 고개를 돌려 교황청을 바라보니 그림의 구도와 비슷하였다.

그래서, 교황청과 다리의 중앙 지점을 연결하는 선의 연장선에 시점장이 있을 것으로 추정하고, 다시 그 연장선 상의 뒤편 언덕을 올라가서 결국 시점장을 발견하였다. 그러나 아쉽게도 이 날은 시간이 없어 장소 확인에 만족하여야 하였다. 더구나 다음날도 다른 조사 일정으로 1차 조사에서는 더 이상의 조사는 불가능하였다.

6개월 후 2차 현지 조사로 방문하여, 부랴부랴 1차 현지 조사 때 갔었던 자전거 대여점으로 직행하였으나, 이미 다른 지구로 이사하고 없었다. 서둘러 다른 자전거 대여점을 찾아 자전거를 빌렸으나, 때는 이미 오후 6시가 가까웠다. 설상가상으로 자전거의 반환 시간은 오후 6시30분. 주인에게 양해를 구하고 출발하였다. 밤시간이라면 포기하였겠지만, 막 해가 지고 있었기에 아직은 사진 촬영이 가능하다는 기대로 힘차게 향하였다. 결국 우리들은 지난번 조사 지점에서 시점장을 확인할 수 있었다.

그곳은 다름아닌 아비뇽 다리 지구이었다(그림 2.42). 시점장은 교황청의 서쪽, 론강과 그 강 사이의 피오섬에 걸려있는 에두아르 달라디에 다리와 루아이욤 다리 2개를 건너, 제네랄 르클레르크 길에서 왼쪽으로 돌아 경사길인 쥐스티스 길(폭6m)를 올라서면 동쪽으로 펼쳐지는 바로 그곳이었다(표고는 구시가지보다 30m 높다)(그림 2.44).

그림 2.43 실경

그림 2.44 시점장 실경

이 그림은 아비뇽의 북쪽에 있는 아비뇽 다리 지구에서 서쪽에 있는 작은 언덕에 서서, 근경에는 론강을 놓고, 중경에는 그 건너편의 폭 넓은 아비뇽 성벽, 그리고 왼쪽으로 아비뇽 다리(셍 베네제 다리)를 그리고 있으며 1km이상의 원경에는 교황청, 성 피에르 성당, 시청, 셍 타그리콜 성당을 보는 경관을 그리고 있다(그림 2.43). 화면이 옆으로 길었기 때문에 화각이 매우 클 것이라는 짐작과는 반대로 화각 55도로 그리 크지 않았다. 시대상이 1km이상 떨어져 있기 때문에 시선의 화각이 작았다.

융킨트(1873)는 아비뇽의 구시가지의 동부에 있는 셍 토귀스탱 성당을 그렸고, 쇠라(1900)는 코로보다도 교황청에 가까운 곳에서 강 중앙에 위치하는 교황청의 정면만 그렸다[5]. 이런 점으로 미루어보면 코로는 교황청과 주변의 강과 언덕을 그리고 있어, 교황청을 위한 구도를 고려한 것으로 이해할 수 있다.

코로는 성 뒤로 낮은 구릉지를 그림에 그리고 있으나, 실제로 이 구릉지는 존재하지 않았다. 현지에서 주된 시대상인 교황청의 성벽에 가까이 서보면 외벽 높이가 약 50m로 매우 높고, 그 부지는 약 1.5ha로 넓어, 오히려 성벽이 가지고 있는 양감에서 위압감을 느꼈다. 반면, 교황청 앞의 팔레 광장은 개방적이면서 완만한 계단으로 구성되어 매우 편안한 느낌이었다. 조사 당시에는 빨간 천막이 계단 벽에 걸려 젊은이들을 위한 이벤트 장으로 활용되고 있었다.

11. 수아송 풍경(프랑스)

수아송은 파리 가르 뒤 노르역에서 북동쪽으로 약 90km(약 80분) 떨어진 곳에 위치한다. 이 그림에는 좌우로 2개의 성당이 그려져 있고, 그림 제목에서도 "수아송"의 지명이 기재되어있는 것으로 보아 수아송에 있는 성당으로 판단되었다(그림 2.45). 어찌되었든 현존하는 지는 알 수 없었으나 이 교회를 목표로 우선은 수아송을 방문하기로 하였다.

수아송역(SNCF)에 가까워지면 열차 창 밖으로 그림에 그려진 2개의 높은 성당이 보였다. "아… 바로 이거다." 하나는 2개의 탑을 가지고 있고, 또 하나는 얼핏 갈색으로도 보이는 성당이다. 그림의 이미지와 완벽하게 일치한다. 시대상이 아직도 틀림없이 존재하고 있음을 기차 안에서 확신할 수 있었다.

다음으로 시점장을 찾는다. 시가지의 오른쪽과 왼쪽에(보이는 탑의 형태에서 오른쪽과 왼쪽의 성당이 판명), 성당 탑이 양끝으로 그려져 있기 때문에 지도상에 이 2개의 성당을 삼각형 밑변으로 하여 그 정점이 되는 지점에 있는 약간 높은 구릉지가 시점장일 것으로 추정하였다. 그러나 현지에 도착 해 보니, 하천변의 지형이 평탄하기 때문에 그림과 같은 2개의 교회를 볼 수 없었다. 또한, 삼각형 정점 지점의 구릉지가

그림 2.45 수아송 풍경(코로, 1833)

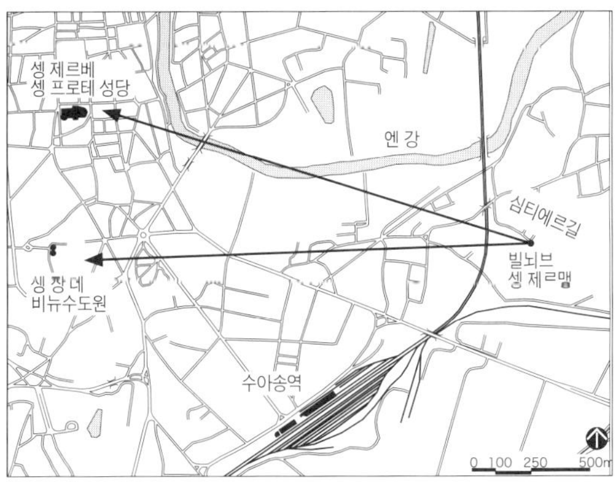

그림 2.46 시점장 위치

그림 2.47 실경

존재하지 않았다. 때문에 다음 대안으로 지도의 등고선을 참고로 구릉지의 위치를 파악하였다.

우여곡절 끝에 시점장은 2차 현지 조사에서 겨우 발견할 수 있었다. 시점장은 수아송역(SNCF)에서 북동쪽으로 약 1km 떨어진 곳에 위치하는 구릉지였다(그림 2.46). 이 구릉지 일대는 빌뇌브 셍 제르맹이라는 신주택지이었다. 그 끝에 심티에르 길에 면한 묘지가 있고, 그 앞은 약간 경사진 풀밭이다. 시점장 바로 앞 공간인 근경에 건물을 그렸으나, 실제로 이것은 존재하지 않았다. 단지 주택터가 남아있을 뿐, 건물이 예전에 있었음을 현지 주민으로부터 확인할 수 있었다. 즉, 시점장은 이 풀밭인 것이다.

이 시점장에서 북쪽으로 보이는 2개의 높은 성당은 구시가지에 위치하고 있다. 구시가지는 역에서 북서쪽으로 약 1.5km 지점에 위치하고 있으며, 비교적 낮은 지형을 보이는 이 마을에서 2개의 높은 성당은 한 눈에 들어온다(그림 2.47). 실제로 그림과 똑같이 보인다.

이 그림은 왼쪽(북서쪽)의 셍 쟝 데 비뉴 수도원을 바라보는 경관으로, 양자 모두 시점장에서는 2km이상 떨어진 원경에 위치하고 있다. 특히 셍 제르베 · 셍 프로테 성당은 대규모로 중량감을 느끼게 하는 건축물이었다.

그림과 실경의 구도를 비교해 보면, 2개의 성당이 거의 동일하나, 거리에 비해 약간 크게 그려졌으며 2개의 성당 거리도 실제보다 훨씬 가깝게 그리고 있음을 알 수 있다. 그리고, 실제 배경의 산등성이가 그림에는 그려져 있지 않았다.

현재, 셍 제르베 · 셍 프로테 성당 전면 광장에 시장이 열리고 있어 언제나 활기찬 느낌이었다. 반면 셍 장 데 비뉴 수도원의 탑은 깨끗이 정비된 잔디밭의 오픈 스페이스에 의해 둘러져 있다.

아비뇽과 마찬가지로, 코로는 2개의 성당을 중심으로 하는 시가지 전체를 내려볼 수 있는 장소를 찾아 헤맨 결과, 바로 이 곳을 시점장으로 그림을 그렸다고 생각된다.

12. 셍 로 시가지 전경(프랑스)

이 셍 로는 파리(셍 라자르역)에서 북서쪽으로 230km 떨어진 곳에 위치하고 있으며 중간에 칸에서 갈아타고(칸까지 약 2시간 소요), 거기서 셍 로역(SNCF)까지 약 1시간이면 도착한다. 바스 노르망디 지방의 망슈현의 현청 소재지가 이 셍 로이다. 시간대에 따라서는 칸에서 버스를 타고 셍 로까지 갈 수 있다. 쉽게 말하자면 일본의 JR버스와 같은 것으로 쿡크 시간표에 안 적혀있기도 하다.

이 그림은 셍 로역에서 남서쪽으로 약 400m떨어진 구릉지에서 셍 로 시가지를 동쪽으로 보면서 중경에 위치하는 셍 로 성당을 내려다보고 그린 경관이다(그림 2.48). 시점장에서 가까운 구릉지는 이미 주택지로 변모하였고, 주택지를 관통하는 랑프 드라 팔레즈 대로(폭6m)가 시점장으로 판단된다(그림 2.49). 이 시점장에서는 주택지의 지붕과 벽, 성당과 성벽의 일부가 파악될 뿐이다.

그림에서는 성벽 앞쪽에 폭 좁은 비르 강(폭50m)와 아미랄 메르베이외 뒤 비뇨 다리, 그리고 성벽의 일부가 그려져 있으나, 현재 시점장 주변에는 택지 개발이 이루어지고 있어 수목이 무성하여 성당 방향의 시야를 방해하고 있었다(그림 2.50).

시가지는 약간의 기복을 가진 지형이다. 셍 로 성당은 이 시가지 중심에 있는 성벽의 내부에 위치하고 있다. 성벽은 단단한 돌로 만들어졌다. 이 교회 앞에는 작은 광장이 있었으나, 아쉽게도 현재 셍 로 성당은 1944년 6-7월 대전 종료 직전의 공격으로 파괴되어, 현재에는 교회 전각 일부 정도 밖에 남아있지 않다(그림 2.51). 뒤 늦게 알았지만, 셍 로는 제2차 세계대전 노르망디 작전의 전쟁 접전 지역이었다고 한다.

성당 정상의 높이를 재어보니 예전에는 약 60m정도 이었을 것으로 추정되나 현재 남아있는 탑의 높이는 44m이었다.

셍 로를 소개하는 팜플렛에는 “독일이 쏜 대포에 의해 북쪽의 탑이 1944년 7월 18일 저녁, 19일 낮에 남쪽 탑이 낙하하였다. 이것들은 재건되어야만 할까? 망슈현의 역사적 모뉴멘트의 건축가, 이브 마리 프루아드보는 현재 성당에 대하여 다음과 같이 논하고 있다. '노트르담 성당 서쪽 정면의 디자인은 지금으로부터 수 세대를 거쳐오면서도 변함없이 1944년의 뷰위기를 전해오고 있다. …… 이것은 평화를 원하는 절규를…… 파괴된 성당이 상징하는 것' 이라고 한다".

지금까지 남아있는 성벽 일부와 이 성당을 제외한다면, 셍 로의 시가지는 전체적으로 매우 새로운 마을 분위기로, 예전 모습은 그 어디서도 찾아볼 수 없다.

성당의 앙각은 철탑의 높이까지 고려한다면 1.5도이다. 성당 앞으로 보이는 성벽과 그 앞에 흐르는 강과 다리는 부각 5.7도로, 이것이 셍 로 시가지를 분절하고 있다.

코로가 그린 많은 성당 그림 중에서 이 셍 로 성당만이 유일하게 당시의 모습을 찾아볼 수 없었다.

그림 2.48 셍 로 시가지 전경(코로, 1833)

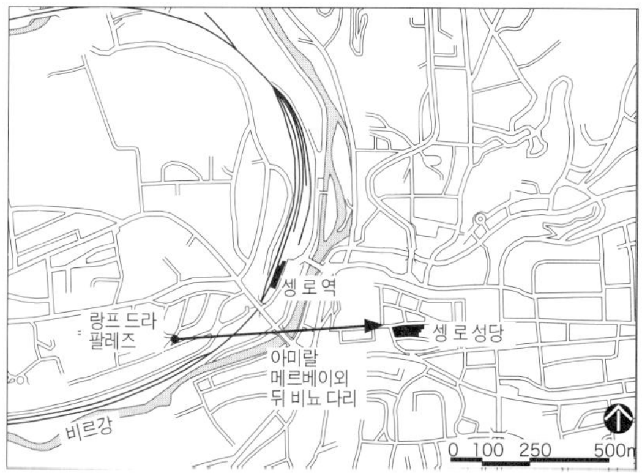

그림 2.49 시점장 위치

13. 흐린날의 루앙(프랑스)

루앙은 파리(셍 라자르역)에서 북서쪽으로 약 149km, 열차로 약 1시간 10분 거리에 위치하고 있다. 루앙의 구시가지는 이 루앙우안역(SNCF)에서 남쪽으로 700m떨어진 곳에 위치하고 있으며, 그 중심부에 이 대성당이 서 있다. 대성당의 탑은 프랑스에서 가장 높고 그 높이는 약 145m이다.

그림 2.50 실경

그림 2.51 셍 로 성당

피사로는 루앙의 대성당을 비롯하여 루앙의 시가지 경관을 수 없이 그리고 있으며, 이 그림은 그 중의 하나이다(그림 2.52). 모네도 역시, 루앙 대성당 정면을 다수 그리고 있다. 터너도 다수의 수채화와 스케치를 남기고 있으며, 이것은 강의 상류에서 코르네이유 다리의 건너편에 보이는 고딕 양식의 대성당을 중심으로 한 수변 경관으로 그려져 있다[6]. 이처럼 루앙의 대성당은 많은 화가들에 의해 다양한 모습으로 그려

그림 2.52 흐린 날의 루앙 구 시가지의 지붕(피사로, 1896)

그림 2.53 실경

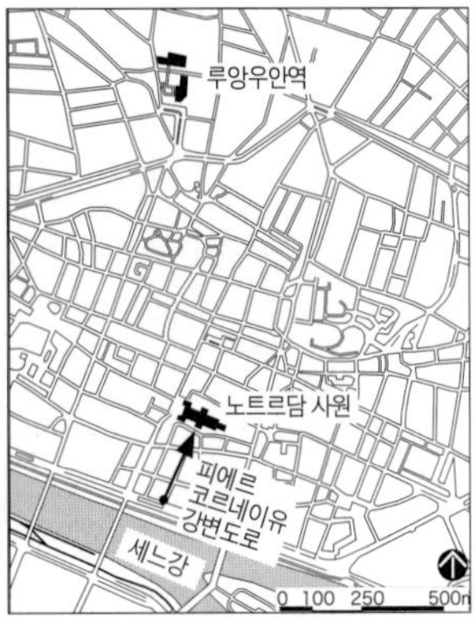

그림 2.54 시점장 위치

구도이다. 이 구도는 실경에서도 변함없이 즐길 수 있다(그림 2.53).

대성당의 스카이라인에서 판단하면 철탑을 수직축으로 대성당의 남쪽면이 그려져 있는 것을 알 수 있다. 시점장에서의 위치를 계측해보면 대성당은 250m 떨어진 곳에 위치하며, 그 철탑까지의 높이는 130m이고 앙각은 27.8도이다. 피사로가 그림에 그린 범위의 철탑 높이는 81m이고, 앙각은 18도이다.

이 그림의 시점장은 세느강 북측(오른쪽 호안)의 코르네이유 강변로에 접한 건물(예전의 오텔 드 파리)[7]의 위층이었던 것으로 판단된다(그림 2.54). 단, 지금 그 건물은 새로운 아파트로 재개발되었다.

그림 2.55 실경

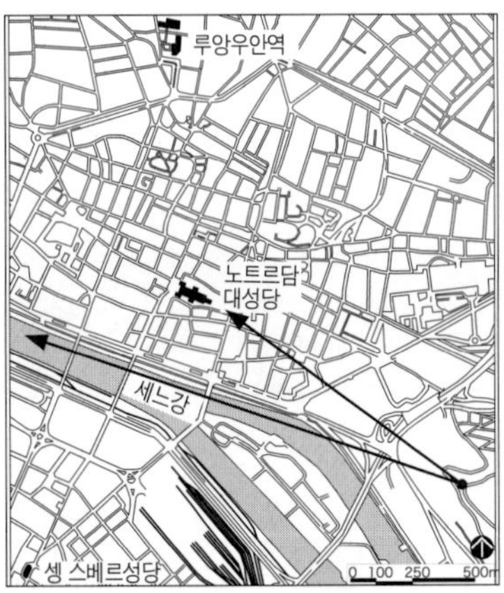

그림 2.56 시점장 위치

14. 셍트 카트린 광장에서의 조망(프랑스)

루앙 시가지 남동 방향, 세느강 오른쪽 호안 가까이에 표고 151m의 약간 높은 구릉지가 있다. 연속된 산등성이의 끝 부분에 위치하는 이 구릉지는 셍트 카트린 광장이라고 불려지고 있으며, 루앙 시가지를 한눈에 내려다보는 것이 가능하다(그림 2.55). 때문에 이 언덕은 루앙시의 주요 조망 지점으로서 관광 지도에 명기되어있다.

코로는 이 높은 구릉지를 시점장으로 하여(그림 2.56), 루앙 시가지 전체를 내려다보는 경관을 그리고 있다(그림 2.57). 밀집된 구시가지, 이 시가지의 중심이 되고 있는 대성당, 이 시가지의 중심을 가로지르는 세느강 등을 그리고 있다. 아늑히 멀리 약간 높은 듯한 구릉지가 보이고 루앙 시가지가 구릉지로 둘러져 있는 것을 알 수 있다. 그 구릉지까지의 거리는 1.1km로, 앙각은 7.7도이다. 분지 중앙에는 루앙 시가지가 펼쳐져 있는 것이 이 그림에서도 매우 인상적이다.

터너 역시 1834년에 루앙 시가지를 내려다 보는 경관을 수채화로 그렸고, 모네도 같은 구도로 공장의 연기로 흐려진 루앙 시가지를 내려보며 그렸다. 그러나, 실제로 이 셍트 카트린 광장에서 보는 경관은, 코

졌다.

여기서 취급하고 있는 피사로 대성당의 그림은 대성당과 그 주위의 시가지 스카이라인을 가까이에 두고 그려진 것으로, 시가지의 스카이라인과 지붕 모양, 그리고 색채에 대한 통일의 중요성을 보여주고 있는

로가 그린 이 그림이 아니라, 모네의 "루앙 시가지"(1892)의 레플리카에서 볼 수 있다(그림 2.58).

15. "마을 전체를 내려다보는 경관"의 특징

이상과 같이, 총 14점의 시점장을 조사한 결과, 다음과 같은 특징을 가지고 있는 경우, "그림이 되는 경관"으로서 "마을 전체를 내려다보는 경관"이 될 수 있음을 알았다.

(1) 시점장

① 장소

시점장은 1)시가지의 오픈 스페이스에 면하여 입지하는 건물의 상층 테라스나 전망대가 있는 경우가 5점, 2)교외의 구릉지에 있는 잔디밭이나 광장, 정원 등의 경우가 9점이다. 이처럼 시점장은 강조를 위한 확대를 하지 않는 경우를 제외하면, 모두 아래 방향으로 시가지를 조망할 수 있는 장소임을 알았다.

② 화각

위와 같은 특징을 가지는 시점장은 주로 건물이나 산중턱에 위치하기 때문에, 그 배후에는 언덕진 구릉지가 존재한다. 그렇기 때문에 주위를 둘러보는 시야도 그리 넓지 못하다. 따라서, 구릉지의 언덕에서 4방향 360도로 조망이 가능하기 때문에 시점장으로 선정되는 것은 아니다.

건물 상층이 시점장이 되는 경우, 화각은 평균 64.2도, 좌우를 둘러보아 멀리 내려다보는 시야의 폭은 평균 127도이다. 구릉지가 시점장인 경우, 화각은 58.7도, 시야폭은 122도이다. 건물의 상층이 시점장인 경우가 화각, 시야폭 모두 약간 크다.

시점장에서 주위를 내려다보는 좌우의 범위는 전체 평균 124도이다. 그 중에서 화면에 그려진 수평 각의 범위를 화각으로 환산하면 평균 55.4도이다. 124도의 시야 범위 중에서 성당과 같은 건물이 만들어내는 독특한 스카이라인을 바라보는 경관을 포함하여 평균 55도가 선정되고 있는 것이다.

그림 2.57 셍트 카트린 광장의 조망(코로, 1829)

그림 2.58 셍트 카트린 광장에 있는 모네의 레플리카

(2) 그림과 실제 경관과의 차이

① 화각

화각이 크다는 것은 통상적으로 보이는 것보다 좌우가 넓게 그려졌다는 것을 의미한다. 단순한 화가의 실수인지, 아니면 의식적으로 넓게 그렸는 지는, 알 수 없으나, 이러한 묘사법은 적어도 시가지의 광대함을 강조하기 위함이었다고 추측된다.

② 강조

원경의 시가지를 바라보는 경우는 그 안에 포함된 성당과 같은 특징적인 건축물은 실제로 보이는 것보다도 약간 강조하여 크게 그리고 있다. 특히 1km를 넘는 위치에 있는 건물의 경우가 그러하며, 결국 이것은 스카이라인을 강조하게 된다. 근경, 중경의 시가지의 전경을 나타내는 경우에는 실경의 크기보다 더 가깝게 그리고 있다.

(3) 시대상

① 앙각

시점장이 시가지의 건물 상층인 경우는 시가지 마을 전경이 근경과 중경에 보인다.

(ㄱ) 시점장이 시가지 건물 상층인 경우

이 경우 시가지 마을 전경이 근경과 중경에 보인다. 주된 시대상은 근경의 마을 전경이며, 이것이 같은 모습으로 통일된 마을의 모습이 보이는 것, 즉 건물 규모, 지붕 형태, 색채 등이 서로 닮은 마을임을 알게 한다. 근경 또는 중경의 마을 전경에는 성당의 탑이 보이기도 한다.

(ㄴ) 시점장이 교외 구릉지인 경우

시점장이 교외 구릉지인 경우는 오목한 지형으로, 근경에 시점장 주변의 녹지, 중경에서 원경까지는 시가지 또는 항만, 산등성이가 보인다.

이 경우, 주된 시대상은 시가지의 마을 전경과 그 가운데 솟아있는 성당이나 시청의 탑이다. 그것은 중경(300m-1km)에서 원경(1km-)에 걸쳐 보이며 그 앙각은 5도 이하(평균3.4도)이다. 이것은 시가지 스카이라인을 결정하는 중요한 요인이다. 반대로 1km이하를 앙각 5도로 바라보는 경우, 이 건물은 100m정도의 높이가 된다.

② 부각

마르세이유항을 내려다 보는 경우, 마르세이유항은 시점장에서 1.3km 떨어진 거리에 위치하며, 부각은 6.1도, 제노바 항만을 내려다보는 경우는 항만에서 800m 떨어진 곳에 위치하며 부각은 4.5도이다. 루앙의 셍트 카트린 광장에서 시가지의 녹지까지 1.1km이며 내려다보는 부각은 6.3도, 바디칸에서의 부각은 5.0도이었다.

이처럼 부각의 평균은 약 6.3도로, 이는 항구에서 수변, 평지의 거리까지 연속하여 펼쳐지는 시가지를 분절하고 있는 각도임을 알 수 있다.

2-3 심볼릭한 건조물 경관

심볼릭한 건조물은 건물의 높이와 정면 디자인 등, 그 자체가 주변 건조물과 비교하였을 때 높이가 높거나 강한 인상을 준다. 특히 그 건물에서 일정 거리 떨어져 일정 각도로 바라보면, 한층 더 강한 인상을 얻게 된다. 그림이 그려진 실제 경관의 현장을 거리와 각도로 그 특징을 알아보고자 한다.

제3장에서는 심볼릭한 건조물의 정면, 또는 교각을 그린 경관을 취급하고 있다.

시점장이 확인된 회화는, 위트릴로 4점, 코로 3점, 컨스터블 2점, 고호 1점으로, 총10점이다. 그림 제목에는 그려진 심볼릭한 건조물의 이름이 포함되어있다. 그 심볼릭한 건조물은 화면 전체를 차지하며 근경에 위치하고 있기 때문에 시점장의 발견이 비교적 용이하다. 이 심볼릭한 건조물은 관광 팜플렛에도 대부분 기재되어있다. 그럼, 회화 별로 시점장의 특징을 살펴보자.

1. 노트르담 드 파리(프랑스)

파리의 시테섬에 있는 노트르담 대성당(1163-1320)은 고딕 초기 걸작품이며, 완성까지 200여 년이나 소요되었다. 거대한 스케일을 가진 건물이지만 서쪽 정면의 모습은 매우 안정되어있기 때문에, 이 대성당의 정면과 입면은 그 후 많은 성당의 표본이 되었다고 한다. 지금도 프랑스 가톨릭의 본거지로서 많은 의식을 행하고 있는 파리의 대표적인 건물 심볼의 하나이다. 대성당은 당시 많은 인상파 화가들에 의해 다양한 각도에서 그려졌으며, 현재에도 많은 화가들이 세느강변에 이젤을 세우고 대성당을 그리고 있다.

위트릴로는 이 대성당의 서쪽 건물면을 정면에서 바라보며 근경에 그리고 있다. 이것은 심볼릭한 대성당의 정면이 강조되는 구도이며(그림 2.59), 지금까지 대성당을 그린 많은 그림 중에서 정면에서 그린 그림

그림 2.59 노트르담 드 파리 (위트릴로, 1929)

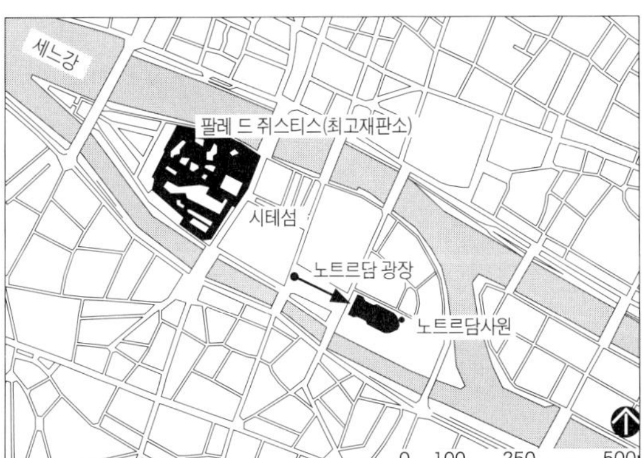

그림 2.60 시점장 위치

그림 2.61 실경

그림 2.62 셍 마르탱 문

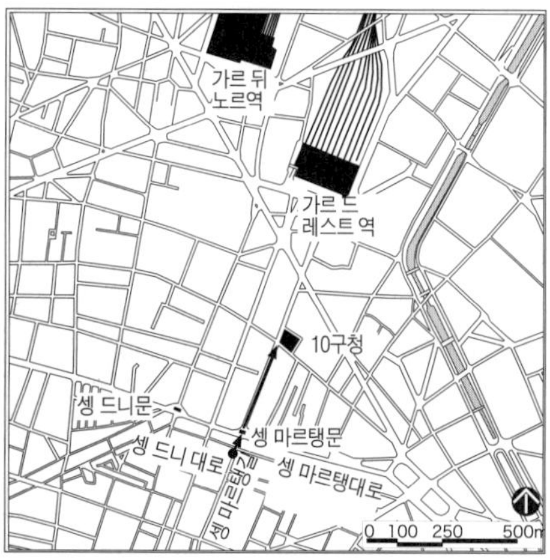

그림 2.63 시점장 위치

그림 2.64 실경

은 그리 많지 않다.

"시테섬은 …… 대부분 철거 대상이었다. 노트르담 대성당과 팔레 드 쥐스티스에 끼어있는 지구의 건물은 모두 철거되어 …… 이렇게 만들어진 거대한 토지는 파리 시립 병원과 병영(후의 파리 경시청)이라는 2개의 건조물의 부지가 되었다. 그 외 남은 부지에 광대한 노트르담 광장이 정비되었다"[9].

시점장은 대성당 정면에 위치하는 이 노트르담 광장이다(그림 2.60). 정면을 그리기 위해서는 대성당에서 가장 멀리 떨어진 광장의 서쪽 끝이어야 만이 이 구도를 얻을 수 있다. 근경에서 보고 있으며 앙각은 21.2도이다.

그림의 광장 양끝 부분을 제외하면 그림과 실경은 동일하다(그림 2.61). 왜냐하면, 대성당의 높이에 비해 광장 넓이가 좁기 때문에 실제로는 포함되지 않기 때문이다.

지금도 이 광장을 많은 관광객들이 찾고 있다. 광장의 돌 포장은 디자인을 위한 것이었으며, 세느강변에는 동양식의 작은 정원도 조성되어있다.

2. 셍 마르탱 문(프랑스)

파리 시내의 이탈리앙 대로에서 동쪽으로 몽마르트르 대로, 셍 마르탱 대로로 이어지는 대로를 그랑 불르바르라고 부른다. 포르트 셍 마르탱(셍 마르탱문)은 루이 14세의 승전을 기념하여 1674년 세워진 개선문으로, 셍 마르탱 대로의 도로 중앙에 위치하고 있다. 높이 약16m, 이 셍 마르탱 문은 "피에르 뷜레의 설계로 파리 시장과 시청 사람들의 열의로 건조되었다. 브장송 정략의 승전 기념의 의도도 있지만, 디자인은 훨씬 더 부드러운 우아함을 가지고 있어 신고전주의를 생각하게 한다"[10]라고 하였다고 한다.

셍 마르탱 대로에 있는 셍 마르탱 문에서 남쪽으로 돌면 셍 마르탱 길이 있다. 셍 마르탱 길은 셍 마르탱 대로와 직교하고 있다. 이 그림은 셍 마르탱 길에서 북쪽을 보고 표준 렌즈의 범위보다도 훨씬 좁게 마치 주위가 생략된 것처럼 그리고 있다(그림 2.64).

이 시점장이 차도이기 때문에 지금은 이곳에서 그림을 그릴 수 없다. 이를 보면, 당시 이 길은 교통량이 그리 많지 않았나 보다.

3. 셍 드니 대사원(프랑스)

셍 드니는 파리 북쪽에 면하고 있는 마을이다. 파리에서 지하철을 타고 셍 드니 바질리크역에서 내려 수 분 걸으면 셍 드니 대사원에 도착한다. 이 대사원은 왕실 영묘인 수도원 부속 성당으로, 프랑스 최초의 고딕 건축물이다. 이 그림은 이 사원을 정면으로 그린 것이다.

시점장은 대사원 가까이에 위치하는 레퓌블리크 길 앞의 장 조레스 광장이다(그림 2.65). 이 광장에서 근경에 있는 셍 드니 대사원의 서쪽 정면을 바라보면(그림 2.66), 그림과 동일한 실경을 얻을 수 있다(그림 2.67). 이 성당의 서쪽 정면은 단형과 삼각형의 단순한 디자인이다. 서쪽 정면의 북쪽(그림 좌측)은 19세기 초기까지는 철탑을 가진 종탑이 있었으나, 후에 철거되어 위트릴로에 의해 그려진 것과 같은 모습으로 변하여 현재에도 이 모습을 유지하고 있다.

대사원의 정면 앞에는 앙시엥 오텔 디외 광장이 있으나, 이 광장은 넓지 않다. 때문에 이 곳에서 대사원을 보려면 앙각 45.5도로 올려 보아야 하기 때문에 더 물러서지 않고서는 그림과 같이 대사원 전체를 볼 수 없다.

따라서, 위트릴로는 전면 광장을 지나, 이곳과 약간 떨어져 있는 장 조레스 광장에서 그림을 그렸다. 이 광장에서라면 사원이 근경에 위치하게 되고, 그 앙각은 23도로, 정면 전체를 바라볼 수 있다. 이 광장에는 격자형으로 수목이 식재되어있다. 1차 현지 조사 당시에는 이들 수목을 교묘히 피해 주차장으로 이용되고 있었으나, 2차 현지 조사때는 의류나 식료품을 판매하는 시장으로 북적거리고 있었다.

광장에는 2종류가 있다. 하나는 성당 앞에 있는 좁은 광장. 원래 성당 정면은 크리스트의 유래를 나타내는 내용 등이 조각되어 장식된다. 사람들은 그것을 가까이에서 보고 신앙심을 깊이 하는 등, 원래 성당은 멀리서 바라보는 대상이 아니었다. 따라서 멀리 떨어져 바라보는 광장은 필요하지 않았다. 그 후 시간이

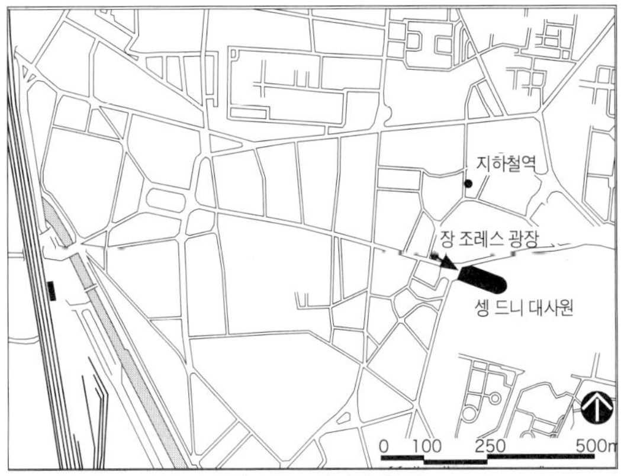

그림 2.65 시점장 위치

그림 2.66 셍 드니 대사원 (위트릴로, 1908)

그림 2.67 실경

흐르면서 점점 성당 앞의 광장이 조금씩 넓어지기 시작하였다.

또 하나는 성당과 약간 떨어진 곳에 위치하는 광장이다. 여기서 논하고 있는 장 조레스 광장과 같은 교통 광장(상업 광장)도 여기에 포함된다. 이러한 광장에서는 높은 성당의 전체 모습을 전망할 수 있다. 이 그림에서 위트릴로는 그 전체 모습을 볼 수 있는 이러한 광장을 시점장으로 하여 대사원을 그리고 있다.

4. 오베르 성당(프랑스)

파리 교외, 북쪽으로 약 30km떨어진 곳에 오베르 쉬르 우아즈가 있다. 파리(셍 라자르역)에서 퐁투아즈에 가서 그곳에서 다시 열차를 갈아타면 오베르 쉬르 우아즈역(RER)[주2]까지 갈 수 있다. 퐁투아즈와 이 역을 연결하는 주말의 열차편은 시간이 잘 안 맞으면, 이 역

그림 2.68 오베르 성당 (고호, 1890)

그림 2.69 실경

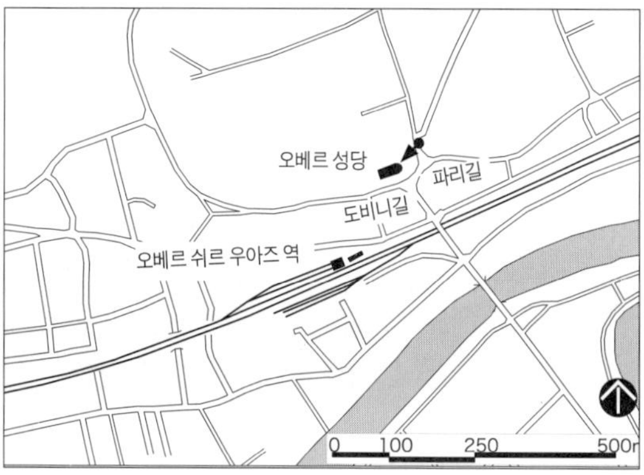

그림 2.70 시점장 위치

에서 3시간이나 발이 묶이게 된다. 실은 내가 그런 꼴이 되어, 이 역에서 얻은 노선 RER지도를 자세히 보고 있던 중에 우연히 RER역명에서 세브르 빌 다브레를 찾아냈다. 이것이 코로의 고향인 빌 다브레 일 것이라는 생각에 얼마나 기뻐했는지 모른다.

본론으로 돌아와서 이 오베르 쉬르 우아즈는 고호, 세잔, 도비니에 의해 많은 그림이 그려진 장소이다. 오베르 성당은 이 역에서 동쪽으로 200m 떨어진 곳에 위치한다. 그 길 중간에는 도비니의 조각상이 서 있고 그곳에서 좌측(서)이 도비니 길, 우측(동)이 파리 길로, 이 경사를 올라서면 바로 오베르 성당이 좌측으로 보인다.

이 그림은 그 오베르 성당을 정면에서 그린 것으로, 성당 바로 우측에 안으로 들어가는 작은 길이 있는데 이것을 그림의 축으로 하여 그리고 있다(그림 2.68). 이 성당은 그리 크지는 않으나 묵직한 중량감을 느끼게 한다. 고호는 초근경에 서서 이 성당을 다채롭게 그려내고 있다. 유리는 청색 스테인드글라스이고, 일부 지붕은 적색으로 표현되어 있다. 다행이 지금까지도 이 같은 색채를 건물에서 찾아볼 수 있으나, 단지 색이 바래 실제로는 소박한 느낌을 주고 있다. 이와 같은 색채를 제외하면, 고호의 그림은 지금의 실경과 동일하다(그림 2.69). 고호는 그림에 약간 울퉁불퉁한 형태의 지붕 등을 그리는 등 뛰어난 관찰력을 보이고 있다. 스케치가 출중했다라는 평도 있지만, 이 건물과 그림을 비교해보면 그 비판이 사실무근임을 알 수 있었다.

성당은 벽으로 둘러진 일부를 제외한 주변이 모두 잔디밭으로 둘러싸여있다. 벽이 있는 부분은 도로와 성당과의 고저차를 조절하고 있으며, 성당 벽 바깥쪽은 바로 도로이다. 시점장은 성당 잔디밭의 바로 옆 파리 길의 보도이다(그림 2.70). 여기에서도 시점장으로 예상되는 곳에 고호가 그린 이 그림의 레플리카가 놓여져 있었다.

5. 샤르트르 대성당 I (프랑스)

프랑스 굴지의 곡창지대 보스 평야의 중심지인 샤르트르은 파리(몽파르나스역)에서 남서쪽으로 약 90km떨어진 곳에 위치하고 있다(열차로 약 60분).

샤르트르은 "……지금도 예전의 상업지구가 똑같은 장소에 그대로 남아있다. 그 기원이 종교에 있든 상업에 있었든 간에 근교의 마을은 중심 시가지와 함께 성운층 모양의 시가지를 형성한다. …… 높은 장소의 방한집락(防寒集落) …… 피난 장소의 기능을 가진 …… 높은 탑을 건설하는 것은 단지 안전만을 위한 것이 아니고, …… 권력을 상징하는 심볼을 중심으로 단결할 필요를 느꼈다 ……"[9]. 그곳에 있는 고딕 양식의 노트르담 대성당이 바로 샤르트르 대성당 (1194-1260) 이다. 샤르트르 대성당은 장식이 화려한 조각, 적동색(赤銅色), 진한 청색의 아름다운 스테인드글라

그림 2.71 샤르트르 대성당
(코로, 1830)

그림 2.72 실경

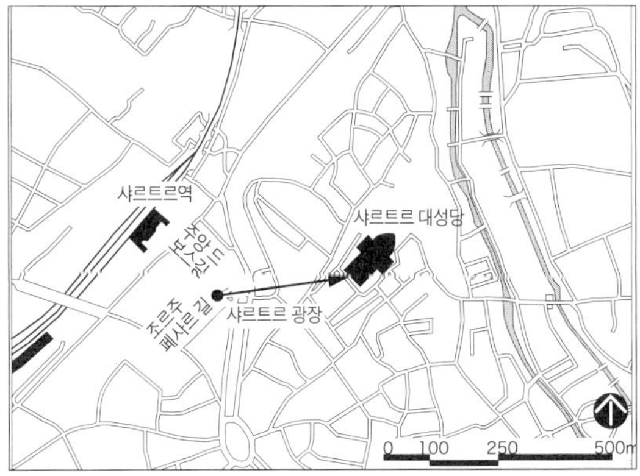

그림 2.73 시점장 위치

스 등이 있어, 프랑스 고딕 양식의 최고 걸작이라고 한다. 남측의 낮은 탑이 먼저 조성되었고, 그 후 16세기 초에 재건된 북측의 탑이 훨씬 화려하게 장식되었다.

대성당은 시내에서 가장 높은 언덕 위에 지어져 있기 때문에, 열차로 샤르트르에 향할 때 볼 수 있으며, 이 때 주변과 비교가 안될 만큼 우뚝 서 있는 것을 알 수 있다. 이 그림은 시점장에서 약 300m 떨어진 약 110m 높이의 대성당을 남북 방향에서 약간 옆으로 바라본 경관을 그린 것으로(그림 2.71), 묘사된 대성당은 실경과 정말 똑같다(그림 2.72). 대성당을 보는 앙각은 20.1도이다. 단, 앞에 있는 잔토(또는 식물이 있어 언덕이라고 생각할 수도 있겠지만)는 지금은 없고 그곳에 샤틀레 광장이 위치하고 있다.

시점장은 샤르트르역(SNCF) 앞에서 직접 시내로 진입하는 남동쪽의 주앙 드 보스 길과 조르주 페사르 길이 교차하는 6차로의 교차점으로, 부정형한 샤틀레 광장 근처의 보도이다(그림 2.73). 이 지점은 대성당에서 약간 떨어져 있다. 이 샤틀레 광장은 현재 지하 주차장을 이용하고 있으며, 일방통행에 의한 교통 제한을 하고 있는 광장이다. 이곳이 유일하게 그림과 동일하게 보이는 지점이나, 성당의 전체 모습은 파악할 수 없었다.

6. 샤르트르 대성당 II (프랑스)

코로는 샤르트르 대성당의 전체를 약간 측면에서 그렸지만, 위트릴로는 대성당의 정면을 그리고 있다(그림 2.74).

"중세 도시에서는 공공을 위한 광장은 거의 존재하지 않는다. 때문에 이 시대의 모든 대성당 전면 광

그림 2.74 샤르트르 대성당
(위트릴로, 1910)

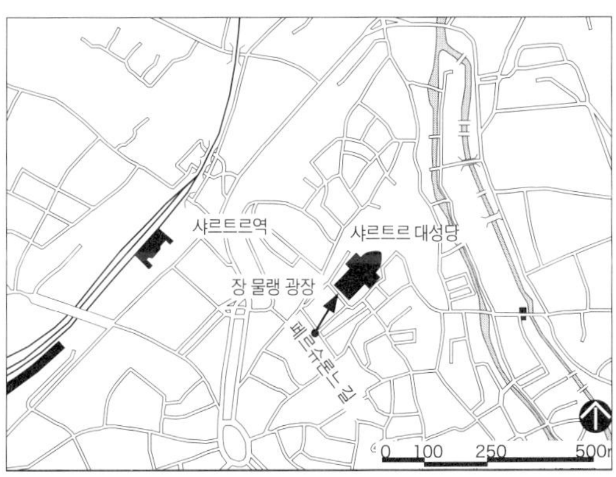

그림 2.75 시점장 위치

그림 2.76 실경

장은 매우 좁다. 따라서 대성당의 정면 전체를 전면 광장에서 바라보고자 하는 것 자체가 불가능하다. 왜냐하면, 원래 대성당의 정면을 보기 위하여 만들어진 것이 아니기 때문이다. 원래 전면 광장은 성서나 교리서의 장면을 보다 가까운 곳에서 보며 신앙심을 깊게 하는 것을 목적으로 한다"[9].

만약, 위트릴로가 이곳에서 대성당의 정면을 그렸다면, 시점장은 대성당 앞 장 물랭 광장 앞의 페르슈론느 길에 면한 2층 건물의 2층이었을 것으로 추정된다(그림 2.75). 그러나 실제로는 건물 전체를 파악하기에는 너무 가깝고, 광장(98m×39m)은 너무 좁다(그림 2.76). 사진은 다각에서 촬영한 것이다. 앙각은 41도나 되고 일반적인 심볼릭한 건조물을 보는 앙각의 각도를 크게 넘고 있다. 건물의 횡폭에 대해서도 똑같은 점이 지적된다. 또한 대성당의 우측에는 당연히 보이지 않을 동문, 그리고 좌측으로 절대 보일 수 없는 저층의 부속 건물이 그려져 있다. 참고로 적는다면, 위트릴로는 노트르담 드 파리에서 앙각 21.2도, 셍 드니 대사원에서 앙각 23.0도로 그리고 있다. 특히 셍 드니 대사원의 경우에는 바로 앞 광장을 피해 약간 떨어진 광장에서 그리고 있으며, 시대상도 충분히 떨어트려 멀리서 그리고 있다. 이렇게 의식적으로 보기 쉬운 앙각을 찾아 그린 위트릴로가 앙각 40.1도로 대성당을 그린 점은 불가사의하다. 그렇다면 위트릴로는 정말 샤르트르의 실경을 보고 그렸을까? 사실은 그렇지 않다고 생각한다. 오히려 위트릴로는 그림 엽서를 보고 그린 것이 아닌가 하는 의문이 생겼다.

7. 솔즈베리 대성당(영국)

솔즈베리는 영국 런던 워털루역에서 서쪽으로 약 130km 떨어진 곳에 위치하고 있으며, 약 1시간 20분 정도가 소요된다. 솔즈베리 역에서 도보 10분 정도면 대성당에 도착한다. 대성당은 벽으로 에워싸여 있어 주변과 단절되어 있으며, 이 경계는 세인트 존에 면한 성 안 게이트에서 들어갈 수 있다. 경내는 넓은 잔디밭 정원으로 관리가 잘 되어있으며, 대성당은 그 중앙에 위치한다.

이 대성당은 영국 고딕 초기의 대표적인 건축물로 불려지고 있으며, 평두제실을 갖는 복십자 평면의 전형적인 영국식 3복도식 성당이다. 중심 복도와 주축 복도가 교차하는 커다란 정사각형의 조명 탑이 돌출되어 있으며, 그 위에 첨탑을 높이 세우는 것으로 대성당의 실루엣이 완성된다. 이 대성당의 공간 구성은

그림 2.77 솔즈베리의 대성당과 그 경내(컨스터블, 1820)

그림 2.78 실경

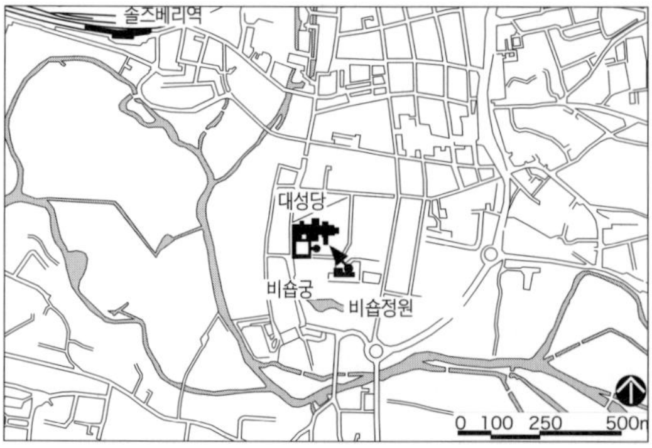

그림 2.79 시점장 위치

정말 영국 고딕 대표 작품에 손색이 없다.

그림은 이 대성당에서 약간 뒤편 남쪽에 위치하는 비숍궁 앞에서 그린 것이다(그림 2.77).

이 그림은 대성당의 뒤편에서 약간 사면으로 바라보는 구도로, 컨스터블은 대성당 전체를 그리지 않고 단지 높이 솟아있는 첨탑의 모습을 강조하는 구도를 취하고 있다. 그러나 앙각이 34.0도로, 첨탑 전체를 표준 렌즈에 담을 수는 없었다(그림 2.78).

시점장은 앞에서도 논한 것처럼 비숍궁의 앞 정원이다(그림 2.79)

8. 비숍 정원에서 보는 솔즈베리 대성당(영국)

컨스터블이 그린 이 그림은 앞의 솔즈베리 대성당을 비숍 정원에서 바라보는 구도이다. 뒤쪽 건물을 정면에서 바라본 경관이다(그림 2.80). 비숍 정원에는 작은 연못과 수목이 있고, 그 연못을 전면에 배치하고 그 뒤로 대성당의 뒤편을 바라보는 구도이다. 이 그림은 좌우에 수목을 배치하여 나무 사이의 중앙에 대성당을 배치한 구도이며, 수목을 이용하여 틀을 만들어 중앙에 시선이 집중하도록 그리고 있다.

비숍 정원에는 현재 크리켓장과 그것에 면하여 작업소가 지어져 있다. 이 그림의 시점장은 작업소 남쪽의 오목한 곳으로 추정된다(그림 2.81). 대성당 전체는 그려진 당시와 변함없으나, 그 주변의 정원은 전혀 다른 모습으로 변하였다(그림 2.82).

앙각은 20.5도이고, 앞의 "솔즈베리 대성당과 그 경내"의 그림과 비교해 보면, 적정한 각도임을 알 수 있다.

컨스터블은 대성당의 목사와 친구이며, 의뢰된 이 구도 이외에도 또 다른 대성당의 회화를 다수 그리고 있다[28]. 주위에 넓은 오픈 스페이스가 있었던 것으로 추정되기 때문에 다양한 방향에서 그릴 수 있었던 것으로 생각된다.

그림 2.80 비숍 정원에서 본 솔즈베리 대성당(컨스터블, 1823)

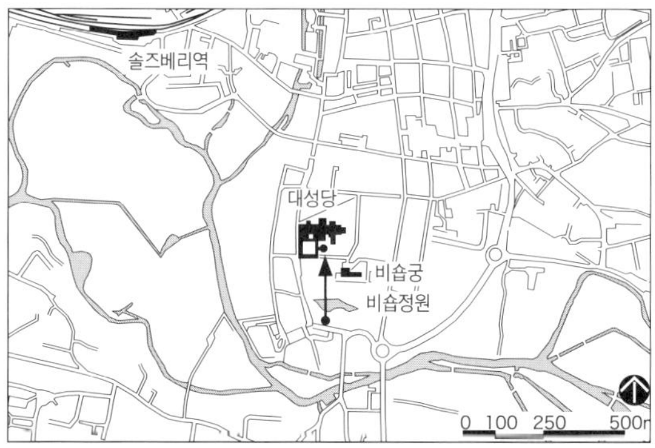

그림 2.81 시점장 위치

그림 2.82 실경

9. 망트 다리(프랑스)

망트는 파리(생 라자르역)에서 서쪽으로 약 60km 떨어진 곳에 위치하고 있어 약 30분이면 도착한다. 이 망트 라 졸리역(RER)에서 1km 떨어진 세느강 리메섬에 코로가 그린 망트 다리가 존재한다.

시점장은 리메섬 안에 있으며 그곳에는 잡종림으로 가득 차 있다. 이곳은 사유지이기 때문에 주민의

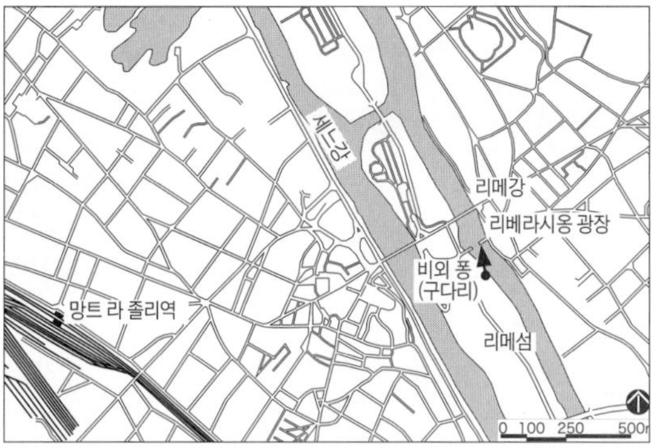

그림 2.83 시점장 사진

그림 2.84 망트 다리(코로, 1870)

그림 2.85 실경

반대로 들어가지는 못하였다. 비외 퐁(구다리)길을 따라 남쪽으로 더 올라가면 그 곳에 세느강변의 작은 배를 묶어놓은 장소가 있고, 이곳이 바로 이 그림의 시점장으로 추정된다(그림 2.83). 시점장에서 시대상까지의 거리는 약 150m이다.

시대상은 비외 퐁이며 석조 다리의 디자인이 매우 특징적이다(그림 2.84). 아치교에는 삼각형의 립이 강이 흐르는 방향에 따라 디자인되어 있다. 상류가 길이 2.7m, 하류가 길이 3.7m의 립(크기는 교각 별로 다르다)이 있어, 이것이 다리에 음영을 만들어내고 있다. 이 그림은 이 다리를 상류에서 하류 방향으로 약간 비껴서 바라본 경관이다. 음영의 정도를 고려 해 보면, 아침에 그린 것으로 생각된다.

그림 2.85의 사진은 코로가 그림을 그린 방향과 반대 방향으로 찍은 것이다. 현재 다리는 좌우 4스판과 3스판이 남겨져 있으며, 중앙 1스판의 노면은 파손되어 존재하지 않는다. 다리의 길이는 112.2m, 폭은 4.7m이다. 그림의 화면 좌측(사진에는 우측) 다리에 면한 비외 퐁의 관리용 건물은 현재 "코로 다리 미술관"으로 이용되고 있다.

또한, 좌측 해안에는 해변부터 경사져 있는 잔디밭의 하천 공원이 있다. 그곳에는 리베라시옹 광장이라는 이름으로 정비되어, 그곳에는 그림에 있는 "망트 다리"라는 간판이 있어, 이 다리의 역사적 중요성을 엿 볼 수 있었다.

10. 네라강에 걸려있는 나르니 다리 (이탈리아)

이탈리아 나르니시는 움브리아주 테르니현의 남쪽에 위치하는 산악 도시로, 로마에서 북쪽으로 약 70km 떨어진 곳에 위치한다.

나르니시의 팜플렛에 의하면, 나르니는 지리적으로 이탈리아 국토 중심지에 위치하고 있다고 한다.

나르니시의 첸트로 스트릭에 가까운 외측에는 네라강 위를 지나는 큰 다리의 일부가 남아있고, 그것이 아우구스토 다리로, '나르니 다리'로서 매우 유명하다. 남아있는 다리 교각터를 볼 때, 다리는 매우 대규모이었을 것으로 추정되며, 그 다리를 그림으로 그린 것이 바로 이 '나르니 다리'이다(그림 2.86). 이 지역에서 이 유적은 매우 유명하다. 그러나 다리는 풍화되어 보전 상태가 그리 좋지 못하다.

현재, 조사 당시 '나르니 다리'의 바로 옆에 새로운 다리가 조성되고 있었다. 이 새로운 다리에서 '나

그림 2.86 네라강에 걸린 나르니 다리(코로, 1843)

그림 2.87 실경(1)

그림 2.88 실경(2)

르니 다리'를 바라보기에는 너무 가까웠으나(200m정도), 그림에 그려진 '나르니 다리'에서 보이는 배후의 산등성이가 실경과 동일함을 확인하였다(그림 2.87,88).

그려진 그림은 이 새로운 다리의 배경이 되고 있는 산에서부터(약 800m-1km의 배경) 나르니 다리를 본 경관으로 추정된다. 배경의 산을 보면 언뜻 계곡과 같은 오목한 장소가 있고, 이런 곳에는 흔히 성당이 있곤 한다. 그 중에서 가장 높은 산에 유일하게 서 있는 성당으로 향하였다. 그곳에 이르는 도로는 비포장으로 매우 좁았다. 그 성당은 아반짜 드 상 카시안이라는 성당이었고, 이곳에서는 매년 정기적인 음악회가 개최되고 있음을 입구에 비치된 팜플렛에서 알 수 있었다.

어렵게 이곳까지 도착하였으나, 성당이 잠겨 결국 안에는 들어가지 못하고, 주변 사진 촬영만으로 만족하여야 하였다. 이 성당의 테라스에서 북쪽을 보는 경관이 코로의 그림 구도와 일치하여 시점장을 확인하였다. 그러나, 아쉽게도 1/25,000지도를 입수하지 못하였기 때문에 여기에 시점장의 위치를 명시하지 못함을 양해 바란다.

11. "심볼릭한 건조물 경관"의 특징

이상과 같이, 파리 노트르담 대성당, 셍 드니 대사원, 솔즈베리 대성당, 셍 마르탱 문 등 모두 심볼릭한 건조물을 묘사하고 있는 10점의 회화에 대하여 조사하였다. 이들의 시점장과 시대상의 특징은 다음과 같다.

(1) 시점장

시점장이 되는 곳은 다음과 같이 4종류로 분류된다.

① 시대상의 전면 광장 또는 주변 잔디 정원

대부분의 경우 심볼릭한 건조물의 주변은 오픈 스페이스로 개방되어있다. 심볼릭한 건조물을 바라보는 시점장이 되는 곳은 그 정면에 위치하는 광장이거나 주변을 둘러싸고 있는 정원이었다. 조사한 것 중 회화 4점이 이에 해당된다.

시점장이 되는 건물의 전면 광장의 크기는 파리 노트르담 대성당의 경우, D/H = 2.4-3.8이었다.

② 시대상에서 약간 떨어져 있는 광장

심볼릭한 건조물의 전면 광장의 넓이가 좁은 경우, 다시 말해 심볼릭한 건조물의 높이와 비교하여 광장의 넓이가 좁은 광장의 경우, 그곳에서 떨어진 광장이 시점장이 된다. 조사한 그림 중 2점이 여기에 해당한다.

반복되지만, 이 경우의 시점장은 코로의 샤르트르 대성당에서는 성당의 전면 광장이 아니라 그곳과 약간 떨어진 곳에 위치하는 샤르트르 광장에서 그리고 있다. 또한 위트릴로의 셍 드니 대사원은 정면에서 그리고는 있으나, 바로 앞의 정면에 있는 랑시엥 오텔 디와 광장에서는 너무 좁아 전체를 바라볼 수 없기 때문에 결국 그 부근에 있는 장 조레스 광장에서 대성당을 바라보며 그림을 그리고 있다.

③ 시대상에 이르는 도로 또는 보도

셍 마르탱 문과 오베르 성당은 그곳에 접근하는 도로나 보도가 시점장이 되고 있다. 어느 것도 주변의 오픈 스페이스가 협소하여 시점장은 도로가 되고 있으며, 조사한 그림의 2점이 이 경우에 해당한다.

④ 하천 변 오픈 스페이스

망트교 등의 교각을 그린 경우, 시점장은 하천 변 오픈 스페이스이다. 눈 앞에 흐르는 하천의 흐르는 방향으로 다리를 바라보고 그린 것으로, 2점이 이 경우에 해당한다.

(2) 그림과 실제 경관과의 차이

심볼릭한 건조물 경관은, 대부분의 경우 지금까지도 그림과 같은 동일한 구도 감상이 가능하였고, 기본적으로 모든 그림이 실경과 동일하다고 하여도 과언이 아니다.

이 경우, 시점장의 시야폭은 평균 256도로, 시점장 주변에 폭 넓은 시야가 확보되고 있는 것이 특징이다. "마을 전체를 내려다보는 경관"의 시야폭보다도 훨씬 넓다. 한편, 이 타입의 경관은 화각이 평균 36.5도로 다른 타입과 비교하여 가장 좁다. 이는 보통 바라보는 범위보다도 훨씬 좁은 구도이다.

다시 말해, 오픈된 장소에 시점장을 두고 시대상에 집중하여 그것만을 그리고 있는 것이다. 이는 정면에서 바라보며 그리는 경우와 약간 사선에서 바라보며 그리는 경우, 어느 경우에도 화각은 거의 비슷하다. 이것은 바라보는 시선 방향이 중요함을 암시하고 있는 것으로, 심볼릭한 건조물을 강조하는 구도가 된다.

(3) 시대상

① 특징

매우 높은 철탑을 가지고 있어, 아무리 멀리서 보아도 시가지에서 금방 눈에 띄는 성당이 시대상이 된다. 그러나, 이러한 성당은 근접하여도 특정한 규모와 정열적인 조각 등의 장식으로 주변 건물들과는 또 다른 주목을 가진다.

이러한 건조물은 정면에서 건조물의 모습을 바라보는 경우와 약간 사면에서 건조물의 전체를 바라보는 경우의 2가지 경관이 있다. 그 어느 것도 근경 위치에서 건물을 약간 올려다 보는 경관이다.

② 주요 경관 조작 지표

심볼릭한 건조물 경관에서 특히 중요한 지표는 다름아닌 거리와 앙각이다.

거리는 10점 모두 시점장에서 가까운 근경(300m)으로, 그 정도 물러서서 건조물을 바라보고 있다는 것을 의미한다. 이 때의 앙각은 20–40도(평균24.8도)이다. 건물 높이에 따라 시대상까지의 거리는 다소 다를 수 있으나 앙각은 어떤 경우에도 이 범위로 설명된다. 일반적으로 앙각의 최대 한계가 30도라고 하나, 본 조사에서도 1점의 예를 제외하고는 모두 일치하고 있다. 사실 개인적으로도 컨스터블이 그린 2개의 솔즈베르 대성당의 경우를 고려해도 30도 이내가 가장 적절한 것으로 판단된다.

그렇다면 코로와 위트릴로가 그린 2점의 샤르트르 대성당을 비교해보자. 우선 코로의 구도는 대성당 주변에 하늘이 적절하게 그려져 있고, 이 그림의 앙각은 20도로 화면 전체에 여유를 만들어 주고 있다.

한편, 위트릴로가 그린 그림은 대성당이 화면 가득 채워져 있어 화면에 공간적인 여유가 없다. 실제로 그 전면 광장에서의 앙각은 40.1도로, 한눈에 바라보기가 매우 어렵다. 정말 위트릴로가 현지에 와서 이 그림을 그렸을까, 혹시 그림 엽서를 보고 그림에 옮긴

것은 아닐까라는 의문이 든다. 사실 앞에서 지적한 것처럼, 위트릴로가 그린 생 드니 대성당의 경우, 바로 앞에 있는 광장에서 그리지 않고 일부러 약간 떨어진 광장에까지 발길을 돌려 그림을 그렸을 정도로 안정적인 앙각을 확보하고 있다. 이렇게까지 찾아 헤매던 위트릴로가 왜 샤르트르 대성당의 경우에는 그렇게 하지 않았는가에 대한 의문이 떠나질 않는다.

2-4 도로와 건축의 투시도적 경관

파리 샹젤리제 대로는 광폭의 직선 도로로, 당시에도 9km가 넘는 긴 직선 도로이었다. 이 대로는 동판화 등의 기록화에서도 다수 그려져 왔으나, 인상파 화가들은 오페라 대로, 몽마르트르 대로 등의 길에서 그리고 있으나, 이유는 모르지만 이 대로에서는 그 누구도 그리지 않았다. 그렇다면 화가들은 도대체 어떤 대로에서 그림을 그렸던 것일까?

제4장에서는 "그림이 되는 경관"으로서의 "도로와 건축의 투시도적 경관"에 대하여 설명하고자 한다. 길의 투시도적인 경관이 성립되기 위해서는 다음과 같은 조건이 전제되어야 한다. "모든 집들이 비슷한 형태이었다. …… 언뜻 이런 건 별 것 아닌 것처럼 느껴지지도 하겠지만 …… 실제로는 중대한 진보를 의미한다. 사실 직선으로 일정의 축을 가진 가로를 설정하거나, 가로에 따라 바라보는 경우, 길이 정돈되어 보이기 위해서는 이러한 조건이 반드시 필요하다"[9]. 다시 말해, 길이 경관으로서 성립되기 위해서는 우선 양측의 건물과 도로가 정비되어야만 비로서 가능하게 된다.

이렇듯 경관으로서 길 주변을 주목하기 시작한 것은 비교적 새로운 시대에 들어서부터이며, 이러한 새로운 경관의 성립에 의해 화가들은 길의 경관을 그림으로 그리게 되었다. 그러나 단지 이것만으로는 화가들이 그림을 그리는 "그림이 되는 경관"이 될 수 없다. 이를 위해서는 그리고자 하는 길에 접한 광장이 있어야 하고, 또한 그 광장의 크기와 양측의 건물 높이 등과 같은 시점장의 필요조건이 완비되어야 한다. 그 위에 시대상인 길과 건물의 비가 적절한 조화를 가지고 있을 때 비로서 우리들이 흔히 보고 있는 인상파 그림의 구도가 된다.

이 타입에서 구도의 시점장이 확인된 회화는 위트릴로 5점, 피사로 3점, 고호 2점, 코로 1점, 뭉크 1점으로, 총 12점이다. 이들 회화에 그려진 길의 경관에 대하여 시점장별로 특징을 논하고자 한다.

이러한 경관 타입은 회화에 파리의 오페라 대로, 이탈리앙 대로, 파시 강변로, 퐁투아즈의 에르미타주 등과 같은 도로 명칭이 그대로 그림 제목에 기재되어 있는 경우와 두에 종각, 생 세브랭 성당 등과 같이 그림의 대상이 되고 있는 건물 명칭이 그림 제목에 기재되어있는 경우의 2가지 그림으로 나뉜다.

이처럼 길 이름이 명기되어있는 경우, 시대상의 발견은 비교적 용이하다. 또한 도로 끝에는 초점이 되고 있는 건물이 있어, 이것이 명기되어있는 경우도 대체적으로 시점장을 쉽게 찾을 수 있다. 단, 이 경우, 길 이름이 기재된 지도가 입수되어야만 한다.

1. 테아트르 프랑세 광장(프랑스)

피사로는 파리 루브르궁에서 오페라로 향하는 직선 도로에 있는 오페라 대로 (직선 도로 약1km)를 포함하고 있는 마을 전경을 그렸다.

화면 오른쪽 앞에 테아트르 프랑세 광장, 그리고 오페라 대로의 양측에는 오스만 도시계획에 의해 고도 제한이 걸린 5층 건물이 나란히 서 있으며, 약 1km

그림 2.89 테아트르 프랑세 광장, 비오는 거리(피사로, 1898)

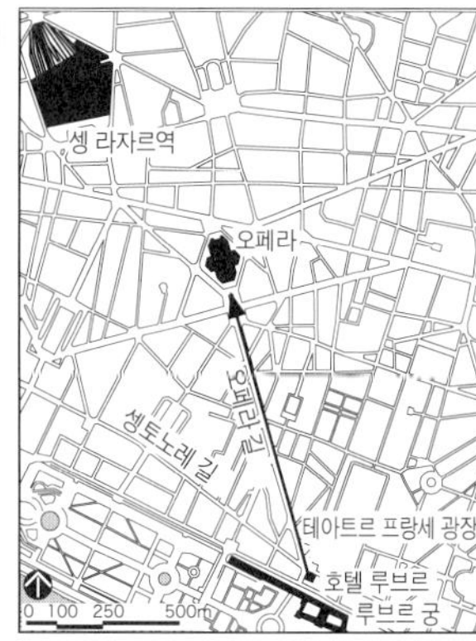

그림 2.90 시점장 위치

그림 2.91 이탈리엥 대로, 아침, 햇살

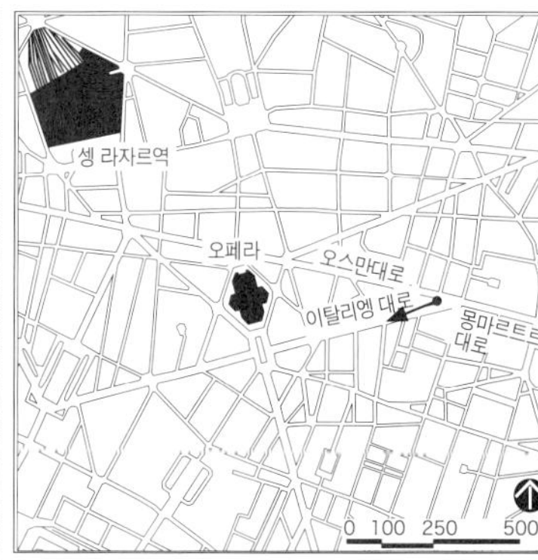

그림 2.92 시점장 위치

안쪽에는 오페라가 그려져 있다(그림 2.89).

도로 폭과 건물 높이의 비례(D/H)는 1.09로, 건물 높이와 도로 폭은 비슷하다. 오페라까지의 앙각은 1.6도로, 이 그림에서 오페라는 그리 중요한 역할이 아니고 오히려 그림에서의 인상이 매우 약하다. 오페라 대로와 그 앞의 광장에는 다양한 마차가 그려져 있는 것으로 보아, 이 그림은 대로의 번화한 경관을 그린 희화인 것 같다.

시점장은 테아트르 프랑세 광장에 면한 호텔 루브르 2층이다(그림 2.90). 이 시점장은 셍 토노레 길, 오페라 길, 리슐리외 내로가 교차하는 변형 교차점으로 테아드르 프랑세 광장에 면하고 있다. 이곳이 바로 지금의 앙드레 말로 광장이다. 물론 지금도 그림과 같은 구도를 볼 수 있고, 이 그림의 시점장은 다른 저자에 의해서도 자주 소개되고 있는 유명한 구도이다.

1900년판 고지도에 의하면 당시의 몽마르트르 대로는 아직 완성되지 않았다. 그 때는 아직 오스만 대로와 직선으로 연결되지 않았기 때문에 중간에 꺾여 이탈리엥 대로와 연결되어 있었다. 이 당시 굽어진 길에 있던 건물 상층이 시점장이었으며, 이곳에서 이탈리엥 대로의 활기를 그리고 있다.

2. 이탈리엥 대로(프랑스)

오페라 앞에 오페라 길과 교차하는 직선 도로로, 몽마르트르 대로와 둔각(135도)으로 만나는 것이 이탈리엥 대로(직선 도로 길이는 약 0.6km)이다. 그림은 이 이탈리엥 대로의 번화한 모습을 위에서 내려다 보는 경관이다(그림 2.91).

몽마르트르 대로와 이탈리엥 대로의 교점에 면한 건물의 상층이 시점장이다(그림 2.92).

3. 셍 세브랭 성당(프랑스)

셍 세브랭 성당은 시테섬의 노트르담 대성당에 가까운 세느강 좌측 해안에 위치한다.

위트릴로는 구도가 같은 셍 세브랭 성당을 2장이나 그리고 있다. 그 중 하나가 그림 2.93이다.

시점장은 프티 퐁(작은 다리) 길과 셍 세브랭 길의 교차점에서 약간 떨어진 장소, 5차로의 소광장 (셍 쥘리앙 포브르 성당 앞의 소광장)이다(그림 2.94). 이 5

그림 2.93 셍 세브랭 성당

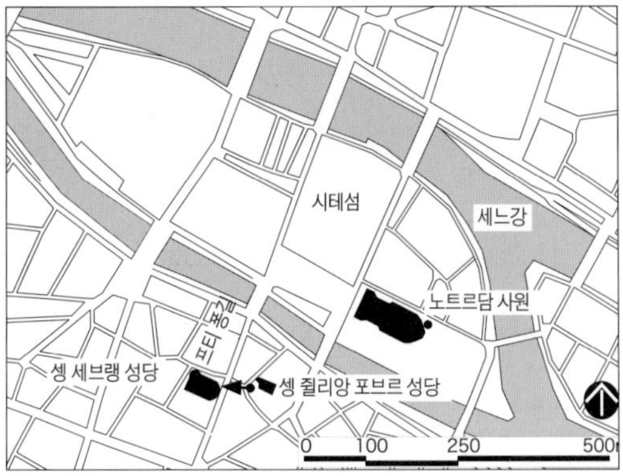

그림 2.94 시점장 위치

그림 2.95 실경

차로의 돌 포장이 매우 아름답다. 시점장을 찾기 위해 셍 세브랭 성당 주변을 걸어 헤매었지만, 이 곳 외에서는 같은 구도를 얻을 수 없었다.

이 그림은 이 시점장에서 셍 세브랭 길과 근경의 셍 세브랭 성당을 바라본 경관을 그리고 있다(그림 2.95). 앙각은 23.3도, 셍 세브랭 길의 D/H는 0.54이다. 이 셍 세브랭 성당은 13세기 고딕 성당으로 디자인이 매우 깔끔하다. 단 이 시점장에서는 셍 세브랭 성당의 플라잉 배드레스가 보이나 그것은 그리지 않았다. 또한, 프티 퐁 길도 보이지만 이것도 그림에는 그리지 않았다. 이렇게 생략된 부분이 있는 것은 실제 경관 그대로는 그림이 될 수 없는 것이었을까?

이 그림은 코로의 '두에의 종루' 의 그림 구도와 비슷한 마을 경관이다.

그림 2.96 눈 내리는 파시 강변로

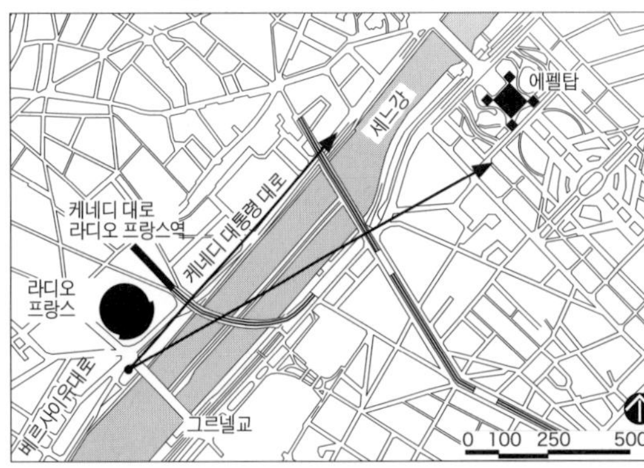

그림 2.97 시점장 위치

4. 눈 내리는 파시 강변로(프랑스)

위트릴로는 파시 강변로에서 그 길과 에펠 탑을 바라보는 경관을 그리고 있다(그림 2.96). 지금은 주변 건물이 많이 변하였기 때문에, 실제와 그림은 많은 차이를 보인다.

파시 강변로는 '케네디 대통령 대로' 라고 명명하고 있으나, 당시의 지도를 이용하여 그림에 그려진 에펠 탑과 도로를 비교 해 보면 시점장은 케네디 대통령 대로의 서쪽으로 이어지는 베르사이유 대로와의 교차점에 가까우며, 라디오 프랑스의 앞, 그르넬교의 보도

그림 2.98 실경

일 것을 추정된다(그림 2.97). 이 시점장은 6차로이며, 각각의 길이 멀리까지 조망되는 장소이다.

파시 강변로는 세느강의 우측 강변로를 말한다. 이 강변로에서 고가철도와 반대편 강변에 있는 에펠 탑이 보인다. 에펠 탑을 바라보는 앙각은 10도이다. 그림과 실경을 비교해보면, 고가철도와 에펠 탑을 제외한 시가지는 모두 변하였다(그림 2.98). 에펠 탑은 시점장에서 1.7km의 원경에 위치하나, 높기 때문에 시야에 들어온다.

5. 셍 마르탱 문(프랑스)

이 그림은 셍 마르탱 대로를 서쪽으로 바라본 시가지의 길 경관이다. 그림에는 사선 방향에서 보는 심볼릭한 셍 마르탱 문과 그 너머 중경에 위치하는 셍 드니 문을 바라보는 경관을 그리고 있다(그림 2.99). 셍 마르탱 문까지의 앙각은 11.6도이다. '그랑 블루바르' 라고 불리는 이 대로의 중앙에는 셍 마르탱 문과 약간 떨어진 곳에 셍 드니 문, 2개의 문이 남아 있다. 이 대로의 D/H는 폭이 넓은 1.26이다.

시점장은 셍 마르탱 대로의 좌측(서쪽) 보도이다. 이 보도는 시점장 부근에서 약간 볼록한 곳으로, 차도의 레벨보다 높다(+1.5m)(그림 2.100). 그 보도는 오르막길이고 반대쪽 차도는 약간의 내리막 길로 되어 있으며, 셍 마르탱 문 근처에서 같은 레벨이 된다(그림 2.101). 시점장이 된 이 길은 포르트 셍 마르탱 극장의 앞이다.

"셍 마르탱 대로에는 셍 마르탱 문, 그 옆으로는 …… (당시)……유행의 카페 …… 연극 …… 조그만 집들이 이어진 …… 셍 마르탱 문 양 옆의 건물은 당시의 모습은 아니지만, 분위기가 어디선가 묻어나는 포르트 셍 마르탱 극장는 위고의 '마리옹 드 로름므', …… 뒤마의 '앙토니' 등의 연극이 초연된 것으로 보아도 역시 로마주의의 '빛이 비치는 장소' 이었다 ……"[10].

이렇게 위트릴로는 역사적 의미가 깊은 포르트 셍 마르탱 극장 앞의 보도에서 서쪽의 내리막 길을 바라보고 그렸다.

그림 2.99 포르트 셍 마르탱(위트릴로, 1911)

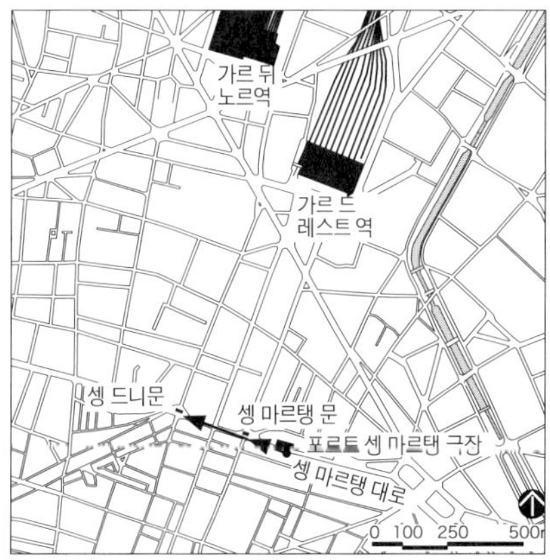

그림 2.100 시점장 위치

그림 2.101 실경

6. 푸아소니에르 길(프랑스)

오스만 대로와 연결되는 푸아소니에르 대로를 남

그림 2.102 푸아소니에르 길(위트릴로, 1933)

그림 2.103 실경

그림 2.104 시점장 위치

쪽으로 돌면 푸아소니에르 길이다. 이 그림은 이 길의 건물들을 그린 경관이다(그림 2.102). 이 길의 D/H는 0.62이다.

그림에는 색채 풍부한 건물들로 그려져 있으나, 실제 건물들은 그렇지 않다(그림 2.103).

시점장은 푸아소니에르 대로에서 푸아소니에르길로 굽어지는 지점에 있는 렉스 영화관 앞의 넓은 보도이다(그림 2.104).

대로에서 굽어지는 푸아소니에르 길은 폭이 좁고 완만한 경사길로 되어 있어, 몽마르트르 지구의 길과 비슷한 분위기를 보이기도 한다.

7. 에르미타주 길(프랑스)

퐁투아즈는 일 드 프랑스 지방의 발 두아즈현의 현도이다. 파리(생 라자르역)에서 북서로 약 30km 떨어진 곳에 퐁투아즈역(RER)이 있다. 이 역에서 북동쪽으로 약 1km지점에, 세느강 지류 우아즈 강변로에 직교하는 도로가 바로 그림에 그려져 있는 에르미타주 길이다. 그림에는 이 길과 양측의 저층 주택지를 북쪽에서 바라보며 그리고 있다(그림 2.105). 이 도로의 직선 조망 거리는 약 200m로, 길의 D/H는 1.4이다. 그림과 비교하여 길 주변이 상당히 변모하였기 때문에, 그림을 그린 당시의 인상은 겨우 도로 폭, 건물 높이 등에서 느끼는 정도이었다(그림 2.106).

시점장은 우아즈강에서 300m 안쪽에 위치하고 있는 에르미타주 길과 아드리엥 르 무안느 길의 교차점 부근이다(그림 2.107). 현재 이 도로는 복합 도로로 정비되어 있었다.

피사로는 이 퐁투아즈를 그린 작품을 수 많이 남기고 있다. 이 에르미타주 길을 그린 그림도 수 점 있으며, 이 그림이 그 중의 1점이다. 현재 퐁투아즈 관광안내소(i)에서는 피사로의 작품을 돌아볼 수 있는 산책 코스 정비를 기획하고 있다.

8. 두에의 종루(프랑스)

파리(가르 뒤 노르역)에서 북쪽으로 약 220km로, 벨기에에 가까운 곳에 두에가 위치하며, TGV를 이용하면 약 1시간에 도착할 수 있다. 두에역(SNCF)에서 서쪽으로 약 800m 떨어진 곳에 구시가지가 있다. 이 구시가지 중심부에 위치하는 시청 건물의 종루에는 플랑드르 사자상이 새겨진 사각형의 탑으로, 12시가

그림 2.105 에르미타주길, 퐁투아즈(피사로, 1874)

그림 2.106 실경

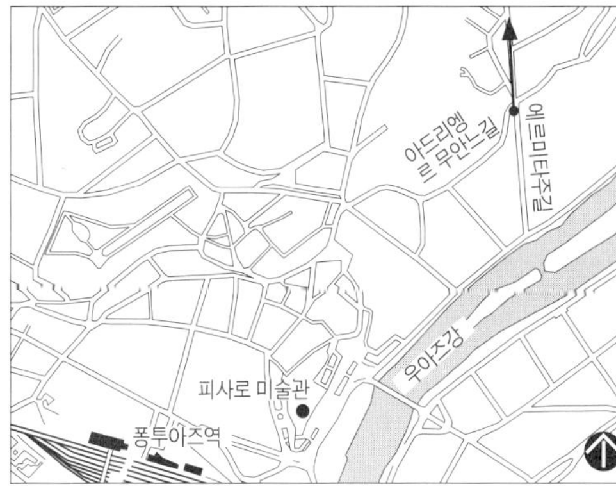

그림 2.107 시점장 위치

되면 마을 전체의 아름다운 종소리가 울려 퍼진다. 이것이 마을의 심볼이 되었고, 이 종루는 지금까지도 시청의 일부로서 이용되고 있다.

이 그림은 시가지에 면한 시청앞 길에서 이 종을 초점으로 하여 바라본 경관을 그린 것이다(그림 2.108). 앙각은 12.6도이다.

시점장은 구시가지 5차루의 쉬잔 라누아 광장에 면한 건물 2층이다(그림 2.109). 현재 이 쉬잔 라누아 광장에는 교통 정체 해소를 위해 버스를 일방통행으로 유도하는 복잡한 교통 규제를 행하고 있다.

시청앞 길은 양측 건물 높이와 비교하여 도로 폭이 좁으며 D/H는 0.93이나. 화면 좌측에 있는 잎 건물은 현재 존재하지 않으며 광장의 일부로 포함되어 있다. 이외에는 그림과 실경은 동일하다(그림 2.110).

"모든 도시가 '성스러운 그 어느 것' 이 경관의 중핵에 위치해야만 하는 것은 아니다. 세속적인 가치가 높아질 수 있는 여지는 타 도시에서도 얼마든지 볼 수 있다. ……시청의 종루나 세속적인 광장이 도시의 중핵을 점한다 …… 상공업이 발달한 도시에서는 노동자에게 작업 시간을 알리거나, 중앙 시장에서 시작되는 시장의 영업 시간을 알린다든지, 또는 시의원들이 집합하기 위해서, 때로는 도시 행사를 알리기 위해서도 필요하다. …… 이러한 종루는 많은 경우, 시청과 의원 청사에 있어서 없어서는 안 되는 부분으로, 많은 도시들의 상업적인 번영을 반영하는 듯 매우 화려하게 장식되어있다"[9].

'두에의 종루' 는 그 사례의 하나이다.

9. 샤르트르 기욤문(프랑스)

샤르트르시 동부에 있는 성벽과 강의 교차점에 기욤문이 있다. 이 그림은 바로 그 기욤문을 그린 것이

그림 2.108 두에의 종루(코로, 1871)

그림 2.109 시점장 위치

그림 2.110 실경

그림 2.111 샤르트르 기욤문(위트릴로, 1914)

그림 2.112 실경

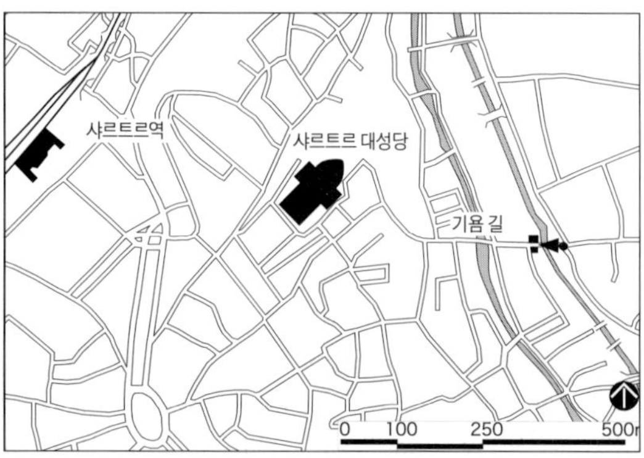

그림 2.113 시점장 위치

다(그림 2.111). 현재 남아있는 문은 그 일부분이며(그림 2.112), 그 문 주변은 광장으로 정비되어 있다. 1차 현지 조사 때는 이 광장에 전쟁 중 폭격되어 파괴된 모습을 찍은 사진이 전시되어 있었으나, 2차 현지 조사 때는 이 전시물 조차도 파괴되고 아무것도 남아있지 않았다.

하천은 북쪽에서 남쪽으로 흐르고 있다. 하천의 서쪽이 성 안이고, 동쪽이 성 밖이다. 서쪽, 즉, 성 안에 기욤문이 있었던 것으로 추정된다. 사진에서 볼 수 있듯이, 일부분 밖에 그려져 있지 않은 문이 바로 기욤문이다. 전쟁으로 파괴된 후, 그곳에는 새로운 건물이 지어졌다.

하천의 동쪽, 성 밖에는 매우 작은 섬이 있다. 이 섬은 광장으로 정비되었으나, 원래는 문으로 들어가는 대기 공간이었다. 문에서 섬, 그리고 밖으로 향하는 직선 도로의 공간으로 구성되어 있다.

그림에 그려진 기욤문과 당시의 지도, 그리고 현재의 모습에서 판단하면, 시점장은 이 성벽의 포브르 포르트 기욤 길로 추정된다(그림 2.113). 그림을 그림 당시에는 바로 앞에 문이 있었기 때문에 샤르트르 대성당이 보이지 않았다. 그러나, 지금은 사진과 같이 문이 없기 때문에 대성당의 지붕 일부가 보인다. 그림에는 성 안쪽으로 이어지는 포브르 포르트 기욤 길과 그 길 안쪽에 보이는 심볼릭한 기욤문(시점장에서 100m 거리)을 바라보는 근경에 있는 길이 그려져 있다.

10. 카페 라 뉘(프랑스)

나는 아비뇽에서 아를르까지 약 20분이 걸렸다. 아비뇽역(SNCF)의 역 구내 발착 안내판에서 아를르행 시간표를 보고, 아무리 기차를 기다려도 홈의 번호가 나타나지 않았다. 시간이 다 되어도 승강장을 알 수 없어 주변 승객에게 물어보자, 그 시간대는 버스 시간을 나타내는 것으로 승강장은 역 앞 광장이라고 가르쳐 주었다.

이런 경험은 몇차례 있었다. 루앙에서 갑자기 기차에서 하차시켜 버스로 갈아탄 것이 처음이었고, 두 번째는 셍 로에서, 이 곳 여기 아를르에서 일어난 것이 세 번째이었다.

고호는 아를르 시내의 카페를 그리고 있다. 이 카페는 아를르역(SNCF)에서 남서로 800m 떨어진 구시가지에 위치한다. 그림의 푸른 저녁 하늘과 별, 카페를 비추는 황색 조명, 그리고 붉은 주단 바닥이 강한

그림 2.114 카페 라 뉘(고호, 1888)

그림 2.115 실경

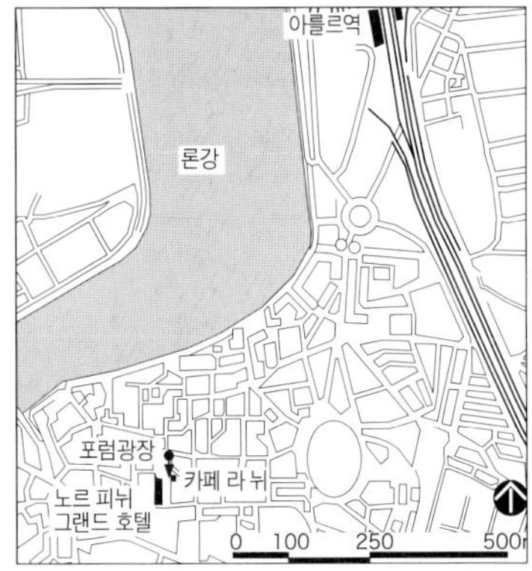

그림 2.116 시점장 위치

인상을 준다(그림 2.114). 그러나 당시의 푸르스름한 카페 바닥의 돌 포장 위에 포장을 새롭고 하고 있어 예전의 모습은 볼 수 없다. 오픈 카페의 지붕에는 간단히 설치할 수 있는 빛 바랜 천막이 걸려 있었다. 우측 광장은 큰 수목으로 에워져 있고, 그 밑은 노천 레스토랑이다.

이 그림은 포럼 광장과 카페 사이를 지나가는 뤼 드 라 플라스(광장길), 그리고 그 앞에 있는 뤼 뒤 팔레(궁전길)를 축경으로 그리고 있다. 화면 왼쪽에는 카페 건물을, 그리고 화면 오른쪽에는 광장과 노르 피뉘 그랜드 호텔 건물을 그리고 있다. 안쪽 도로의 D/H는 0.35로 매우 좁다. 이것은 가로등 디자인까지 동일하고 있으며 이는 그림에서도 존재하는 실경을 그대로 고호는 사실적으로 옮기고 있다. 그림 2.115는 실제 경관 사진이고, 그림 2.116이 시점장의 위치이다.

시점장은 포럼 광장(42m×23m)에 면한 뤼 드 라 플라스이다. 카페가 있는 건물은 현재 4층 건물로, 그 건물의 1층에 고호가 그린 카페 라 뉘(밤 카페)가 있다. 고호의 이름은 현재 카페 간판에도 기재되어 있고, 이 그림의 레플리카가 시점장으로 추정되는 장소에 놓여져 있다.

11. 고호의 생가(프랑스)

'아를르 고호의 생가'는 아를르역에서 가까운 원형 로터리에 잔디밭으로 조성되어 있는 리베라시옹 광장에 접한 건물을 바라본 경관이다(그림 2.117). 화면 우측에 라마르틴느 길이 그려져 있으며, 이 길의 D/H는 1.2이다. 그 길의 왼쪽에는 고호의 생가가 있으며, 황색 건물, 황색 도로, 파란 하늘 그리고 그 우측의 중경에는 마르세이유행 철도의 보호책이 있다. 언뜻 보아 구도가 똑 같은 것처럼도 보이나, 화면 전면에 그려진 건물이 지금은 광장으로 바뀌었기 때문에, 당시의 실제 경관과는 차이가 있다(그림 2.118).

그림 2.117 아를르 고호의 집(고호, 1888)

그림 2.118 실경

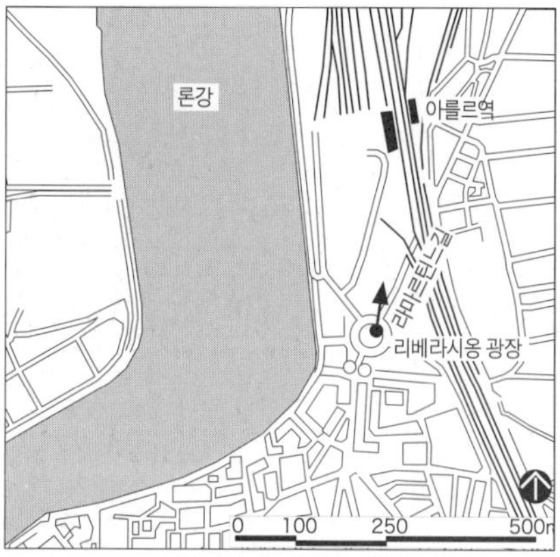

그림 2.119 시점장 위치

그림 2.120 오슬로 칼 요한즈 거리의 봄날(뭉크, 1891)

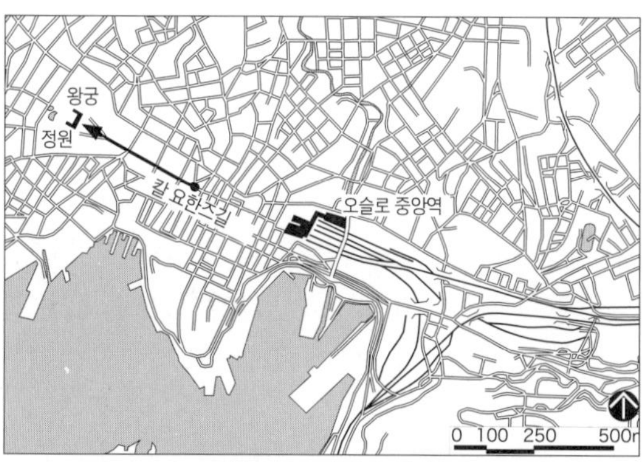

그림 2.121 시점장 위치

그림 2.122 실경

이 그림도 도로를 축경으로 그리고 있다. 광장에는 고호가 그린 회화의 레플리카나 경력을 적어놓은 간판이 있다. 시점장은 라마르틴느 길의 보도이다(그림 2.119).

12. 오슬로 칼 요한즈 거리의 봄날 (노르웨이)

칼 요한즈 길은 오슬로시 중심부 대로로, 동쪽 중앙역과 서쪽 왕궁을 연결하는 약 1.3 km의 직선도로이다. 이 그림은 칼 요한즈 길에서 서북쪽으로 보이는 노르웨이 국왕의 왕궁을 그리고 있다(그림 2.120). 시점장에서 왕궁까지의 거리는 약 500m이다. 길의 좌측에는 공원의 나무, 우측에는 그랜드 호텔과 오슬로 대학이 보인다. 현재 우측 앞쪽에 그려진 그랜드 호텔과 그 앞에 그려진 건물은 모두 개축되어 당시의 모습을 볼 수 없다. 이 길의 D/H는 1.0-1.48이다.

시점장은 칼 요한즈 길에 있는 국회 의사당 옆 도로이며, 국회 의사당 앞에는 공원이 있다(그림 2.121). 이곳이 개방된 시점장이다. 이 길은 완만한 내리막 길로, 노벨상의 수상식이 있는 오슬로 대학 앞의 가장 낮은 지점이다. 더 직진하게 되면 다시 오르막 길이 나오고 그 정점에 왕궁과 왕궁 정원, 드로닝 공원이 위치하고 있다. 따라서, 오목한 도로의 지반 면을 통하여 바라보고 있기 때문에 실제 왕궁까지의 앙각은 3.0이지만, 그림에는 보다 크게 그리고 있다(그림 2.122)

이 그림의 소장처는 오슬로의 뭉크 미술관으로 알려져 있으나, 실제는 베르겐 미술관이다. 이에 우리들은 베르겐 미술관을 방문하기로 하였다.

아침 8:00 오슬로역을 출발하여 르 미달까지 베르겐 철도로 이동하고 그곳에서 플롬 철도를 갈아타고 플롬에 도착하였다. 플롬부터는 배를 타고 피요르트를 지나 구드방겐에 도착하였다. 구드방겐에서 다시 버스로 갈아타고 보스에 도착하여 베르겐까지 열차로 돌아왔다. 도착한 시간은 20:30 이었다.

배에서 양측의 피요르트 산정상을 바라보는 앙각은 20-30도로, "심볼릭한 건조물 경관"으로 측정되는 앙각에 가깝다. 산 중복에 있는 취락은 앙각 15도로 조망하기 쉽다. 8월 하순의 여행이었으나, 일본인의 감각으로 보는 산은 이미 겨울이었다. 당초는 즐거운 여행이었음에도 불구하고 배 여행은 추웠다는 기억밖에 남아있지 않다. 6월 하순경이 가장 좋다고 한다.

우리들은 다음날 베르겐 미술관을 방문하였다. 뭉크의 "칼 요한즈 거리의 봄날"을 소장한 베르겐 미술관의 시티 아트 콜렉션이 개축 공사 중이었기 때문에, 아쉽게도 뭉크의 그림은 보지 못하였다. 베르겐은 노르웨이파 화가 달의 고향이기도 하며, 그 콜렉션도 풍부한 베르겐 미술관(라스무스 메이야 콜렉션)이 있다.

달은 "보름달의 드레스덴"을 그린 화가이다. 뭉크의 회화를 보기 위하여 방문하였으나, 그 대신 달의 수 많은 작품과 만날 수 있었다.

13. "도로와 건축의 투시도적 경관"의 특징

여기서 언급한 그림 타입은 도로와 건축을 동시에 보는 투시도적인 경관을 그린 그림이다. 도로 안쪽으로는 렌드마크 등이 아이 스톱으로 보여지는 경우도 있다.

대표적인 길의 경관에는 오페라 길, 생 마르탱 대로, 몽마르트르 대로 등과 같은 파리에 있는 큰 대로의 활기찬 경관과 오래된 시가지 중심을 지나는 좁은 길 끝으로 성당이 보이는 경관, 또는 좁은 길의 경관 등이 이에 포함된다.

(1) 시점장

도로와 건축의 투시도적 경관을 보는 시점장은광장 또는 도로 교차점과 같은 오픈 스페이스의 경우와 그 전면에 있는 건물 상층인 경우가 있다. 광장의 규모는 D/H로 1.8-4.3 이다.

① 광장 앞 건물 상층

오페라 길, 이탈리엥 대로, 두에의 뤼 드 라 메리 길(시청앞 길), 3점은 광장 앞에 면한 건물의 상층이 시점장이 된다.

오페라 길의 시점장은 교차점에 인접한 테아토르 프랑세 광장이고, 두에의 종루의 경우도 시점장이 되고 있는 건물 전면에는 오픈 스페이스가 존재하고 있다.

② 도로 교차점의 보도나 그것에 접한 광장

에르미타주 길, 칼 요한즈 길, 셍 세브랭 길, 셍 마르탱 대로, 푸아소니에르 길 등의 시점장은 모두 도로이거나 교차점 또는 그것에 인접한 광장이다. 조사한 것 중 9점이 여기에 해당한다.

(2) 그림과 실제 경관과의 차이

"도로와 건축의 투시도적 경관" 타입의 그림은 대부분 실제 경관과 비슷한 구도이었다. 길의 축경을 중심으로 그 끝으로 보이는 아이 스톱의 건물이 함께 그려져 있는 것이 중요하며, 이는 말 그대로 실제 경관에서도 "그림이 되는 경관"이 된다.

이 타입의 그림은 시야가 평균 218도로, 다른 타입과 비교하여 가장 넓고, 화각은 평균 48.9도이다. 이것은 일반적인 화각으로 실제 눈으로 보이는 범위가 그림에 그려져 있다. 화면도 세로축으로 그리는 경우가 많고, 그 외의 경우는 볼 수 없었다. 이것은 보이는 소재와 축경이 무엇보다도 가장 중요하다는 것을 암시하고 있는 것이다.

(3) 시대상

① 시대상 특징

시대상은 도로와 그 양측에 있는 건물이다. 그리고 도로 끝에 위치하는 아이 스톱이 되는 건물을 빠트릴 수 없다. 이는 마을을 구성하는 다른 건물들보다도 높고 공공적인 성격을 가진 건조물이어야 한다. 예를 들면, 오페라, 종루, 왕궁, 성당, 문 등과 같은 것이다.

② 주요 경관 조작 지표

이 타입의 경관에서 가장 중요한 지표는 도로와 양측 건물 높이와의 관계, 그리고 아이 스톱이 되는 건물까지의 앙각이다.

(ㄱ) 도로와 양측 건물 높이와의 관계

직선거리에서 도로의 조망 거리는 1km이내인 중경 범위로 평균 350m이다. 그려진 길의 건물 높이와 도로 폭의 관계를 살펴보면, 가장 큰 것이 에르미타주 길로 D/H가 1.4이며, 가장 작은 것이 팔레 길(고호의 "카페 라 뉘")로 D/H는 0.35이다. 오페라 길은 1.09이며, 생 마르탱 대로는 1.29이다. 그려진 길의 전체 평균은 D/H=0.96으로, 양측 건물보다 다소 도로 폭이 좁다. 이러한 길을 "그림이 되는 경관"으로서 화가들이 즐겨 그린다. 다시 말해서 건물 높이와 비교하여 거의 비슷한 폭의 도로는 그림이 되기 쉽다는 것을 알았다. 축경은 정방형에 가까운 구도를 얻을 수 있다.

(ㄴ) 아이 스톱이 되는 건물까지의 앙각

이 아이 스톱이 되는 건물은 대부분 300m이내의 근경 범위에 존재한다. 그 앙각은 시점장에서 평균 15.5도이다. 가끔은 건물 높이에 의해 중경에 배치되는 경우도 있으나, 이것은 샘플 수가 적었기 때문에 단언하기는 어렵다.

2-5 도로와 하천의 투시도적 경관

유럽의 도심 한가운데를 흐르는 하천은 그 수면과 도로와의 높이가 비슷하기 때문에, 흔히 일본에서 보는 것과 같은 양측 지구를 분단하는 공간이 아니라, 오히려 양측을 이어주는 도시 공간의 일부처럼 느껴지기조차 한다. 그리고 양측 지구를 연결하는 다리의 디자인 또한 매우 아름다워, 다리 건너로 보이는 석조 건물과 높은 철탑의 교회가 있는 마을이 더욱더 특별하게만 느껴진다. 이처럼, 유럽의 하천은 마을과 조화된 도시 경관을 구성하고 있다. 이에, 나는 이러한 아름다움의 비결을 회화를 통하여 알아보고자 한다.

그림에 많이 그려진 하천, 또는 강변은 파리 시내를 흐르는 세느강, 런던 시내를 흐르는 템즈강, 그리고 스위스의 레만호, 네덜란드의 운하 변 등의 수변 경관이다.

제5장에서는 하천 경관을 그리고 있는 경관으로, "도로와 하천의 투시도적 경관"에 대하여 살펴보고자 한다. 이는 하천이 흐르는 방향(유축각;流軸角), 강변로, 그리고 배후로 시가지가 보이는 경관이다.

이 경관 타입에서 시점장이 확인된 회화는 코로 3점, 피사로 2점, 시슬레 2점, 위트릴로 1점, 쇠라 1점, 모네 1점, 터너 1점으로, 총 11점이다.

시점장 검색의 첫 단계는, 그림 제목에 적혀있는 지명 또는 건물명을 단서로 찾았다. 각 시점장 별 특징은 다음과 같다.

1. 주네브 파키 해안 절벽(스위스)

그림 2.123은 스위스 주네브 레만호의 파키교를 그린 것이다. 2차 현장 조사 때, 주네브 조사는 파리에서 TGV로 가기로 했다. 프랑스 국내 이동 중에는 정차역이 적어 승무원이 없었으나, 스위스에 들어가자 정차 역도 많아지고 여성 승무원이 빈번하게 승차권 검사를 하였다. 3시간 40분이 소요되어 주네브 중심 역인 코르나뱅 역에 도착하여 간단한 입국 심사를 받았다.

역에서 남동쪽으로 몽블랑 길을 따라 약 600m를 직진하자 레만호에 도착하였다. 이 그림은 레만호에 걸려있는 다리와 도로, 그리고 가로수를 남쪽에서 바라본 경관이며(그림 2.123), 원경에는 산등성이가 보인다. 레만호에 떠 있는 요트의 삼각형 돛이 특징적이다.

일반적으로 코로는 건물들 속에 철탑을 그려 넣는 것으로 시가지 경관 구도를 완성하는 수법을 많이 사용하고 있다. 여기서는 요트의 돛이 그 역할을 하고 있으며, 이로서 호수 경관 구도를 완성시키고 있다.

시점장은 GATT 사무국 뒤쪽 공원(몽 르포 공원 또는 라 페를로 뒤 락크 레스토랑)에 접한 레만호의 호수 길이다(그림 2.124). 원경에 그려진 레만호 남쪽의 산등성이가 실제와 같았기 때문에 시점장의 위치를 단정할 수 있었다. 그림은 이 근처에서 호수길(윌슨 호수길)의 남쪽을 보고 그 호수와 산을 보고 그린 경관이다. 시점장에서 산등성이까지의 거리는 7.5km

그림 2.123 주네브 파키 해안절벽(코로, 1860)

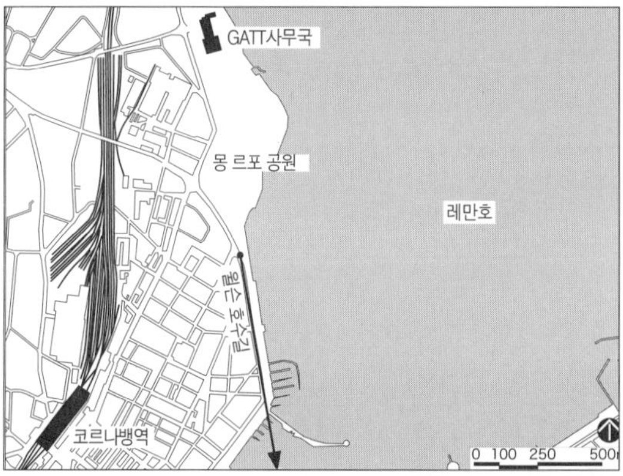

그림 2.124 시점장 위치

그림 2.125 실경

로 원경에 위치하고 있으며, 산등성이까지의 앙각은 4도이다. 왼쪽에 보이는 레만호는 현재 마리나로 정비되어 있다.

윌슨 호수길의 폭은 현재 기준으로 약 40m이다. 우리들은 코로가 이 그림을 그린 당시에는 호수가 산책길과 잔디밭의 폭은 약 21m 정도이었으며, 그 후 호수가 매립되어 길폭이 확장된 것으로 예상하고 있다(그림 2.126).

그 이유는 원경에 보이는 산등성이가 현재 잔디밭의 길 축선과 일치하고 있기 때문이다. 그리고, 1879년판 고지도를 보면, 코로가 그린 당시는 좁은 도로와 가로수가 있는 곳부터 바로 호수라고 적혀 있어(그림 2.127), 지금과 같은 폭 넓은 보도를 볼 수 없기 때문이다.

구 시가지에 있는 미술 역사 박물관을 방문하면 당시의 고지도와 시가지 모형이 전시되어 있다. 그림이 그려진 후, 당시의 가로수와 도로, 암벽은 약 40m로 확장되면서 보도를 중심으로 한 호수 길로 정비되었다. 호수쪽에서부터 보도, 잔디밭, 자전거길, 가로수, 차도, 보도, 그리고 인접 경계 건물 부지의 순으로 도로 단면 구성이 변화하였다.

현재는 실경 사진에서 보는 것처럼, 그림 좌측에 그려진 호수와 도로 사이는 암벽이 아니라 수면과 도로가 접하고 있어 친수성 가진 공간으로 변하였으며, 멀리 보이는 시가지 모습 또한 당시와는 많이 다른 모습을 하고 있다.

그림 2.126 현재 보도

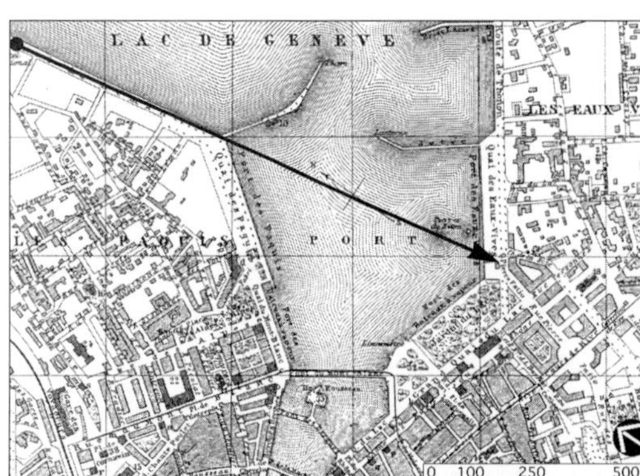

그림 2.127 당시 보도

2. 세느강과 퐁 데자르 파리(프랑스)

파리시 중심, 세느강에 걸려있는 루브르궁과 강 건너편의 학사원을 잇는 다리가 퐁 데자르 파리(예술교)이다. 이 다리는 철골 구조이지만, 바닥이 목재로 마감되어있다. 지금은 이 다리 위 또는 다리 가장자리에서 장래 예술가들의 퍼포먼스를 볼 수 있다.

이 그림은 시테섬의 선단을 시점장으로 하여, 그 앞의 퐁 뇌프 광장과 테라스, 세느강, 그리고 제목에도 있는 예술교를 근경에 그리고 있으며, 그 멀리에 세느강변의 도로와 중경의 루브르궁을 보는 경관을 그린 것이다(그림 2.128).

이 시점장은 시테섬의 선단에 위치하는 퐁 뇌프 광장 앞 주택의 상층이다(그림 2.129). 여기서 세느강, 루브르궁을 내려다보고 있는 경관이다(그림 2.130). 사진은 노면에서 촬영한 것이다. 이 구도를 피사로는 수 많이 그리고 있으며, 이것은 그 중의 한 장이다

3. 퐁토 샹주 다리와 팔레 드 쥐스티스(프랑스)

코로는 파리 중심시, 즉 세느강변의 메지스리 강변로와 그 동쪽에 위치하는 시테섬을 연결하는 퐁토 샹주 다리와 팔레 드 쥐스티스(최고 재판소)를 본 경관을 그렸다(그림 2.131). 팔레 드 쥐스티스까지의 앙각은 7.7도, 우측에 보이는 세느강 폭은 80m이다. 전면 좌측에는 건물에서 길로 튀어나온 가로등이 그려져 있다. 이 가로등은 양초등이며 길에 면한 건물벽에 걸려있다. 최초의 가로등은 양초에 의한 것이라고 한다. 그 후 가스등이 1829년 처음으로 사용되었다. 그 후 가스등이 보급되었으나 가스 폭발 사고가 다발하여, 1881년 이후 백열등으로 바뀌었다[10]. 이 그림에는 그 가로등의 유행 모습이 그려져 있다.

퐁토 샹주의 반대쪽에는 노트르담교의 양수기가 그려져 있다. 17세기 이래 파리에 살던 사람들의 음료수로 제공되어 온 그 양수기는 울크 운하의 완성으로

그림 2.128 세느강과 퐁 데자르 파리(피사로, 1901)

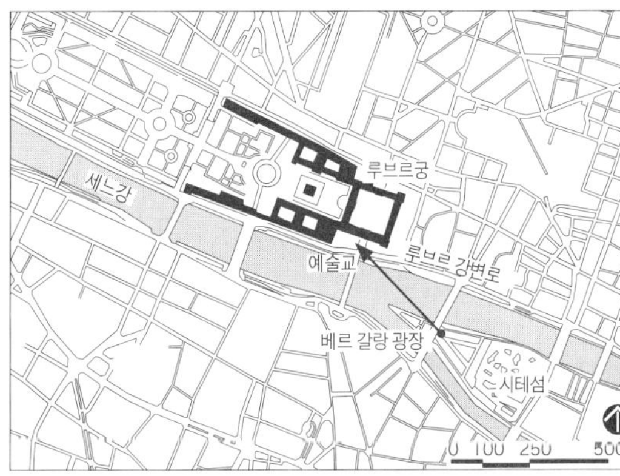

그림 2.129 시점장 위치

그림 2.130 실경

그림 2.131 퐁토 샹주 다리와 팔레 드 쥐스티스(코로, 1830)

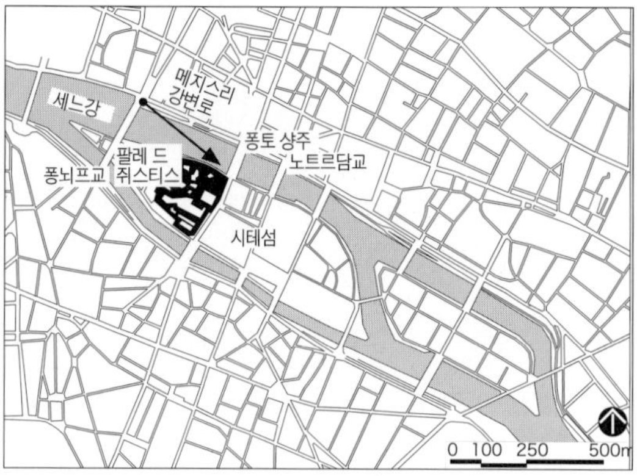

그림 2.132 시점장 위치

그림 2.133 실경

그림 2.134 노트르담과 오르페브르 강변로(코로, 1833)

그림 2.135 시대상 위치

노트르담교의 재건과 함께 없어져 지금은 현존하지 않는다.

집이 서 있던 하천 부지 또한 지금은 도로로 변하였다. 이 그림은 코로가 파리 시내를 그린 그리 많지 않은 회화 중의 하나이다.

시점장은 퐁 뇌프의 가장자리 또는 세느강 우측 해안의 메지스리 강변로의 보도이다(그림 2.132). 퐁토 샹주 다리의 디자인은 당시와 동일하나, 그림에서 7스판이었던 퐁토 샹주 다리가 재건되어 지금은 3스판으로 변하였다(그림 2.133).

4. 노트르담과 오르페브르 강변로(프랑스)

오르페브르 강변로는 시테섬 남측 해안으로 노트르담 대성당도 시테섬 측에 위치한다. 이 그림은 근경에 시점장의 상류 방향인 시테섬의 오르페브르 강변로, 중경에 노트르담 대성당, 셍 미셸교를 보는 경관이 그려져 있다(그림 2.134). 이곳의 하천 폭은 48m이다.

시점장은 오르페브르 강변로(시테섬), 즉 세느강 좌측 강변로(시테섬 남쪽)이다. 이곳은 노트르담 대성당의 중심축과 세느강변 보도의 축이 교차하는 지점으로(그림 2.135) 세느강이 약간 굽어져 흐르는 장소이다. 그려진 회화를 보면 시점장은 시점이 높기 때문에 길에 면한 건물 상층으로 판단되며, 그 그림은 이곳에서 내려다보는 구도로 되어있다. 그려진 노트르

그림 2.136 실경

담 대성당의 지붕은 검다. 위트릴로가 그린 "노트르담 드 파리와 세느강"의 시점장과 비교해 보면, 코로의 시점장이 위트릴로보다 노트르담 대성당에서 더 멀리 떨어져 있다.

그려진 연대가 다르기 때문에 그려진 세느강의 하천 정비 정도에도 차이가 보인다. 코로가 그린 시대의 세느강은 시테섬의 오르페브르 강변로과 하천변이 일체화되고 있으며, 아직 호안공사를 행하지 않았다. 또한 코로가 그린 시대의 생 미셸교는 4스판이었으나 현재는 3스판으로 변하였다(그림 2.136).

5. 노트르담 드 파리와 세느강(프랑스)

이 그림은 앞 코로의 그림과 거의 비슷한 시테섬이 있는 노트르담 대성당과 세느강을 그린 것이다(그림 2.137).

시점장은 세느강 왼쪽 강변 그랑조귀스탱 강변로로, 강이 약간 굽어진 곳의 강변 레벨의 산책로이다(그림 2.138). 코로의 경우, 시점장은 건물 상층이며, 위트릴로의 경우, 시점장은 하천 변보다 낮다. 그러나 이 시점장은 코로의 시점장과 비교하여 노트르담 대성당에 가까운 곳에 위치한다.

코로의 그림은 남동쪽의 노트르담 대성당과 세느강, 생 미셸교, 세느강변 하천변 레벨의 보도, 그리고 시가지를 바라보는 경관이다(그림 2.139). 구도는 실제 경관과 거의 일치하나, 하천 폭이 실제보다도 좁게 그려져 있다. 또한 다리 모습도 약간 다르다. 주된 시대상인 노트르담 대성당의 위치도 약간 수정되어 그려져 있다.

이 그림은 노트르담 대성당 정면에 가까운 위치에서 그리고 있으나, 이 시점장에서는 그림과 같이 대성당의 정면을 바라볼 수 없다.

용킨트도 거의 같은 구도로 그림("세느강과 노트르담 대성당")을 그리고 있으며, 그 시점장 주변이 대성당을 바라보는 조망 포인트가 되고 있다.

그림 2.137 노트르담 드 파리와 세느강(위트릴로, 1937)

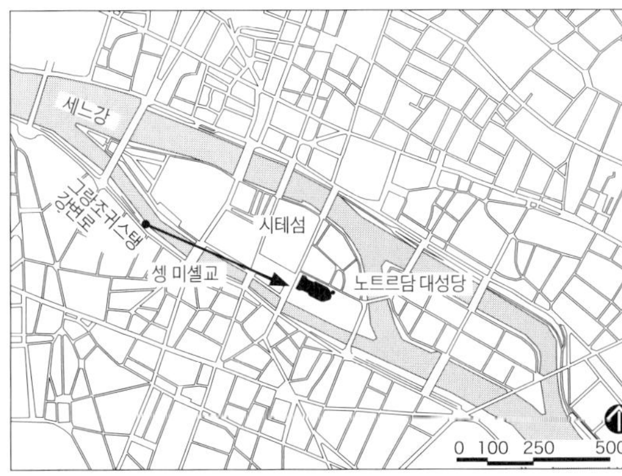

그림 2.138 시점장 위치

그림 2.139 실경

6. 그랑드 자트섬(프랑스)

이 그림은 파리 세느강 안에 있는 작은 섬의 유원지인 그랑드 자트섬의 공원을 그린 것이다(그림 2.140). 이 섬에는 파리 매트로 3호선 종점에서 내려서 세느강변으로 400m 내려가면 그랑드 자트섬으로 가는 보도교가 있고 이것을 건너면 공원으로 갈 수 있

그림 2.140 그랑드 자트섬(쇠라, 1884)

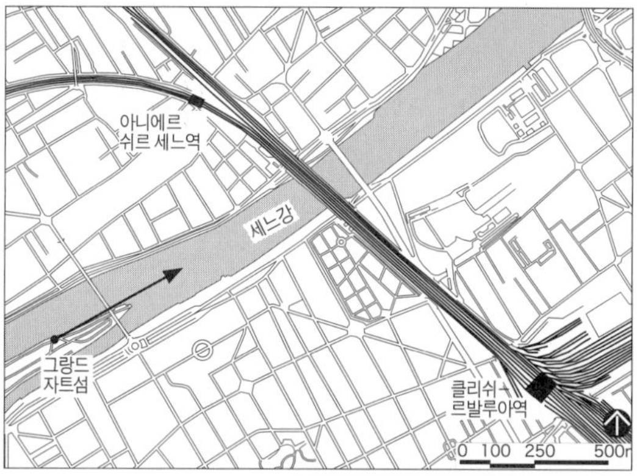

그림 2.141 시점장 위치

그림 2.142 실경

다. 이 그림은 왼쪽으로 세느강, 오른쪽으로 공원의 잔디밭과 수목을 바라보는 구도로 그려져 있고, 그려진 수목의 그림자를 보면 나무에 석양이 비춰지고 있는 것을 알 수 있다.

시점장은 그랑드 자트섬 북부에 있는 공원 강변의 작은 산책로이다(그림 2.141).

지금은 그랑드 자트섬 남쪽 지구가 주택지로 정비되어있다. 북쪽 지구는 마운딩한 곳까지도 평면 격자 모양의 수목이 심겨져 있을 정도로 철저한 프랑스식 공원으로 디자인되어있다. 그리고 섬 중앙의 가로축 방향에는 공원의 대로가 있고, 또 강변에도 산책로가 조성되어 있다(그림 2.142). 이 그림은 시점장에서 북동쪽의 세느강, 세느강변의 산책로, 잔디밭, 그리고 나무가 있는 공원을 바라본 경관을 그리고 있다.

7. 퐁투아즈의 부두와 다리(프랑스)

퐁투아즈는 일 드 프랑스 지방의 발 두아즈현의 현도로, 파리에서 북서로 30km 떨어져 있다. 이 그림은 퐁투아즈역(RER)에 바로 접한 우아즈강(세느강의 지류)의 퐁투아즈교와 에클뤼즈 강변로를 그린 것이다(그림 2.143). 피사로는 당시 퐁투아즈의 우아즈강 주변의 시가지 경관과 농촌 풍경을 수 많이 그렸고[11], 이 회화는 그 중의 하나이다.

이 그림은 실경보다 좌우가 넓게 그려져 있다. 좌측에 그려진 언덕은 훨씬 더 왼쪽에 있어 실제 시점장에 서 보면 시야에 들어오지 않음을 알 수 있다. 다리는 이미 교체되었으나, 그 당시 디자인은 아직도 남아있다. 단 그림 우측 앞쪽에 그려진 건물은 크게 변하였다. 우아즈강의 강폭은 100m정도로 그리 넓지 않다.

시점장은 강변의 에클뤼즈 강변로로, 이곳에서 북쪽으로 흐르는 하천과 초근경에 있는 퐁투아즈교를 강 건너로 바라보고 있다(그림 2.144). 중경에는 북쪽의 시가지와 그 뒤로 언덕이 그려져 있는데, 이것은 지금도 남아있다. 이 언덕 위에 피사로 미술관이 있다. 화각은 80도의 광각으로 그려져 있기 때문에, 일반 렌즈의 사진에 모두 들어가지 않는다. 길을 바라보면 다리와 언덕이 안 보이고, 언덕이 보이는 곳에서는 길이 보이지 않는다.

그림 2.143 퐁투아즈 부두와 다리(피사로, 1867)

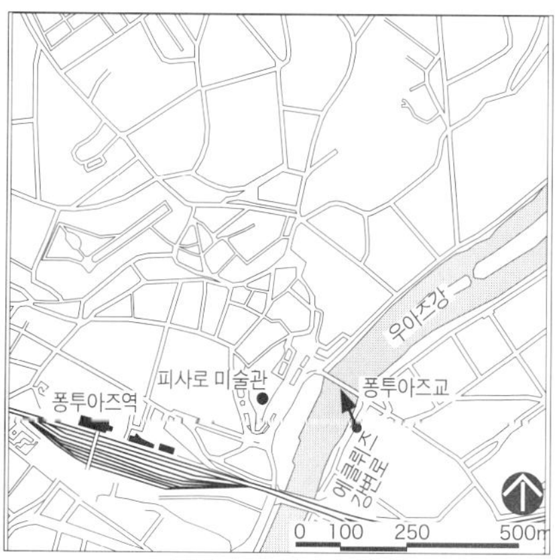

그림 2.144 시점장 위치

8. 셍 마메스(프랑스)

파리(가르 드 리용역)에서 50분이면, 퐁텐느블로를 지나 그 동남쪽에 있는 모레/브뇌-레-사블롱 역에 도착하고, 여기서 다시 열차를 갈아타면 그 첫 번째 역이 셍 마메스 역이다. 역에서 북쪽으로 약 1km, 보도로 20분 정도 걸리는 곳에 세느강과 루앵강의 합류지점에 셍 마메스 마을이 있다. 이 그림은 세느강과 셍 마메스의 크루아 블랑슈 강변로(세느강 강변길)를 투시도적으로 보고 그린 경관이다(그림 2.145). 강변의 연속된 수목이 원근감을 강조하고 있다.

시점장은 크루아 블랑슈 강변로이다. 이 지점에서 왼쪽부터 강변의 라 셀 지구, 세느강을 끼고 있는 산책로, 크루아 블랑슈 강변로, 그리고 가장 오른쪽으로 2층 건물인 상점이 보인다(그림 2.146). 세느강 수면

그림 2.145 셍 마메스 6월의 아침(시슬레, 1884)

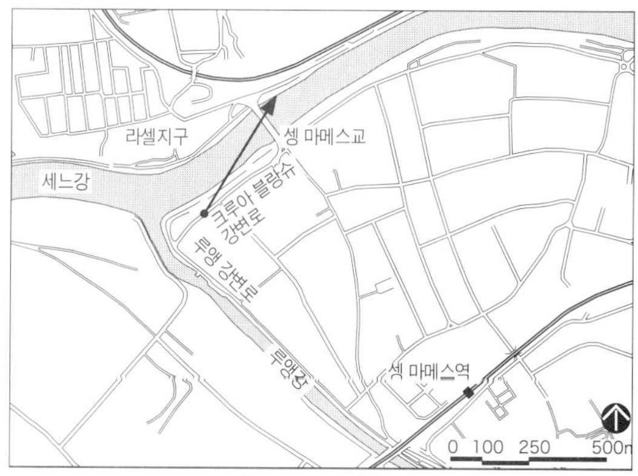

그림 2.146 시점장 위치

그림 2.147 실경

과 보도와의 차이는 거의 없고, 하천 경관으로서 아름다운 곳이라고 생각한다.

세느강이 실제 폭보다 약간 좁게 그려져 있으나, 사실 눈 높이에서 보이는 수면 면적이 좁아 실제 경관에 가깝다. 이곳의 세느강 폭은 137m이다. 단, 강변은 실제보다도 훨씬 멀게 느껴진다(그림 2.147). 그려진 강변은 현재 주차장과 공원으로 정비되었다. 또한 남

쪽으로는 성당이 있으나 이 성당은 그리지 않았고, 이 그림에서는 도로와 하천과의 축경을 그리고 있다.

9. 모레의 루앵 강변(프랑스)

셍 마메스에서 정남쪽, 세느강 지류인 루앵강 끝에 모레 마을이 위치한다. 모레/브뇌-레-사블롱역

그림 2.148 모레 루앵 강변(시슬레, 1892)

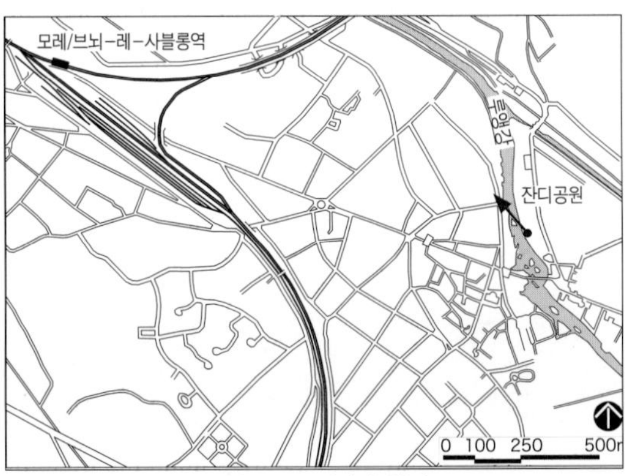

그림 2.149 시점장 위치

그림 2.150 실경

(SNCF)에서 남동쪽으로 보도 15분 정도이면 모레 구시가지에 도착한다. 이 그림은 이곳 모레를 흐르는 루앵강의 경관을 그린 것이다(그림 2.148). 루앵강의 강폭은 100m로 강변 경관을 바라보는 거리로서 위화감이 없다. 모레 마을 중심을 흐르는 루앵강 하류에 잔디 광장이 있고, 시점장은 이 잔디 공원이다(그림 2.149). 이곳에서 루앵강의 하류 방향을 바라보고 있다. 즉, 북서에 있는 강변 취락과 루앵강, 오른쪽 앞의 하천 부지, 그리고 수목이 보이는 경관이 그곳에 있다.

그림과 실제 경관을 비교하면, 그림에 그려진 강변 건물 중 현재에도 확인되는 건물은 둥근 관을 가진 3층 건물이다(그림 2.150). 수면과 잔디 공원과의 높이 차는 적고, 그림에 그려진 도로 경관을 볼 수 있다. 단지 그려진 하천 부지는 현재 시민이 이용할 수 있는 잔디로 정비되어 잔디 공원으로 사용되고 있으며, 이것이 시점장과 이어져 있다.

흔히 시슬레의 구성력은 코로 영향에 의한 것이라고 한다. 그러나, 시슬레는 내부로 유도하는 도로나 좁은 도로를 편애하였다고 한다[12]. 이러한 구도의 회화를 시슬레는 수 많이 그리고 있다.

10. 잔담(네덜란드)

당초, 이 제목에 쓰여있는 '잔담' 이라는 명칭이 무엇을 의미하는 지 전혀 몰랐다. 물론 지명이라는 것조차도 어정쩡한 시간에 네덜란드 지도를 보면서 '담'이 붙은 지명이 많다는 것을 알게 되었다. 또한, 암스테르담 주변의 관광 지도를 조사하게 되면서 정말 우연히 '잔담'이라는 지명을 발견하였다. 그리고, 네덜란드 전국 구분 지도에 '잔담' 이 기재된 지도 번호를 확인하고 잔담 지구의 지도 1/25,000을 입수하였다.

잔담은 암스테르담에서 북쪽으로 약 20km 떨어진 곳에 위치하고 있으며, 이곳에는 잔담 역을 중심으로 하는 주택지가 있다. 이 역에서 동쪽으로 약 1km 떨어진 곳에 남북으로 흐르는 잔 운하가 있다. 우리들은 잔 운하 주변에 4개의 교회가 있음을 지도를 보고

알았다.

그림에는 앞쪽에 강, 오른쪽에 강변 가로수, 그 뒤로 주택을 그리고 있다(그림 2.151). 중앙에는 하천 안쪽으로 2개의 탑이 그려져 있다. 운 좋게 강은 잔 운하임을 알았으니, 2개의 탑이 어느 곳의 뭐라고 하는 건물인지 도대체 알 수 없었다. 단지 지도에 기재된 4개 교회 중 1개가 틀림없이 그려져 있지 않을까라고 생각하는 정도가 전부였다. 이와 같은 예비 지식을 바탕으로 현지로 출발하였다.

암스테르담 역에서 열차로 약 10분 정도에 도착하였다. 역에서 동쪽으로 새로 생긴 보행자 전용 도로가 있는 몰의 상점가를 지나 운하까지 걷는다. 약 700m 정도이다. 지도에 의하면, 운하 주변에 4개의 교회가 있었기 때문에, 현지 조사에서는 이 운하를 따라 양측의 교회 주변을 전부 조사하였다.

그려진 2개의 높은 건물의 윤곽을 보면서 수시간에 걸쳐 조사였으나, 도저히 그려진 장소를 알 수 없었다. "모네 그림에 그려진 건물은 남아있지 않아", "지금까지의 경험에 의하면 모네 그림도 실경을 찾아낼 수 없을 거다", "이것은 발견할 수 없다" 라며 거의 포기했었다.

그러나, 도로 끝까지 왔을 때 최후의 수단으로 소사반을 남과 북의 2개로 나누어 조사를 다시 하였다. 그러자, 남쪽을 담당한 팀이 그림에 그려진 건물과 비슷한 노르도 교회와 델프트 극장을 발견하였다고 연락이 왔다. 사실 그림에 그려진 수변은 이미 매립되어 주차장으로 변해있었다.

이 그림은 잔 운하의 하천 부지에서 북쪽의 잔 운하, 중경에 델프트 극장과 노르도 교회, 그리고 오른쪽으로 가로수를 본 경관을 그리고 있다. 노르도 교회까지의 앙각은 5.7도이다. 오른쪽 가로수 나무 사이로 주택지가 보인다. 시점장은 당시 하천 변이었던 곳으로 추정되었으나(그림 2.152), 어쩌면 강변, 아니 배 위에서 그렸는지, 주변과 비교하여 지반이 약간 낮은 걸로 판단되었다.

현재 이 하천 부지는 매립되어 주차장으로 변하였

그림 2.151 잔담(모네, 1871)

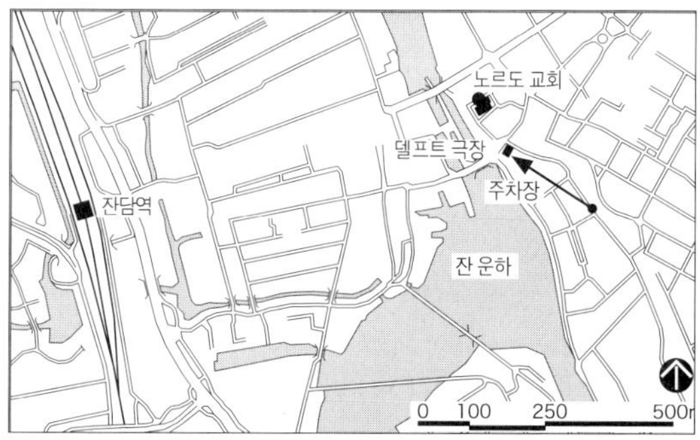

그림 2.152 시점장 위치

그림 2.153 실경

기 때문에, 그림과는 또 다르다(그림 2.153). 그러나 우측에 그려진 가로수와 그 주변이 작은 정원으로 정비되어있어 예전 모습이 아직 남아있었다. 여기는 프랑스식 정원과는 달리 자연 정원이다. 모네의 시점장은 보다 수면 쪽에, 훨씬 더 수변에 접근하고 있었다.

사실 모네는 1871년 5월에 네덜란드의 이 잔담에 정착하여 새로운 모티브에 흠뻑 젖어있었다. "내가 본 것은 이야기를 들은 것보다 훨씬 아름답다고 생각되어 …… 잔담은 특히 매력적이다. 여기서는 일생을 바

그림 2.154 모트레이크 테라스

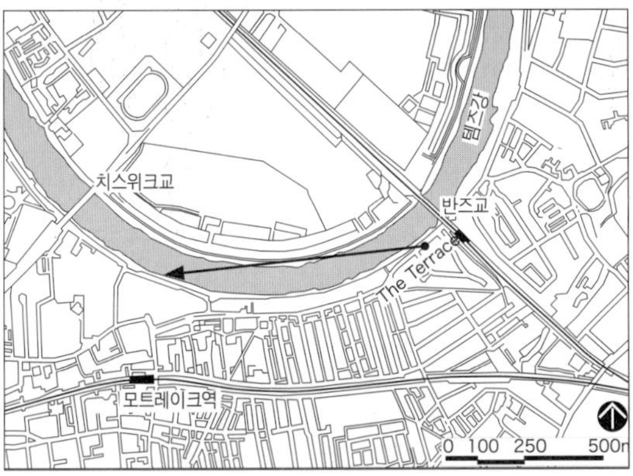

그림 2.155 시점장 위치

그림 2.156 실경

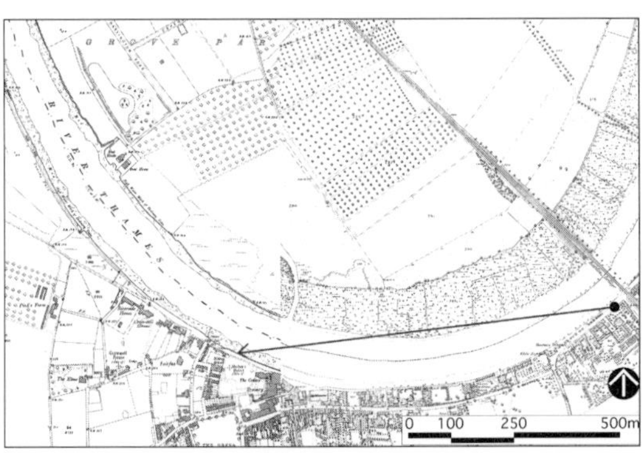

그림 2.157 당시지도

쳐 그림을 그릴 만큼 다양한 것이 있다." 라고 말하였으며[13], 잔담의 경관을 20점 이상 그렸다.

11. 모트레이크의 테라스(영국)

모트레이크 역은 런던의 워털루역에서 열차로 15분 소요되며, 런던 중심지에서 서쪽으로 15km 정도 떨어져 있다. 모트레이크 역에서 북쪽으로 10분 정도 걸으면(거리 약 300m) 템즈강변에 도착한다.

여기서 템즈강을 따라 약 600m 정도 동쪽으로 가면, 그림에 그려진 가로수와 똑같은 가로수가 템즈강변에 서 있다. "틱남에 지은 터너의 집에서 그리 멀지 않은 모트레이크 호반의 집 테라스"[14]에서 템즈강, 강변 도로, 그리고 가로수가 보이는 경관을 발견하였다(그림 2.154).

처음에는 템즈강변의 서쪽에 있는 치스위크교까지 걸으면서 가로수를 찾았다. 그러나 그 땐 찾지 못하고, '가로수가 이미 모두 잘려져 버린 것이 아닌가' 라는 생각이 들기도 하였다. 그러나 그 강변에서 걸어온 방향, 즉 동쪽으로 멀리 시선을 옮기자마자 가로수와 같은 나무의 열을 볼 수 있었다. 서둘러 템즈강으로 돌아가서 터너의 가로수가 존재하고 있음을 확인할 수 있었다.

그 시점장은 철도용 반즈교에서 약 150m 서쪽으로 떨어진 곳에 템즈강변의 'The Terrace' 라고 하는 폭 약 10m의 길에 면한 건물의 테라스이다(그림 2.155)

이 길에는 그림에 묘사된 가로수가 강변에 존재하고 있다(그림 2.156). 그림에는 길의 가로수 외측에 낮은 옹벽이 있었으나, 지금은 이 옹벽이 수목의 안쪽, 차도 쪽에 놓여져 있다.

옹벽의 외측, 가로수의 외측, 즉 하천 부지 쪽으로 폭 약 10m의 산책로(템즈 자동차로 No.4)를 조성하였고, 이 산책로를 확보하기 위하여 옹벽의 위치를 움직인 것이다. 이 점은 촬영한 사진에서도 낮은 벽을 확실히 볼 수 있다. 묘사된 이 가로수는 약 11m 높이까지 자랐다.

템즈강의 강변까지의 강폭은 126m이며, 현재 강변은 체육 공원으로 조성되어있다.

지금은 멀리에 치스위크교(시점장에서 1.2km)가 보이나, 터너가 그림을 그린 당시는 이 다리가 아직 존재하지 않았기 때문에 그림에는 그려져 있지 않다. 이것은 당시 지도로 확인할 수 있다(그림 2.157).

12. "도로와 하천의 투시도적 경관"의 특징

이상 11점의 회화에서 본 것처럼, "도로와 하천의 투시도적 경관"을 그리고 있는 그림은 세느강, 템즈강 등의 강이 흐르는 방향(유축:流軸)과 양측에 있는 도로를 축으로 하여 주변에 그 시가지의 마을 전경을 바라본 경관을 뽑아 그리고 있다.

하천 경관의 회화를 보면, 화가 별로 시점장의 특징을 볼 수 있다. 모네는 누구보다도 수면과 밀접한 화가이다. 이 경우, 배 위나 하천 변을 시점장으로 하고 있다. 그리고 용킨트도 하천 변을 시점장으로 하고 있다. 시슬레는 하천 변의 보도이고, 이것이 코로로 옮겨가면서 수변에서 꽤 안으로 들어간 곳을 시점장으로 한다. 피사로는 수면을 묘사하면서도 건물이 시점장이 되고 있다.

이하, "그림이 되는 경관"의 하나인 "도로와 하천의 투시도적 경관"을 나타내는 지표에 대하여 정리한다.

(1) 시점장

하천 경관의 경우, 시점장은 하천이 굽어진 곳에서 유축 방향을 보는 경우와 다리 위에서 하천이 흐르는 방향을 보는 경우, 2가지 중 하나이다. 만약 이러한 시점장이 존재하지 않는다면, 인상 깊은 하천 경관은 얻을 수 없을 것이다.

① 하천 변의 보도 또는 그것에 면한 건물 상층

시점장이 세느강, 템즈강에 면한 강변 보도인 경우가 4점이다. 이곳에 면하고 있는 건물 상층이 시점장인 경우가 4점이다. 이러한 곳은 개방성을 가지고 있으며, 한 예로 시테섬 끝 단에 위치하고 있는 앙리 4세 광장은 D/H=3.16 이다.

② 굽은 하천의 강변 보도

세느강의 경우, 하천이 약간 굽어져 있는 지점의 강변 보도가 시점장이고, 그림에는 하천의 축경을 그리고 있다. 해당되는 회화는 2점이다.

③ 다리 말단 또는 하천 부지

세느강에 걸려있는 다리 끝에서 유축 방향을 보고 그리거나, 세느강의 하천 부지 또는 운하의 경우 주변의 낮은 시점장에서 유축 방향을 보고 그린다. 해당 회화는 2점이다.

(2) 그림과 실제 경관과의 차이

이 경관의 경우, 대부분 당시의 실제 경관과 그림은 동일한 구도를 갖는다. 심볼릭한 대상물이 마음에 존재하는 경우, 그림에서는 다소 그 건물이 강조되어 그려진다. 그러나 지금은 하천과 그 주변의 경관이 현저하게 변하고 있다. 예를 들어 다리 재 공사, 호안 정비, 하천 부지의 도로화, 양측 건물 군의 변화 등등이다.

하천을 보는 경관이기 때문에 광각인 경우가 많고 통상 바라보는 좌우의 범위보다 다소 넓게 그려져 있다. 묘사된 수평 화각은 평균 59.4도이다. 다른 경관 타입과 비교해 볼 때, 좌우로 넓게 그려지는 경향이 있다. 하천 경관은 넓이를 강조하는 경관으로서 그려지고 있다.

(3) 시대상

① 시대상 특징

주 시대상은 도시를 흐르는 하천이며, 양측으로 보이는 보도나 도로, 가로수, 다리, 그리고 그 주변의 마을이다. 특히 하천 경관에서는 다리가 시대상이 되는 점이 주목할 만하며, 그 시대상인 다리까지의 거리는 평균 222m로 근경에 위치한다.

② 주요 경관 조작 지표

㈀ 시대상으로서의 하천 폭, 마을까지의 거리와 앙각

이 타입에서 가장 중요한 지표는 하천의 강폭, 강 양측으로 보이는 마을까지의 거리, 그리고 그 앙각이다.

주된 시대상인 하천의 폭은 평균 97m이지만, 이것이 시야를 넓게 보이게 하는 개방된 경관을 만들어 낸다. 유축각은 평균 17도이다.

양측으로 보이는 시가지에는 마을을 특징 짓게 하는 교회의 철탑이 서 있다. 그 건물은 중경 위치(300-1,000m)로, 건물까지의 앙각은 5-10도(평균 5.6도)이다.

㈁ 강폭과 양측 건물과의 관계

그려진 하천 부지와 양측의 건물과의 관계를 보면 D1/H1=3.24 이고, 하천 변의 도로와 건물과의 관계를 보면 D2/H2=5.08 이다. 하천 폭은 좁으나, 양측의 도로나 건물이 위치하고 있어 일반적인 도로의 축 경관보다는 개방성을 가진다.

2-6 하천과 마을의 경관

유럽에서 보는 수변의 도시 경관은 매우 아름답다. 주변 마을과 함께 수변을 바라본다. 마을을 흐르는 수변은 자연의 조형물 중에서 무엇보다도 단순하면서 유일하게 인공적인 수평선을 우리들에게 제공한다. 이 점이 바로 우리 인간들이 수변을 매력적으로 느끼는 이유가 아닐까? 그러나 그려진 그림을 보면 반드시 그렇지만도 아닌 것 같다. 인상파 화가들이 그린 회화에는 하천 폭이나 하천을 바라보는 유축각(流軸角), 마을과의 적절한 연계 등을 가지고 있기 때문에 물리적인 수변 경관을 연출하고 있기 때문이다.

제6장에서는 하천과 마을의 경관, 특히 건너편 호안을 그린 경관을 중심으로 살펴보고자 한다. 회화에 그려진 하천은 세느강, 로마의 테베레강, 런던의 템즈강, 네덜란드 운하 등이며, 어느 것도 수변과 함께 마을을 바라보는 경관으로 묘사되고 있다.

시점장의 위치는 하천의 명칭, 그려진 다리, 건물 형태에 의해 대부분 판단 가능하다. 결국은 하천과 마을을 그리고 있는 것이기 때문에 하천 주변이 화가가 서 있었을 시점장이 되겠지만, 그 지점을 발견하는 것은 그리 용이하지 않았다. 왜냐하면 하천 주변은 하천변 등의 정비가 진행되어 당시의 경관과는 많이 달라져 있으며, 또한 현재 하천 주변 도로는 많은 차들이 속도를 높여 달리는 위험한 장소가 되어 버렸기 때문이다.

"하천과 마을의 경관"은 하천의 건너편을 바라보는 경관이 주된 구도로 되어있다. 시점장이 확인된 회화는 시슬레 5점, 터너 5점, 코로 3점, 용킨트 3점, 쇠라 1점, 모네 1점, 피사로 1점, 위트릴로 1점, 달 1점, 시냐크 1점으로 총 22점이다.

이상의 회화를 시점장 별로 그 특징을 보자.

1. 산탄젤로성과 테베레강(이탈리아)

산탄젤로성은 로마 중앙역에서 서쪽으로 약 3km 떨어진 곳에 위치한다. 테베레강은 로마 시내 중앙을 북쪽에서 남쪽으로 구불구불 흐르고 있으며, 산탄젤로성은 이 강 주변에 위치한다. 이 건물은 석조 건물로, 디자인 역시 아름다운 원주형으로 매우 독특하다.

"바티칸 궁의 동쪽, 테베레강에 면하여 우뚝 서 있는 카스텔 산탄젤로(성천사성)는 로마 제황 하드리아누스의 영묘로서 139년에 세워져, ……. 르네상스 시대부터 교황의 주거지로 사용되어, …… 화가들에 의해 고대 명소 그림으로 선정되어 18세기에는 고대 유적 붐을 타고 활발히 그려지기도 하였다. ……. (코로는) 하류에서 시점을 낮게 하여 그림을 그리고 있다."[2](그림 2.158). 코로는 이탈리아를 1825년, 1834년, 1843년, 3번 방문하고 있다. 이 회화는 첫 번째 방문 때 그려졌다.

시점장은 로마 테베레강에 걸려 있는 현재의 사보이아 아오스타의 끝 지점 또는 그것에 면한 건물의 상단이다(그림 2.159).

이 그림은 이 다리의 끝점을 시점장으로 하여 북쪽을 바라보고 테베레강, 중경에 있는 산탄젤로교와 원형의 산탄젤로성의 경관이 그려져 있다. 테베레강이 굽어지는 지점에 산탄젤로성이 위치하고 있다. 시점장은 약간 높고, 테베레강의 축은 110m, 유축각은 45도이다.

실경 사진에서도 알 수 있듯이, 지금은 엠마누엘레 2세교가 걸려 있고, 시점장에서 앞 쪽에 그것이 보이기 때문에 실제로 산탄젤로교는 보이지 않는다(그림 2.160).

1760년 제작된 지도에는 엠마누엘레 2세교가 없다. 다시 말해 코로는 이 그림을 실경 그대로 옮긴 것으로 이해할 수 있다.

2. 산탄젤로성과 다리(이탈리아)

코로는 테베레강, 중경에 산탄젤로교와 산탄젤로성, 그리고 화면 중앙 다시 말해 산탄젤로교의 중앙에는 원경에 위치하는 바티칸의 산 피에트로 사원을 본 경관을 그렸다(그림 2.161). 산 피에트로 사원까지의 앙각은 6.1도이다. 앞 그림과는 반대 방향에서 산탄젤

그림 2.158 산탄젤로성과 테베레강(코로, 1828)

그림 2.159 시점장 위치(1748년 지도)

그림 2.160 실경

그림 2.161 산탄젤로성과 다리(코로, 1826)

그림 2.162 시점장 위치

그림 2.163 실경

로성을 본 구도이다.

시점장은 토르 디 노나 길로, 지금은 테베레강에 있는 움베르토 1세교(당시 이 다리가 조성되지 않았다.)의 끝부분 또는 강변의 보도로, 수변 레벨에 가까운 부분이라고 판단된다(그림 2.162).

아쉽게도 지금 이 장소에서는 나무로 시야가 가려져 산탄젤로성의 일부 밖에 보이지 않는다. 다리는 새로 조성되었기 때문에 산탄젤로교의 디자인, 아치의 곡선은 당시와 다르지만, 난간의 조각은 당시 그대로 남아있는 현대식 다리이다. 현재 당시에는 없었던 호안이 정비되어 있다.

현재 테베레강의 연도에는 하천과 같은 높이의 산책로, 호안, 높이가 높은 차도(토르 디 노나 길)와 보도가 정비되어 있고, 이 보도변에 가로수가 심어져 있다. 바로 이 가로수 때문에, 현 시점장에서 산탄젤로성까지의 조망이 불가능하나, 그 외의 다리와 산탄젤로성의 구도는 여전히 그림과 같다(그림 2.163).

3. 세느강의 일몰(프랑스)

파리 중심부 시테섬에 있는 아르콜르교와 세느강을 오텔 느 빌 강변로에서 서쪽 방향으로 바라본 경관이다(그림 2.164). 그림으로 판단할 수 있는 것은 시점장이 당시에는 자연 그대로의 하천 변이었다는 것이다. 이곳은 세느강 오른쪽 강변의 오텔 드 빌 강변로를 따라 지금은 수변 공원으로 정비되었으며 유람선 선착장도 조성되었다(그림 2.165). 이 지점의 하천 폭은 80m이다.

코로의 "퐁토 샹주와 팔레 드 쥐스티스"의 조망과는 반대 방향을 그린 그림으로, 이 그림은 근경에 철의 시원스러운 디자인을 갖는 아르콜르교와 그 건너편 중경에 셍트 샤펠 성당(앙각은 3.2도), 그리고 그 다리 밑으로 어렴풋이 보이는 노트르담교가 그려져 있다(그림 2.166). 셍트 샤펠 성당(1246-48)는 건축가 피에르 드 몽트뢰이유에 의한 것으로, 고딕 스테인드 글래스가 완전한 모양으로 남아 있는 예로 유명하다.

그림 2.164 세느강 일몰(용킨트, 1875)

그림 2.165 시점장 위치

그림 2.166 실경

4. 셍 제르베 성당(프랑스)

세느강 건너편의 셍 제르베 성당을 바라보는 경관이다. 이 셍 제르베 성당은 오텔 드 빌에 가깝고 북쪽으로 세느강이 흐르고 있다. 시점장은 셍 루이섬쪽으로 마리교와 루이 필립교 사이의 부르봉 강변로의 보도(루이 필립교에서 약 100m거리에 위치)이다. 이 보

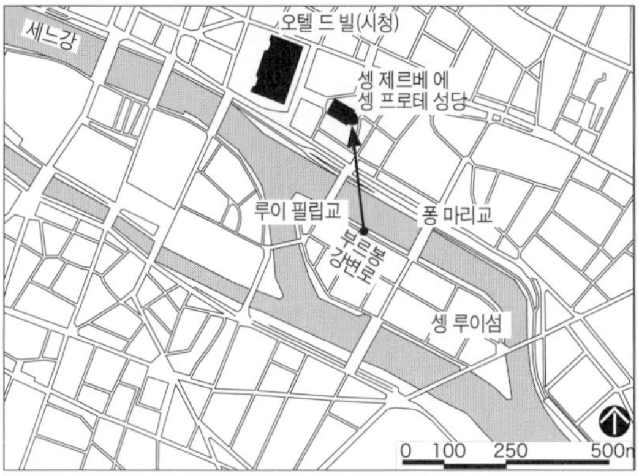

그림 2.167 시점장 위치

그림 2.168 셍 제르베 성당(위트릴로, 1910)

그림 2.169 실경

그림 2.170 셍 마르탱 운하의 배(시슬레, 1870)

도에서 하천 변으로 내려가는 계단이 있고, 바로 이 계단 입구가 시점장이다(그림 2.167). 이곳은 강 건너편에서 조망하기에 가장 적절한 장소로 시점장으로 부족함이 없다.

이곳에서 북쪽의 세느강, 루이 필립교와 셍 제르베 에 셍 프로테 성당을 근경으로 하는 경관을 그리고 있다(그림 2.168). 성당까지의 앙각은 10.7도이다. 하천 폭은 75m, 하천이 굽어진 정도는 54도이다. 그려진 구도와 성당의 지붕은 촬영된 사진과 비교해 보면 알 수 있을 정도로 매우 동일하다(그림 2.169). 지금은 이 성당 양쪽의 건물이 바뀐 정도가 당시와 다르다. 화각은 매우 좁아 이 그림은 성당을 중심으로 좁게 그려진 구도임을 알 수 있다.

5. 셍 마르탱 운하의 배(프랑스)

시슬레는 파리 셍 마르탱 운하에 떠 있는 범선을 그렸다. 파리 시내 동부에 위치는 셍 마르탱 운하는 조레스에서 레퓌블리크에 걸친 약 1.4km의 운하이다. "나폴레옹의 최대 업적은 …… 과도한 인구 집중으로 인한 최악의 물 부족을 해결하기 위해서 …… 셍 드니(1821년 완성)와 셍 마르탱 운하라는 두 운하를 조성한 것이다."라고 한다[10].

이 운하는 바닥과 양측 벽, 3면이 모두 콘크리트로 만들어졌다. 5월에 방문하였을 때는 운하가 청소 중이었기 때문에 물을 볼 수 없었다.

그림 2.171 시점장 위치

이 셍 마르탱 운하의 폭은 26cm이며, 양측 콘크리트의 80cm의 벽, 가로수가 식재된 보도, 또한 차도, 보도, 건물의 공간으로 구성되어 있다. 수변 경계는 수변과 30cm의 고저 차로, 배를 묶어두는 철로 된 링이 설치되어 있다. 이 보도와 차도이 같은 오른쪽 강변이 발미 강변로이고, 왼쪽 강변이 제마프 강변로이다. 바로 이 오른쪽 길 남쪽에서 운하가 좁은 쪽을 보면서 그린 그림으로(그림 2.170), 이 운하에 떠 있는 범선을 그리고 있다. 시점장은 발미 강변로의 운하가 굽어져 있는 장소이다(그림 2.171).

6. 셍 마르탱 운하(프랑스)

그림 2.172는 셍 마르탱 운하의 넓은 쪽을 바라보는 조망을 그린 것이다(그림 2.172). 상기 그림의 반대 방향을 바라 본 경관을 그리고 있다(그림 2.171).

운하가 〈 자로 굽어져 있는 장소인 발미 강변로의 지점이 시점장으로 판단되며, 그곳에서부터 북쪽으로 운하를 보고 있다. 주위 노면과 수면의 차가 없어, 매우 친수성 높은 수변 공간이다. 따라서 주위 도로에서 운하를 바라보아도 수면이 많이 보여 수시율이 높다.

시금은 운하 양측으로 가로수가 심이져 있이 배후의 마을 전경은 보이지 않는다(그림 2.173). 멀리 보이는 수문은 자동차 교통을 위하여 재건되었으며, 수문 위로 지나는 도로는 그려진 다리의 높이보다 훨씬 높아졌다. 현재, 주변 마을도 변하여 그림과 실제 경관은 많은 차이를 보이고 있으나, 그림은 당시의 상황을 사실적으로 묘사하고 있음을 알 수 있다.

7. 아니에르의 수영(프랑스)

아니에르는 파리 교외 서부에 위치한다. 파리(생라자르역)에서 3번째 되는 곳에 아니에르 쉬르 세느역(RER)이 있다. 이 그림은 이 아니에르 쉬르 세느역 근방의 세느강에서 수영하고 있는 사람들의 경관을 그린 것이다(그림 2.174).

그림 2.172 셍 마르탱 운하의 조망(시슬레, 1870)

그림 2.173 실경

그림 2.174 아니에르의 수영(쇠라, 1884)

그림 2.175 실경

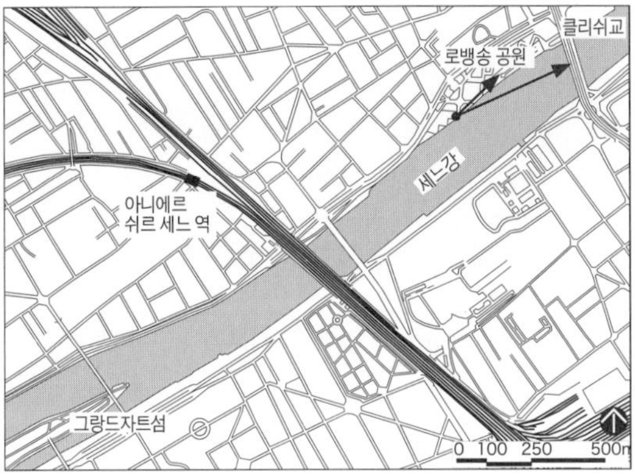

그림 2.176 시점장 위치

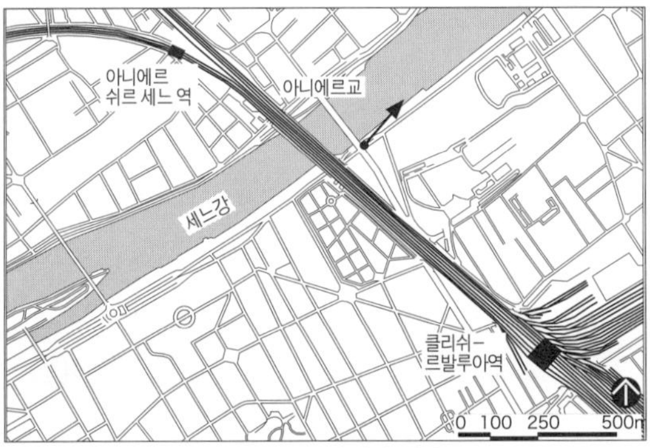

그림 2.177 시점장 위치

그림 2.178 아니에르 부근 세느강(시냐크, 1885)

그랑드 자트섬에도 가까운 이 역에서 북동쪽으로 1km 떨어진 세느강변에 로뱅송 공원이 있다. 이 그림은 이 공원을 그리고 있다. 이 공원은 수목, 꽃, 모래밭 등으로 정비되어 있으며, 이 공원에는 도로 높이에서 하천까지 완만한 경사로 이어져 있는 곳이 있다. 그곳은 꽃밭으로 정비되어 있으며, 그림과 같이, 사람들이 강에서 수영할 수 있는 장소이기도 하다(그림 2.175). 물론 지금은 수영하는 사람은 없는 듯하지만 …….

세느강 강변에 산책로가 설치되어 있다. 북동쪽으로 클리쉬교 (시점장에서 500m)가 보인다. 전체적으로 현재의 실제 경관과 그림은 매우 다르지만, 당시의 실경을 반영하고 있다고 생각된다.

이 공원의 도로 쪽은 교통량이 많기 때문에 보도로 이 공원에 접근하기가 매우 곤란하다. 시점장은 공원 내의 보도이었을 것이라고 추정된다(그림 2.176). 그림은 이곳에서 동쪽으로 세느강변을 보고 그린 경관이다.

8. 아니에르 부근의 세느강(프랑스)

이 그림은 세느강변의 작은 선착장을 그린 것이다. 이곳의 세느강 폭은 180m이다. 시점장은 아니에르 쉬르 세느역에서 남동쪽으로 약 600m 떨어진 곳에 있는 세느강 아니에르교의 동쪽 끝이다(그림 2.177). 이 부근에 시점장의 작은 선착장이 있으며, 이 선착장을 본 경관이 그려져 있다(그림 2.178). 현재에는 모래 운반용 선박의 선착장으로 이용되고 있다.

또한 이 그림은 쇠라가 그린 “아니에르의 수영”의 바로 근처의 광경을 그리고 있다.

9. 셍 마메스(프랑스)

파리(가르 드 리용역)에서 50분이면 퐁텐느블로행 모레/브뇌-레-사블롱역(SNCF)에 도착한다. 이 그림의 시점장으로 가기 위해서는 이 역의 북쪽에 있는 좁은 노지에 내려야만 한다. 여기서 좁은 노지를 약 150m정도 걸으면 보통 폭을 가진 파쇠르길이 나온다. 여기서 다시 북동쪽으로 1km걸어가면 루앵강의 강변에 도착하고, 거기서 루앵 강변을 따라 북쪽으로 걸어가면 루앵강의 시점장에 도착한다. 시점장이 있는 지구는 브뇌 레 사블롱 지구이며, 세느강과 루앵강의 합류 지점이기도 하다(그림 2.179).

이 시점장 주변은 주택지에서 떨어진 잡초지이다. 조사 당시에는 캠핑카가 한 대 서 있었고, 낚시하는 사람, 그리고 산토끼가 뛰어 다니는 것을 볼 수 있었다. 세느강의 왼쪽 강변까지의 거리는 약 140m, 오른쪽 루앵강 강변까지의 거리는 70m이다. 루앵강에는 백조가 놀고 있었다.

이 시점장(세느강과 루앵강의 오른쪽 강변의 잡초지)에서 세느강의 상류 방향을 바라본다. 상류 쪽에는 중앙에 유량이 많은 세느강, 우측 루앵 강변에는 셍 마메스 지구의 집락, 좌측 세느강변에는 샹파뉴 쉬르 세느 지구가 보인다. 어렴풋이 보이는 셍 마메스 지구의 집락에는 셍 마메스 성당과 셍 마메스 다리가 있다(그림 2.180). 다리와 성당까지의 거리는 540m이다. 저 멀리 보여야 할 성당이 눈에 띄지 않는다. 그곳에 있는 것은 유량이 풍부한 세느강과 다리, 마을과 같은 경관 요소이다 (그림 2.181).

이 그림은 오른쪽의 세느강변(샹파뉴 쉬르 세느 지구)의 배후에 있어야만 할 구릉지가 그려져 있지 않으나, 그 외는 당시의 실경을 반영하고 있다.

셍 마메스 다리는 현재 콘크리트로 변하였고, 셍 마메스 성당에는 현재 작은 탑의 부속 시설(교회 사무국)이 증축되어 있다.

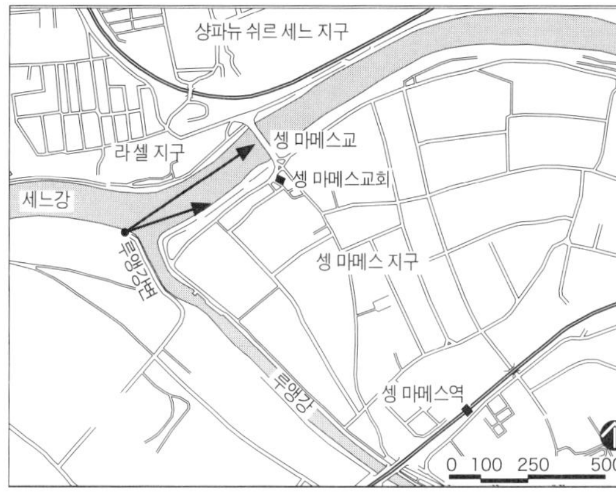

그림 2.179 시점장 위치

그림 2.180 셍 마메스(시슬레, 1885)

그림 2.181 실경

10. 폭우 속의 모레 다리(프랑스)

모레/브뇌-레-사블롱역은 세느강과 루앵강의 합류 지점이다. 이 역에서 남동쪽으로 뻗어있는 직선 도로를 따라 1.5km 떨어진 곳에 모레의 구시가지가 위치한다.

원래 모레는 중세 부르고뉴 공작의 영토와 샹파뉴 백작의 영토에 면했던 프랑스 왕국의 국경 마을이었다. 12세기부터 현존하는 성문(사무아 문)을 지나면 그곳이 바로 구시가지이다. 더 안쪽으로 걸어 들어가면 부르고뉴 문에 도착하고, 그곳에 가까운 곳에 루앵강이 흐른다.

구시가지는 세느강 지류인 루앵 강변을 중심으로 중세 성벽과 함께 중세의 분위기가 남아있는 마을이다. 루앵강과 성벽으로 둘러 싸여진 시가지는 지금까지도 여전히 아름다운 마을로, 시슬레가 굳이 이 마을에 집착했던 이유를 조금은 이해할 수 있을 것 같았다.

이 강변에는 아치형의 돌 다리와 반대 방향의 입구가 되는 성문(부르고뉴 문)이 있고, 그 밑을 루앵강이 흐르며 그 안쪽에는 고딕 양식의 모레 노트르담 성

그림 2.182 폭우 속의 모레 다리(시슬레, 1887)

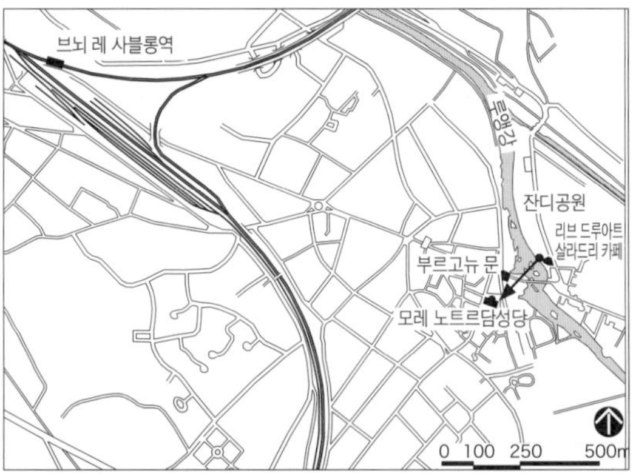

그림 2.183 시점장 위치

그림 2.184 실경

당이 위치하고 있다. 이 구도는 시슬레가 몇 번이고 반복하여 그리고 있으며, 이 그림은 그 중의 한 장이다(그림 2.182).

'시슬레의 모레' 라고 불려질 만큼 시슬레는 다른 어느 곳 보다도 모레 마을의 광경을 많이 그리고 있다[12]. 오늘날의 화가들도 여전히 즐겨 그리고 있는 곳 중의 하나임에 틀림없으며, 사실 현지 조사 때에도 이곳에서 몇 명의 화가가 그림을 그리고 있는 모습을 볼 수 있었다.

시점장은 루앵강 오른쪽 강변에 잔디로 덮인 공간이 있는데, 이곳을 약간 다리가 있는 쪽으로 놓고 그리고 있다(그림 2.183). 현재, 이 공간은 '리브 드루아트 살라드리' 라는 레스토랑의 오픈 카페로 사용되고 있어 사유지로 추정된다. 그려진 곳은 이 잔디 공간을 시점장으로 하여, 서쪽으로 보이는 루앵강, 다리, 강변의 성당, 성문을 본 경관이다(그림 2.184). 강이 흐르는 축각은 69도이다. 이 장소에서 중세의 다리, 다리의 끝 지점에 성문, 그리고 그 배후에 성당이 보인다. 굳이 말하자면, "그림이 되는 경관"의 대표적인 구성 요소가 3세트가 있는 데, 그것이 여기에 모두 그려져 있다. 시점장에서 성당을 바라보는 앙각은 11.2도이다.

이곳에는 시슬레가 그린 이 그림의 레플리카가 카페 벽에 전시되어 있다. 시슬레는 코로의 영향을 많이 받았다고 한다. 특히, 다리의 묘사법은 코로의 "망트의 다리"의 영향을 받았다는 지적도 있다[15].

지금은 루앵강 수변과 잔디 공간과의 지반 높이 차이는 60cm로, 거의 고저 차를 느끼지 못한다. 강폭은 100m이다. 다리 밑으로 흐르는 하천에는 몇몇 종류의 작은 섬들과 제방이 있다. 이것들에 의해 물은 물거품을 일며 흐르고, 이것이 루앵강에서 세느강으로 흘러가는 수량을 조절하는 수문 역할을 한다. 수면에는 새들이 날아 다니고 있었다.

이 지구에는 시슬레의 생가도 남아 있어, 시슬레가 그린 수많은 회화의 레플리카가 그가 그렸다고 추정되는 장소마다 전시되어있다.

11. 망트의 풍경(프랑스)

망트는 파리에서 서쪽으로 약 60km 떨어진 곳에 위치하는 노르망디의 도시이다. 망트 라 졸리역(SNCF)에서 남동쪽으로 1.5km떨어진 곳에 위치하는 세느강에는 섬(리메섬)이 있고, 그림 2.185는 그 섬에

그림 2.185 망트의 풍경
(코로, 1869)

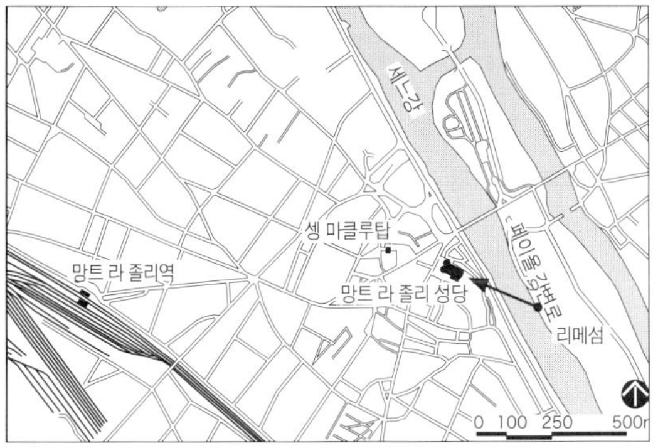

그림 2.186 시점장 위치

그림 2.187 실경

서 서쪽 방향으로, 세느강 너머 숲 사이로 보이는 강변의 망트 성당을 중경으로 보는 경관이다.

내가 회화의 실제 경관을 조사하게 된 계기가 바로 이 그림이었다. 그림 제목의 망트와 망트 라 졸리가 같은 지명임은 꿈에도 생각지 못하고, 물론 망트 지도도 없이, 게다가 그곳에 성당이 있었다는 사실 조차도 모르고, 혹여 있었다고 하여도 남아 있을 거라는 기대도 없이, 셍 라자르역에서 열차를 타고 망트 라 졸리역에 내렸다. 때는 1995년 3월이었다.

누가 뭐라 하여도 현지에 도착하면 가장 먼저 관광 안내소로 직행하는 것이 나의 조사 방법이다. 역에서 관광 안내소(i)의 위치를 확인하고 1km정도 걸어가자, 성당이 있었고 그 바로 옆에 (i)이 있었다. 간략한 팜플렛을 입수하였다. 성당은 공사 중이었다. 이것이 그림에 그려진 성당일 것이라고는 꿈에도 생각지 못하고 주변을 이리 저리 걸어 다녔다. 머리속에 교회의 전체 모습이 조금씩 구체화 되어갔다. 그렇다고 해도 그려져 있는 성당과 같은 구도가 도저히 나올 수 없었다. 한동안 그림을 뚫어져라 쳐다 보고서야 비로소 그림에 그려진 성당의 모습이 정면이 아니라, 배후면이었다는 것을 겨우 알았다. 그제서야 성당 뒤편으로 돌아가 보았지만, 뒤로 돌아가는 길은 있었지만 그곳은 바로 강이었다. 이래서야 성당을 그림처럼 볼 수 없었다.

다시, 안내소로 돌아가 지도를 구매하였다. 이 지도는 IGN의 1/25,000지도로, 관제 지도를 입수한 것은 이 때가 처음이며, 이 지도의 존재를 안 것도 이 때가 처음이었다. 비로소 개략적인 시점장의 위치가 판단되었고, 그려져 있는 강이 세느강이라는 것과 세느강에 있는 섬에서 그려졌다는 것을 추정할 수 있었다.

이 시점장은 리메섬의 페이욜 강변로 끝의 밭에서 더 안쪽으로 들어간 잡종지이다(그림 2.186). 우리들은 운 좋게도 그곳의 농민의 허락을 받아 잡종지에 들어가 확인할 수 있었으나, 지금은 아쉽게도 사유지인 관계로 일반 사람들의 통행이 불가능하다. 무성한 잡초와 수목을 헤치고 겨우 들어가 강변 가까이에 서자, 바로 앞의 수목, 세느강, 강 건너편의 성당이 보였다. 그림과 변함없이 똑 같은 구도를 볼 수 있었다(그림 2.187). 역시 코로의 명색에 손색없는 구도이다. 세느강의 강폭은 100m, 강이 굽어 흐르는 축각은 40도이다.

시대상인 성당의 정식 명칭은 노트르담 성직자회 성당으로 중경에 위치한다. 앙각은 9.3도이다. 1999년 조사에서 보는 성당의 탑이 1차 현장 조사(1995년) 때보다 훨씬 아름답게 복원되어있었고, 복원함에 있어 코로가 그린 이 그림의 성당 지붕이 참고되었다고 한다. 그림에 그려진 성당은 실제 보이는 것보다 약간 작게 그려져 있다. 좌측으로 보이는 또 다른 탑은 셍 마클루 탑이다. 이 탑 주변이 시장으로 항상 많은 사람들로 북적거렸다.

12. 루앙 대교(프랑스)

루앙은 파리시에서 남쪽으로 140km 떨어진 곳에 위치한다. 이곳에는 세느강변에 항구가 있으며, 예전에는 노르망디 공국의 수도이기도 하였다. 이 그림은 세느강에 걸려있는 대교, "부아엘디외교"를 그린 것이다(그림 2.188). 현재 4개의 다리가 있으나, 이 다리를 포함하여 전쟁의 영향으로 당시 시가지의 모습은 거의 남아있지 않다. 피사로가 루앙을 그린 1900년 당시에는 2개의 다리 밖에 존재하지 않았으며, 그 중의 하나가 부아엘디외교이다.

시점장은 북쪽 세느강변의 케 드 라 부르스(증권거래소) 강변로에 면한 건물, 부아엘디외 길에 위치하는 오텔 드 랑글루테르의 상층으로 추정된다(그림 2.189). 여기서의 세느강 폭은 150m이다.

그림 2.188 루앙 대교(피사로, 1896)

그림 2.189 시점장 위치

이 그림은 여기서 남쪽에 있는 부아엘디외교, 세느강변, 역, 그리고 멀리 셍 스베르 성당을 바라본 경관이다.

루앙 미술관에서 루앙의 역사서(1900)[16]를 구입하였다. 이것에 의하면, 당시에는 잔다르크 다리는 존재하지 않았으며, 코르네이유교와 부아엘디외교의 2개의 다리 밖에 존재하지 않았다. 이 자료에 의해 처음으로 강변에 건물이 존재하였음을 알았으며, 이것에 의해 시점장과 시대상을 확정할 수 있었다. 이 점에 대해서는 제3부에서 다시 논하고자 한다.

13. 델프트 운하(네덜란드)

용킨트가 그린 그림 2.190에는 화면 앞쪽에 하천변과 도로, 그 양쪽으로 풀과 잡초가 그려져 있으며, 멀리에 교회 같은 것이 그려져 있다. 우리들은 우선, 그림 제목에 적혀있는 것처럼, 네덜란드의 델프트 마을과 이 교회를 검색하였다. 그 후 조사가 진행되면서 그려진 교회가 왼쪽으로 약간 기울어져 그려진 것을 알게 되었다.

이와 동시에, 델프트에 관한 문헌 자료를 수집하면서, 이곳에는 신 교회와 구 교회, 2개가 존재하고 있음을 알았으며, 또한 그 중에서 구 교회가 세워진 곳이 지반이 연약하여 건물이 약간 기울어져 있는 것을 알았다. 따라서 이 그림에 그려진 교회가 델프트 운하 근처에 서 있는 구 교회를 바라보는 경관이라는 것을 알았다(그림 2.191).

델프트은 로테르담 북쪽으로 네덜란드 국철 인터시티로 약 15분 소요되는 거리에 위치하고 있다. 현재 이곳은 인구 9만 명의 마을로, 성벽 안쪽에는 계획적으로 정비된 구시가지가 옛모습 그대로 남아있다. 델프트역은 구시가지에 접한 교외 지역(예전에는 성벽 바깥이었다)이다. 이곳에서 동쪽에 위치하는 구시가지 북쪽에 구 교회가, 동북쪽에 신 교회가 서 있다. 구시가지 주변은 신시가지로 둘러져 있다. 단, 구 교회가 기울어져 있기 때문에 비교적 시대상의 확인이 용이하였으며, 어떤 방향에서 바라보았는지 추정할 수 있었다.

시점장은 당시에는 성벽 밖이었으며, 코르크 운하의 이동교이었던 것으로 추정된다(그림 2.192). 그림은 이곳에서 성벽을 싸고 있는 스히 운하를 앞쪽으로 배치하면서, 구 시가지를 바라보는 경관이다(그림 2.193). 구 교회까지의 앙각은 4.9도이다.

시점장 주변은 현재 신시가지로 변하였고, 그림에서 보는 것처럼, 예전 같은 분위기는 어디에도 없다. 구 교회는 공식적으로 1246년에 건설되었다. 그림에는 이 교회의 왼쪽에 또 다른 건물이 하나 더 그려져 있으며, 이것이 지금의 프린센호프 박물관이다(예전 길드 조합의 건물이기도 하였다).

델프트생인 베르메르(1632-1675)는 "델프트의 전망"(1660)이라는 유명한 그림을 남기고 있다. 이것은 델프트의 예전 성벽의 남서부에서 북쪽의 구시가지(우측에 로테르담 문과 좌측에 스피댐 문)를 바라보는 경관으로,신 교회와 구 교회가 모두 그려져 있다[17]. 이 그림을 보면, 베르메르가 살았던 델프트는 성벽으로 둘러진 계획적인 시가지였던 것을 알 수 있다. 그러나, 용킨트가 그린 시대는 그 후 전쟁으로 마을이 파괴되었던 시기이나. 1834-36년에 2개의 문이 파괴되었다. 구 교회가 시가지의 건물 사이로 어렴풋이 보인다. 베르메르의 그림과 비교 해 보면, 조망 방향은 같지만, 용킨트가 보다 멀리 떨어져서 델프트 교회를 조망하고 있다.

그림 2.190 델프트 운하(용킨트, 1844)

그림 2.191 구 교회

그림 2.192 시점장 위치

그림 2.193 실경

14. 도르트레히트의 하천(네덜란드)

이 그림은 그림과 제목만으로 어디에서 어떤 경관을 그렸는 지 알아낸 기적적인 사례 중 하나이다(그림 2.194). 당초 현지 조사를 포기하고 조사 리스트에서도 제외하였으나, 네덜란드의 관제 엽서를 입수한 이후, 새롭게 또 다른 자료도 수집하면서 도르트레히트의 개요를 파악하게 되었고, 그제서야 비로소 조사 대상에 포함되었다.

그려진 주된 시대상은 범선, 하천, 그리고 우측 나무 그림자로 가려져 얼핏 보이는 건물이다. 그리고 그려진 것은 운하가 아닌 광대한 하천이라는 것을 그림에 그려진 범선의 크기로 추정할 수 있다. 수목 뒤로 어렴풋이 보이는 이 건물 탑의 윤곽에 의해 시점장을 발견할 수 있었다. 우선 도르트레히트 지도에서 작은 운하를 제외한 폭 넓은 하천을 찾아 그 위치를 조사한

그림 2.194 도르트레히트의 하천(용킨트, 1869)

그림 2.195 실경

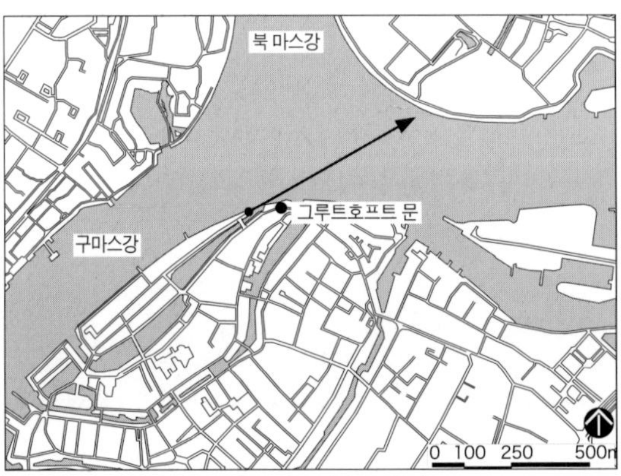

그림 2.196 시점장 위치

다. 그러면 마을의 북쪽에서 북서, 그리고 남서쪽으로 흐르는 하천이 있다는 것을 알 수 있다.

도르트레히트는 네덜란드 남부, 로테르담에서 남쪽으로 약 20분 소요되는 곳에 위치하고 있는 작은 마을이다. 이 마을은 하천과 운하의 합류점으로 예전에는 항구로서 번성하였었다. 지금도 옛 정경이 남은 건조물과 돌 포장도로가 패로 남아 있어, 변함없이 중세 분위기를 가진 기품 있는 도시이다.

도르트레히트역에서 북쪽으로 1.5km 떨어진 곳에 구 마스강과 북 마스강(신 마스강)의 합류 지점이 있으며, 그루트호프트 문이 바로 여기에 있다. 지금도 여전히 선박의 왕래가 잦다.

이 그림은 폭넓은 구 마스강에 정박하고 있는 범선, 그리고 강변의 나무 그늘 건너편으로 그루트호프트 문을 바라보고 있는 경관을 그리고 있다(그림 2.195). 구 마스강의 호안까지 590m이고, 북 마스강의 호안까지는 320m이다. 그림에서는 강변에 풍차가 작게 그려져 있으나, 현존하지 않는다. 문을 바라보는 앙각은 14.0도이다. 문은 대서양에서 들어오는 유럽의 관문이며, 항구에서 마을로 들어가는 사람들의 문이기도 하다. 이 문은, 도르트레히트 박물관 관계자로부터 제공받은 자료에 의하면, 지반 침하로 인하여 기울어진 것을 재건한 것이다.

시점장은 이 구 마스강변에 있는 작은 부두이며, 현재에는 벤치, 수목이 있는 소광장으로 정비되어 있다(그림 2.196).

부두의 바닥은 돌로 포장되어 있으며, 그 석단에는 'WAT BLIJFT KOMT NOOLT TERUG' 라고 새겨져 있다. 지역 출신인 시인 프레즈의 한 구절인 "이미 이곳에 살고 있는 것은 돌아올 필요 없다. 왜냐하면 영원히 이곳에 있기 때문이다".

또한 시점장인 작은 부두와 그루트호프트 문과의 사이에도 작은 운하가 있으며, 이 운하 폭은 21m이다. 이 부두에 가기 위해서는 이 운하에 걸려있는 도개교를 건너야만 한다.

15. 드레스덴의 보름(독일)

드레스덴은 독일 베를린에서 남쪽으로 약 180km 떨어진 도시이다. 이 그림은 보름달이 뜬 드레스덴 중심부를 흐르는 엘베강, 양 강변을 잇는 아우구스투스교, 그리고 구시가지인 프라우엔 교회의 경관을 그린 것이다(그림 2.197). 달은, 뭉크와 함께 노르웨이 회화의 아버지로 불려지고 있으며, 베르겐에서 태어나 코펜하겐, 드레스덴에서 그림을 배우고 이곳에서 많은 학생들을 지도하였다. 달은 엘베강변의 건물들을 다수 그리고 있으며 이 그림은 그 중의 한 점이다.

이 구도는 카날레토의 조카인 베르나르도 벨로토(1721-1780)가 그린 "아우구스투스교 밑 엘베강의 우측 강변에서 바라본 드레스덴"(1751-1753)과 거의 비슷하다.

시점장은 엘베강의 하천 변으로(그림 2.198), 안내도에 조망 포인트로 지정되어있다. 그림에서는 근경에 몇몇의 말들이 물을 마시고 있는 정경과 엘베강 양측의 구시가지가 그려져 있다. 이 지점의 강 폭은 160m이다.

프라우엔 교회는 제2차 세계대전에 의해 파괴되어, 현재에는 그 흔적조차 남아있지 않았고, 조사 당시 그 복원 사업을 행하고 있었다. 그림 왼쪽에는 하천 변 산책로이 수목에 의해 조망이 불가능하였다. 반면, 그림 오른쪽에는 가톨릭 궁정 교회와 레지덴츠성이 그려져 있으며(그림 2.199), 이들은 지금까지도 예전 모습 그대로 볼 수 있다. 1930년 사진이 존재하고 있어, 이 그림 거의 대부분이 당시 드레스덴의 시가지를 반영하고 있음을 알 수 있다(그림 2.200).

시점장은 현재 녹지와 산책로로 정비되어 있으나, 당시는 수변이었을 것으로 생각된다.

그림에서는 이 하천 변에서 말이 물을 마시고 있는 모습이 그려져 있는 것을 보면 그리 깊지 않았던 것 같다. 당시 수변으로 추정되는 장소는 보도와 녹도의 경계선이다. 왜냐하면, 그곳에서 지반의 고저차를 볼 수 있기 때문이다. 그림과 실제 경관은 거의 동일하다. 또한, 당시의 것으로 생각되는 선착장도 남아있다. 아우구스투스교의 길이는 약 280m, 하천 폭은 160m로 추정된다.

그림 2.197 드레스덴의 보름(달, 1839)

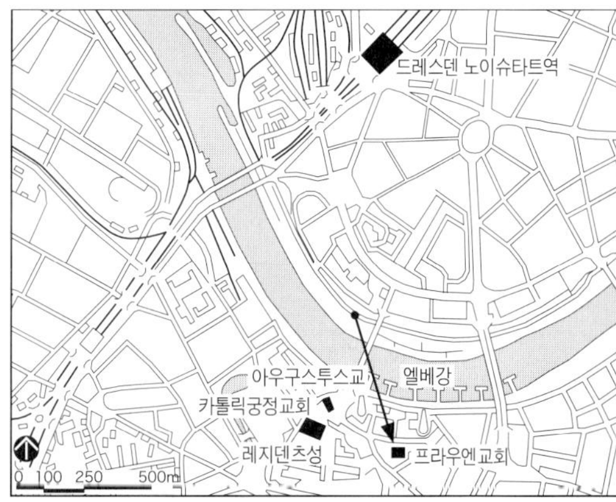

그림 2.198 시점장 위치

그림 2.199 실경

그림 2.200 1930년 사진

16. 웨스트민스터 다리(영국)

웨스트민스터 다리는 런던 템즈강, 빅벤 탑의 바로 밑에 걸려있는 다리이다. 모네는 안개가 걸린 웨스트민스터 다리와 함께 빅벤 시계탑, 국회 의사당을 화면 우측의 중경에 그리고 있다(그림 2.201). 시계탑까지의 앙각은 7.5도이다.

그림 2.201 웨스트민스터 다리(모네,1871)

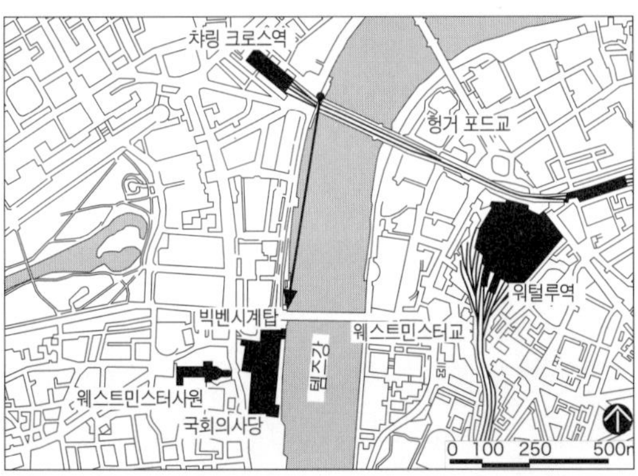

그림 2.202 시점장 위치

그림 2.203 실경

안개 속의 모습이 그려져 있지만, 그 특징적인 윤곽에서 그 건물이 빅벤과 국회 의사당임을 알 수 있다. 당시 모네는 프로이센과 프랑스의 전쟁을 피해 런던에 단기간 머물렀다. 이 때, 런던 내셔널 갤러리에서 터너와 컨스터블의 회화를 보고 빛과 대기의 표현방법을 배웠고[13], 그 성과의 일부가 이 그림이다.

시점장은 템즈강이 약간 굽은 임뱅크먼트 헝거포드교의 남쪽 기슭으로 추정된다(그림 2.202). 지도(1872)를 보면, 이미 그 당시 헝거포드교가 존재하고 있었다. 결국 이 그림은 다리 남단에서 남쪽을 바라보며 그린 것으로 판단된다(그림 2.203).

전면에 그려진 부두에는 현재 히스파뇨라호가 정박하고 있으며 레스토랑으로 이용되고 있다. 이 그림 이외에도 모네는 안개 덮인 템즈강의 챠링 크로스교(헝거포드교)를 전면에 배치하고, 빅벤의 시계탑이 보이는 그림 구도를 다수 그리고 있다[18].

1836년 설계 공모전에 당선된 배리에 의해 후기 고딕 양식으로 디자인 된 영국 국회 의사당은 연이은 설계 변경의 우여곡절 끝에 1860년대 말 완성되었다. 저명한 시계탑, 그 외의 탑, 웨스트민스터 홀, 클로이스터 등에 의한 픽쳐리스크한 구성으로 되어있다는 점이 특징이다. 지금도 변함없이 런던에서 가장 유명한 관광 스포트이다. 해안 반대편에서 보는 국회 의사당의 실루엣이 가장 유명한 전망이 되고 있으나, 모네는 이 건물을 하천 축 방향으로 바라보는 구도로 그리고 있다.

17. 햄튼 코트교(영국)

햄튼 코트 궁전은, 테니스에서 유명한 윔블던에서 가까우며, 또한 템즈강변에 위치하고 있는 역사적인 궁전이다. 이 궁전은, 1514년 요크신부인 토마스 월즈에 의해 지어진 별장으로, 그 후 200년에 걸쳐 영국 왕족의 거처로 사용되었다. 1690년에 들어서면서, 크리스토퍼 렌이 튜더양식의 건물을 남기면서 바로크 양식으로 개축하였으며, 또한 광대하고 격조 높은 바로크 양식의 정원을 조성하였다.

햄튼 코트교는 템즈강과 이 햄튼 코트 궁전을 잇는 다리이다.

햄튼 코트는 런던 워털루역에서 남서 방향으로 열차를 다고 약 30분이 소요되며, 템즈강변의 햄튼 코트역 근처에 위치한다. 이 그림은 템즈강에 걸려있는 햄튼 코트 공원을 바라본 것이다. 다리 기슭에는 레가타의 모양도 그려져 있다(그림 2.204). 시슬레는 1874년 6월부터 10월에 걸쳐 영국을 방문하여, 햄튼 코트의 다리와 그 주변을 17점이나 그렸다. 이 그림은 그 중의 하나이다.

다리의 끝에는 이 다리의 역사가 기록된 철판 안내문이 새겨있다. 이것에 의하면 현재까지 이 다리는 3회에 걸친 공사를 행하였고, 그림과 같은 다리는 오늘날 남아 있지 않다(그림 2.205). 당초 1750년대에 중국풍의 목조 아치교가 조성되었고, 1865년에 철골구조 다리로 변하였다. 그림은 이 다리와 그 배경의 햄튼 코트궁을 묘사한 것이다. 그 후 교통량이 증가하여 1933년에 오늘날과 같은 다리로 재건되었다.

시점장은 다리 끝이며 리버뱅크 길이라고 불려지고 있는 템즈강변의 보도이었던 "캐슬 여관의 테라스"[12]이다(그림 2.206). 그림에 그려진 이 해안은 현재 보트 선착장으로 이용되고 있으며, 이곳이 템즈강 유람선의 기점이다. 이 지점의 템즈강 폭은 101m이다.

18. 더람 대성당(영국)

터너는 영국 북부 지역의 스케치 여행(1797, 1801, 1802)을 즐겼으며, 자연 풍경을 시작으로 당시 남아있던 성당이나 성곽을 스케치하였다[19].

1797년, 당시 22살이었던 터너는 6월에 런던을 출발하여, 3주 후 더람에 도착하여, 더람 대성당을 그리고, 9월에 런던으로 돌아왔다.

당시 영국 북부 지역의 여행에 관한 화집, 책, 가이드북 등이 많이 출판되었다. 터너는 이 여행에서 영국 북부의 수도원, 성당, 성, 호수 지방에 대한 다른

그림 2.204 햄튼 코트교(시슬레, 1874)

그림 2.205 실경

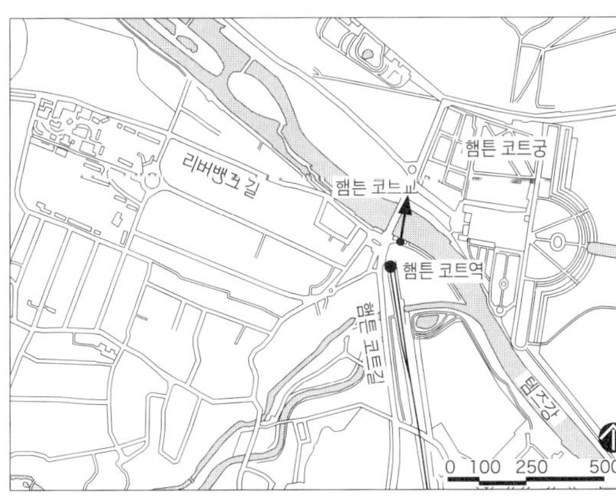

그림 2.206 시점장 위치

기록과 자료를 많이 숙지한 후, 목적지를 정하여 최단거리의 여정을 치밀하게 계획하여 여행을 하였다. 이 여행 이후, 터너는 바위, 공기, 물, 안개, 그리고 빛 등에 대하여 관심을 가지게 되었다. 바로 '건축물의 화가'에서 '풍경의 화가'로 전환되는 계기가 되었다. 여행 때 그린 스케치에, 런던으로 돌아온 후 수채 작업을 더한 것이 바로 이 그림 "강에서 바라보는 더람 대

성당" 이다.

나는 더람을 시작으로 버나드 캐슬, 리치몬드, 웨이크필드의 영국 북부 지역 시점장 조사에는 렌터카를 이용하여 이동하였다. 일본과 마찬가지로 우측 통행이었기 때문에, 뉴캐슬 어폰 타인에서 차를 빌려, 4개의 도시를 현지 조사하면서 런던까지 남하했다.

로타리식의 인터 체인지에서는 회전 각도에 적응하지 못한 어려움도 있었지만, 고속도로 인터체인지에는 번호가 붙여져 있어 알기 쉬웠기 때문에, 무사히 런던까지 도착할 수 있었다.

더람은 런던에서 북쪽으로 410m, 뉴캐슬 어폰 타인에서 남쪽으로 20km의 영국 북부 지방에 위치하는 더람주의 주도이다. 더람은 열차도 다닌다. 더람의 구시가지에는 웨어강이 굽이굽이 흐르고 있어, 마치 마을 전체를 조각한 듯 섬과 같은 모양으로, 그 중앙부의 표고가 약간 높고 주변이 경사져 있는 지형으로 되어있다.

더람 중앙부에는 대성당이 위치하며, 대성당과 성곽 앞에는 광장이 있다. 대성당의 내부는 교차 리브홀트가 걸려있는 가장 오래된 성당이라고 한다. 또한 내부 장식은 영국 로마네스크 중에서 가장 아름다운 작품으로 평가되고 있다. 터너는 이 교회 내부 공간도 많은 스케치를 남기고 있다[20].

타운 홀 앞의 마켓 광장은 돌 바닥 포장이며, 약간 북쪽으로 치우쳐져 있다. 이곳은 지금도 수많은 관광객으로 북적거리고 있다. 이 광장에 면한 성곽의 일부에 관광 안내소가 있어, 대성당 주변의 지도를 얻을 수 있었다. 광장은, 성당 첨탑 높이를 고려하면, 성당 전체를 그리기에는 너무 좁기 때문에, 충분한 거리를 확보할 수 없었고, 또한 50mm렌즈의 사진기로도 전부를 찍을 수 없었다.

터너는 이 더람의 대성당을 수없이 많이 그리고 있으나, 그 중의 2점을 소개한다.

(1) 프렘웰 게이트교와 대성당을 보는 경관

그림 2.207은 친구 존 호프너에게 선물하기 위해 제작되었다. 시점장에서 남쪽을 바라보면, 근경에 웨어강과 웨어강에 걸려있는 프렘웰 게이트교(시점장에서 130m거리)가 보이고, 중경에는 성곽과 대성당(시점장에서 380m)이 보인다. 대성당까지의 앙각은 9-

그림 2.207 강에서 바라보는 더람 대성당(터너, 1798)

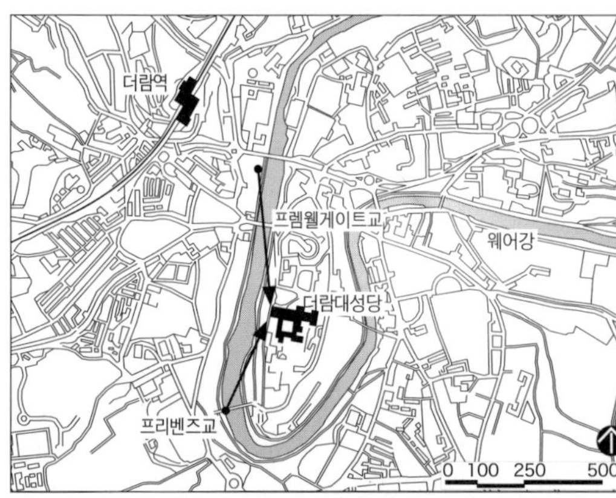

그림 2.208 시점장 위치

그림 2.209 실경

10도이며, 웨어강의 강폭은 59m이다. 시점장은 더람 대성당의 북측(그림 2.208)으로, 밀번 게이트 쇼핑 센터 주차장을 따라 웨어강의 왼쪽 강변의 산책로(낮은 위치)이다.

현재는 쇼핑 센디에 인접하여 산책로가 조성되어 있다. 왼쪽 강변에서 남쪽 상류를 바라보면, 근경에 강의 제방이 보이고 그곳에는 나뭇가지가 걸려 있어 매우 지저분하였고 물도 탁하여 오염의 심각성을 알 수 있었다.

지금 이 시점장에서는, 그림을 그렸던 당시에 비해 전방에 수목이 무성하여 대성당이 보이지 않았으나, 거의 그림과 같은 경관을 볼 수 있다(그림 2.209).

(2) 프리벤즈교에서 대성당을 바라보는 경관

몇몇 스케치 중에서도 1830년대가 되어서 비로서 수채화로 완성된 것이 바로 그림 2.210이다. 스케치부

그림 2.210 더람 대성당(터너, 1835)

그림 2.211 실경

터 30년이나 걸려 완성시켰다는 점에서 이 구도를 터너 자신이 높게 평가하고 있다는 것을 짐작할 수 있다. 또한 이 그림은 당시 저명하던 "그림이 되는 영국과 웨일즈 시리즈"에도 채용되었다고 한다.

시점장은 더람 대성당의 약간 남측(그림 2.208), 웨어강 좌측 해안의 프리벤즈교이거나, 그 후방이었을 것으로 생각된다. 그림은 이곳에서 북쪽으로 웨어강과 3개의 탑을 가진 대성당, 그리고 프렘웰 게이트교를 본 구도이다. 지금은 이 대성당의 탑을 '그레이 타워'라고도 한다. 여기서 바라보는 앙각은 8-11도이다.

프렘웰 게이트교에서 보는 경우와 비교하여, 이 그림은 시점장 위치가 높다는 것을 알 수 있다. 그러나, 그림에 그려져 있는 것처럼, 대성당 3개의 탑이 모두 확연하게 보이는 구도를 볼 수 있는 장소가 없다. 실제는 앞에 그려진 2개의 탑(종루)이 겹쳐져 보인다(그림 2.211). 다리보다도 낮은 위치에 있는 하천 변의 산책로에서 대성당의 정면을 바라보면 3개의 탑이 보이나, 여기서는 좌측의 다리가 보이지 않는다. 또한, 묘사된 것처럼 프렘웰 게이트교를 왼쪽으로 보고 오른쪽으로 대성당까지 보일 정도로 화폭이 넓다. 50mm렌즈로는 전부 찍을 수 없으며, 회화와 동일한 구도는 얻을 수 없었다.

19. 버나드성과 다리(영국)

버나드성은 뉴캐슬 어폰 타인에서 남서쪽으로 80km 떨어진 곳에 위치하고 있다. 열차에 의한 접근이 불가능하기 때문에 일행은 렌터카를 이용하였다.

이 그림은 버나드성과 카운티 다리를 보는 경관을 그린 것이다(그림 2.212).

시점장은 버나드성의 서쪽이다(그림 2.213). 티즈강의 동쪽 강변으로, 잔디 공원 내의 산책로이다. 이 지구는 로마 시대의 유적인 버나드성이 있고 산업 혁명기에 번성한 주요 마을이기 때문에, 보전, 정비되어 온 장소로, 그 주변을 산책할 수 있도록 산책로가 정비되어있다.

이 산책로가 시점장이고, 이곳에서 성을 바라보고 있다. 그러나, 어쩌면 강변에 가까운, 또는 강 속의 돌이 시점장일지도 모른다. 아니, 물 속에 들어가 그렸을 수도 있을 거라는 생각이 들 정도로 수변에 치우쳐져 있다. 현재 이 티즈강을 흐르는 물은 검게 오염되어있어 전혀 물 속에 들어갈 엄두가 안났다.

그림 2.214는 이 시점장에서 남쪽 하류 방향의 티즈강, 버나드성, 그리고 카운티 다리를 본 경관이다. 티즈강의 폭은 67m, 버나드성까지의 앙각은 4.1도이다. 회화와 실경은 대부분 일치한다고 할 수 있다. 단, 수목때문에 다리 모습은 확인 할 수 없었다.

20. 리치몬드교와 성(영국)

리치몬드는 뉴캐슬 어폰 타인에서 남쪽으로 100km 떨어져 있으며, "노르망풍의 성, 강, 다리, 공

그림 2.212 버나드성과 다리(터너, 1816)

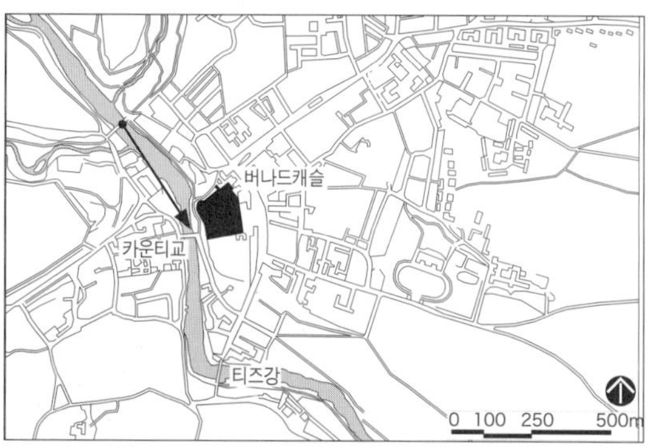

그림 2.213 시점당 위치

그림 2.214 실경

그림 2.215 리치몬드교와 성(터너, 1798-99)

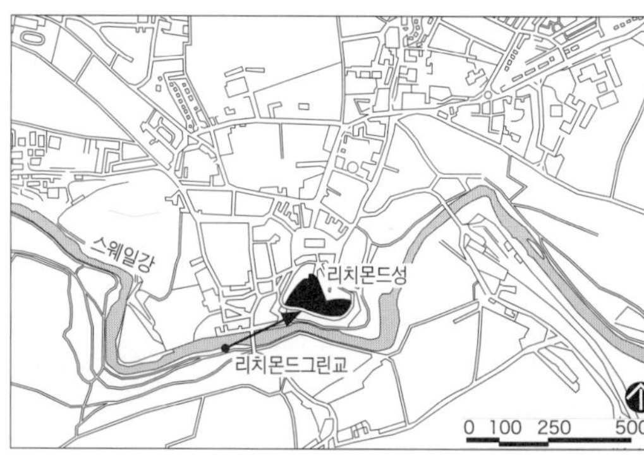

그림 2.216 시점장 위치

그림 2.217 실경

장, 폭포, 교회, 그리고 광대한 시장을 갖는 전형적인 북부 마을이다"[20]. 열차로는 갈 수 없기 때문에 렌터카를 이용하였다.

이 그림은 리치몬드 그린교와 리치몬드성을 본 경관을 그리고 있다(그림 2.215).

터너는 "그린교에서 이러한 요소를 거의 모두 적절히 조합하여 스웨일 단층 위에 있는 리치몬드라는 지리적인 장소의 의미를 훌륭하게 표현하고 있다".

시점장은 리치몬드 시내의 리치몬드성의 남측에 있는 스웨일 강변의 산책로 또는 그 수변에 가까운 장소이다(그림 2.216). 스웨일강의 폭은 45m. 그러나, 강변의 산책로는 특별히 정비되어 있지 않다. 이 경관을 얻기 위해서는 나무 또는 수변에서 바라보아야 한다. 그러나 현재 이 하천은 오염되어 있었다.

시대상은 동쪽으로 스웨일강, 리치몬드 그린교, 그리고 리치몬드성이다. 리치몬드성을 바라보는 앙각은 8.1도이다. 그러나 그림과 같이 다리와 성을 동시에 조망 가능한 시점장은 없다. 그래도 무리하게 찾아본다면, 스웨일강 사이에 있는 모래섬 정도일 것이다. 성을 보면 다리를 볼 수 없게 되고, 다리를 보면 성을 볼 수 없다(그림 2.217). 각각의 개별 모습만을 생각한다면, 그림과 실경은 일치하고 있다고 할 수도 있겠다.

21. 웨이크필드교와 예배당(영국)

웨이크필드는 웨스트 요크셔주의 주도이며, 리즈시에서 남쪽으로 약 20km 떨어진 곳에 위치한다. 웨이크필드는 당시 다음과 같이 평가되었다. "요크셔 지방의 모직 물산 도시 중에서 가장 부유하고 품위 있는 도시이다. 이 도시는 항해 가능한 칼더강이 흐르고 있기 때문에 근년 사업의 큰 발전을 보였으며 훌륭한 건물들이 줄지어 지어졌다. 그 중에서도 특히 눈을 끄는 것은 다리와 그 다리에서 보이는 아름다운 예배당이다"[20]. 지금은 대성당인 교구 성당이 완성된 후, 이 성녀 마리아 예배당은 1342년에 다리와 함께 만들어진 예배당이다.

웨이크필드 남부를 흐르는 칼더강에 걸린 다리로, 매우 작은 섬에 예배당이 있다. 이 회화는 초근경에서 이 웨이크필드의 다리와 예배당을 본 경관을 그린 것이다(그림 2.218). 예배당까지의 앙각은 7.3도, 칼더강의 폭은 56m이다. 현재 칼더강은 오염되어 있다. 칼더강변의 해안에 있는 잔디 광장이 시점장이다(그

그림 2.218 웨이크필드교와 예배당(터너, 1797)

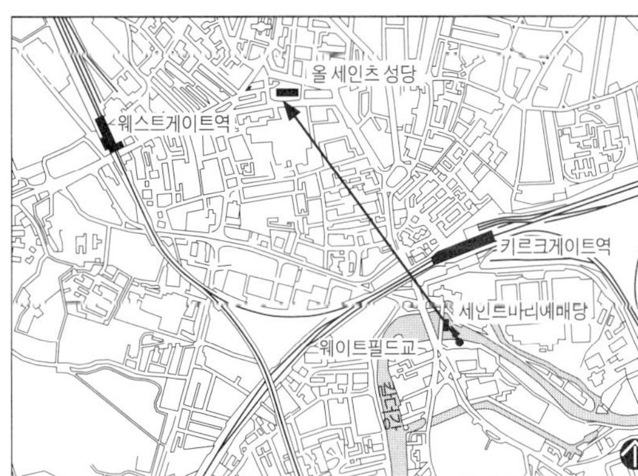

그림 2.219 시점장 위치

그림 2.220 실경

림 2.219). 시점장이 된 잔디 광장에는 또 다른 작은 다리(폭 1.5m정도: 현재 미사용)가 남아있어, 당시 복잡한 유수이었던 것을 짐작할 수 있다.

현장에서 이 그림과 동일한 구도를 얻을 수 있는 시점장을 찾아내지는 못했지만, 회화와 비교하여 실제의 예배당이 작아, 실제 경관에서는 그다지 박력감을 느끼지 못하였다(그림 2.220). 예배당에는 기반석이 남아 있다. 이것에 의하면 이 예배당은 1342-1356년에 지어졌으며 1847년에 복원되었다. 또한 영국에 남아있는 4대 "다리의 예배당" 중의 하나라고 한다.

그림에는 예배당의 배경에 시가지 속에 우뚝 서 있는 철탑 2개가 그려져 있다. 현지 조사에 의하면, 하나는 웨이크필드 시가지 중심부에 있는 올 세인츠 성당으로 이 곳까지의 앙각이 4.2도, 또 다른 하나는 세계 최초의 백화점으로 불려지는 건물의 탑으로, 현재 사무소로 활용되고 있어 지금까지 모두 현존하고 있다.

22. "하천과 마을의 경관"의 특징

이상과 같이, 22점의 "하천과 마을의 경관"을 그린 회화의 시점장, 시대상의 특징을 조사하였다. 이 경관 타입에는 하천 경관이 중심이 되지만, 유축 경관도 포함되어 있는 것을 알았다. "그림이 되는 경관"을 얻기 위한 지표를 다음과 같이 정리하였다.

(1) 시점장

① 시점장 위치

시점장은, 첫 번째로 하천 변에 있는 도로(보도), 광장, 잔디 광장, 공원, 하천 변 공원 등의 오픈 스페이스가 13점, 두 번째로 하천 변에 면한 건물의 상층이 2점, 세 번째는 하천이나 운하가 굽은 지점의 하천 변 보도가 4점, 네 번째는 다리 위나 다리 밑이 3점이다. 그러나, 시점장 위치는 하천 경관이나 유축 경관과는 상관 관계가 없다.

② 터너의 그림

터너는 현장에서 스케치하여 아틀리에에서 본격적으로 그리기 때문에, 그려진 회화와 실경이 서로 상이함이 당연하지만, 그럼에도 불구하고 비교적 실경에 가깝게 묘사하고 있다. 어찌되었든 하천의 흐름을 축으로 하면서 강변을 연결하는 다리와 다리 한쪽 편 숲 뒤로 보여지는 성이나 성당이 보이는 경관을 많이 그리고 있다.

그 시점장은 굽어진 하천 변의 산책로 또는 수변, 하천 변의 잔디 공원이다.

터너에 의해 그려진 영국 북부 잉글랜드의 내륙부 하천은, 현지를 방문해보면, 어느 곳도 검은 나무이고, 오염의 정도가 심함에 놀라움을 감추지 못했음을 기억한다.

런던의 북동부에는 "컨스터블 컨트리"가 있다. 런던 리바플역에서 1시간 20분 소요하여 마닝트리역에 도착하면 그곳이 컨스터블 컨트리의 출발점이다. 여기서는 풍경 화가인 존 컨스터블이 생활하면서 그림을 그린 장소가 광범위로 보존되어 있으며, 산책로가 자연과 융합되도록 정비되어 있다. 이 보호의 중심이 되고 있는 것이 내셔널 트러스트이다. 일반적으로 보전, 보호 활동으로 유명한 영국이지만, 터너의 회화에 그려진 내륙 지역을 보게 된 걸로는 이러한 보호 활동과 그 정보가 일면적이라는 느낌을 강하게 받았다.

(2) 그림과 실제 경관과의 차이

"하천과 마을의 경관"에 속하는 회화와 당시의 실경 구도는 동일하다. 단, 현지는 하천을 감싸는 주변의 변화가 현저하다. 하천 그 자체가 호안으로 정비된다든지, 양측의 보도와 도로 등으로 정비되어지기도 한다. 또한 양측의 마을에도 변화가 보여, 당시의 분위기를 가지고 있는 실경은 거의 없다.

시야는 290도까지 넓으며, 그 화각은 평균 50.5도로 다소 광각이다. 수변이기 때문인지, 아니면 수변에서는 물이 흐르는 방향으로 넓어지는 경향이 있기 때문인지, 일반적으로 보여지는 범위보다도 그려지는 좌우 폭이 넓다.

(3) 시대상

이 경관은 하천의 해안을 바라보는 강변 경관과 하천의 흐르는 방향을 바라보는 유축경관, 2가지가 있다. 이 타입의 경관에 가장 중요한 지표는 하천 폭, 마을까지의 거리와 그 앙각, 그리고 하천 폭과 마을의 높이와의 비이다.

① 시대상

시대상은 하천, 운하, 다리, 범선과 시가지의 마을, 특히 성당이며, 이런 것들이 근경, 중경, 원경에 위치한다. 수변에는 심복릭한 건조물인 아치교나 철탑을 가진 성당이 있다. 이것을 하천과 함께 마을로서 바라보는 것이다. 한마디로, 하천, 다리, 성당이 세트로 보이는 경관이다.

강변 경관으로서 보는 경우, 해변의 마을에서 철탑을 가진 성당이 중경에 심볼릭하게 배치된다. 반면, 축경인 경우는 다리가 중요한 경관 요소로, 이것을 근경 또는 중경에서 바라보며 그것을 아이 스톱이 된다.

② 주요 경관 조작 지표

(ㄱ) 하천 폭, 마을까지의 거리와 앙각

근경에는 하천(하천 폭까지의 거리)을, 중경에는 마을을 앙각 5-10도(8.2도)의 각도로 바라본다. 원경에서는 마을을 앙각 5도 이하(평균3.5도)로 취하고 있다.

(ㄴ) 하천, 운하의 폭과 양측 건물 높이와의 관계 (D/H)

"하천과 마을의 경관"이라는 것은 세느강, 생 마르탱 운하, 로마의 테베레강, 네덜란드 운하 등과 함께 마을을 바라보는 경관이며, 하천의 '강변 경관'이 주이다. 하천의 배후에는 시가지 마을이 보인다.

운하의 단면은 D1/H1=1.27-3.01이며, 건물과 도로를 비교하면 거의 비슷하거나 약간 큰 값임을 알 수 있다. 운하는 도로와 같은 공간 크기로 디자인되어 있다.

세느강의 단면은 D1/H1=4.42, 도로와 건물의 관계는 D2/H2=7.35이다. 이 값은 하천 경관을 검토할 때 하천 단면 규모의 기준이 될 것이다.

2-7 항만 경관

그림 2.221 베네치아 소스피리(한숨)교(터너, 1833)

그림 2.222 시점장 위치

그림 2.223 실경

항만은 해상 교통의 기점이며, 하구와 내륙을 연결하는 결절점이다. 그것은 다른 나라와 교역을 가질 수 있는 산업 활동의 거점이기도 하다. 유럽에서는 그 해상 교통의 대표가 하천이고, 운하이며, 그곳을 달리는 범선이다. 때문에 항만 경관을 그리는 경우 범선은 필연적이다. 반면, 항구는 미지의 세계와의 접점이기도 하다. 이곳에서는 끊임없이 만남과 이별이 반복된다.

그림에는 항만에서의 산업 활동의 모습이 많이 그려져 있으며, 또한 해변의 육지와 바다와의 큰 온도차로 인한 안개 자욱한 경관도 그려져 있다.

제7장에서는 주로 해변에 면한 항만의 경관을 설명하고 있다. 그림 제목에 지역의 명칭이 적혀있기 때문에, 시점장 위치는 비교적 쉽게 찾을 수 있었다. 단, 세부적인 위치의 확정이 곤란하였다. 시점장이 확인된 회화는, 터너 3점, 컨스터블 2점, 코로 1점, 피사로 1점, 부뎅 1점, 구아르디 1점으로, 총 9점이다. 각각의 그림에는 당시 유명하던 항만들이 그려져 있다. 그럼, 그림 1장씩 그 시점장과 시대상의 특징에 대해서 살펴보자.

1. 베네치아 소스피리교(이탈리아)

이탈리아 북동부, 포강 유역으로 넓게 펼쳐지는 비옥한 평야 지대, 베네치아 주의 주도 '베네치아'는 바다가 실어다 주는 습지대 위에 발전해 온 "물의 도시"로서 세계적으로 알려진 관광지이다. 그 중앙을 역 S자형으로 흐르고 있는 카날레 그란데(대운하)는 총

길이 3km가 넘고, 2개의 섬으로 분리되어 있다. 이 3개의 섬 남단에는 쥬데카섬이 있으며, 이곳은 약간 폭넓은 쥬데카 운하로 분단되어 있다.

터너는 이 쥬데카 운하 변의 건물과 언뜻 보이는 소스피리(한숨)교를 그렸다. 그림 2.221을 보면 알 수 있는 것처럼, 우측에서 중경에 위치하는 도가나, 산 마르코의 종루, 두칼레 궁전, 그리고 소스피리교가 그려져 있다. 이것은 산 지오르지오 마지오레 섬의 산 지오르지오 마지오레 성당 앞에 있는 광장(그림 2.222)에서 쥬데카 운하 변을 바라보는 구도와 일치하나, 가장 우측에 그려진 도가나의 우측 건물군은, 당시도 존재하지 않았으며, 현재도 존재하지 않는다.

그림 2.223은 산 지오르지오 마지오레 성당 광장 앞에서 바라본 실제 경관의 사진이다. 흐르고 있는 쥬데카 운하의 폭은 약 400m이며, 건너편 해안가는 중경 범위에 속하며, 이곳에서 보는 운하의 수시율은 높다.

우측에 현실에는 존재하지 않는 건물이 그려져 있다. 그 건물 앞에는 화가 카날레토(1697–1768)가 베네치아의 광경을 그리고 있는 모습이 그려져 있다. 이 그림을 시작으로, 터너의 베네치아 시리즈는 이탈리아의 풍경화가 카널레도의 영향을 많이 받았다고 전해지고 있다[4)21)]. 그러나 카날레토는 역 S자형의 대운하를 수많이 그리고 있으나, 이 쥬데카 운하는 딱 1장밖에 그리지 않았다.

2. 카날레 델라 쥬데카에서 보는 베네치아 (이탈리아)

이 그림에는 쥬데카 운하와 그 운하를 달리는 범선, 그리고 건너편 해안의 산 마르코 광장 쪽의 마을 경관이 그려져 있다(그림 2.224). 이것은 쥬데카섬에서 쥬데카 운하의 북측, 중경에 위치하는 산타 마리아 델라 살루테 교회(600m), 그리고 그란데 운하의 해안에 있는 산 마르코 종루, 두칼레 궁전(총독저) 등의 항구를 바라본 경관이다.

그림 2.224 카날레 델라 쥬데카에서 보는 베네치아(터너, 1840)

그림 2.225 실경

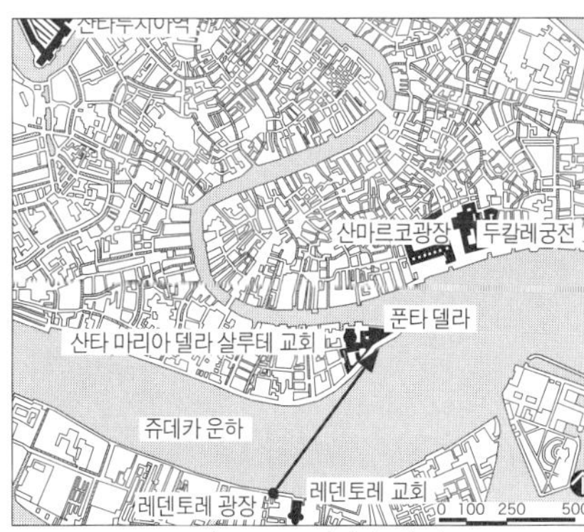

그림 2.226 시점장 위치

그림 2.227 시점장 위치

그림 2.228 호텔 유럽 계단에서 본 베네치아(터너, 1842)

그림 2.229 실경

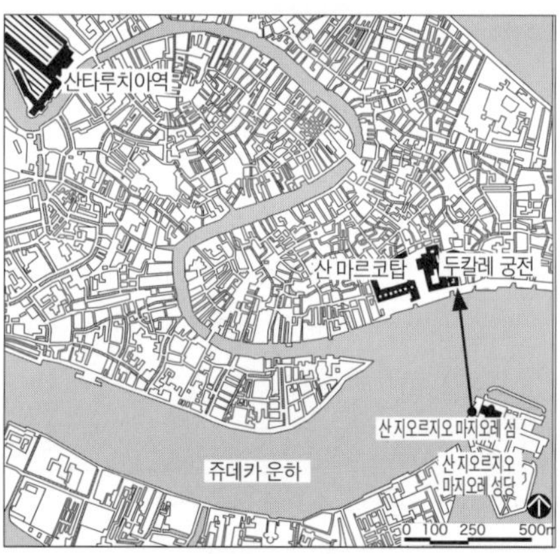

그림 2.230 시점장 위치

그림 2.231 바다에서 본 베네치아(구아르디, 18C 후반)

산 마르코 종루까지의 앙각은 5.6도이다. 총독저는 8세기에 창건되었으나, 14세기 이후 조금씩 개축되었다. 스카이라인은 실제 경관과 비슷하다(그림 2.225).

파라디오 설계의 레덴토레 교회 근처의 레덴토레 광장이 시점장으로 추정된다(그림 2.226). 이곳은 쥬데카 운하에 면하고 있으며, 수상 버스의 정류장이기도 하다.

실제 경관에서는 왼쪽부터 산타 마리아 델라 살루테 교회, 산 마르코 종루, 도가나(세관청), 그리고 두칼레 궁전(총독저)의 순서로 되어있으나, 그림에서는 왼쪽부터 산타 마리아 델라 살루테 교회, 도가나, 산 마르코 종루, 그리고 두칼레 궁전의 순이다. 단, 도가나가 약간 오른쪽으로 밀려 그려져 있다.

3. 호텔 유럽 계단에서 보는 베네치아(이탈리아)

시점장은 운하에 면한 호텔 유럽의 레스토랑 테라스에서 더 수면 쪽에 위치한다. 이곳에서 그란데 운하를 달리는 범선과 함께 건너편 해안을 바라보는 경관이다(그림 2.228).

좌측에는 중경에 있는 파라디오 설계의 산 지오르지오 마지오레 성당과 그 탑(앙각 4.0도)이, 우측에는 근경에 위치하고 있는 그란데 운하 가장자리의 산타 마리아 델라 살루테 성당, 도가나의 탑, 그리고 살루테 성당 (앙각 11.3도)이 있어, 그려진 그림과 거의 비슷하다.

단, 그림에서는 산 지오르지오 마지오레 성당과 도가나 사이에 치테라 성당이 그려져 있으나(그림 2.229), 그 사이에 있어야 할 치테라 성당이 실제로는 너무 작아 보이지 않았다.

4. 바다에서 보는 베네치아(이탈리아)

그림 2.231은 산 지오르지오 마지오레 섬의 산 지오르지오 마지오레 성당 앞의 광장을 시점장으로

(그림 2.230) 하여, 쥬데카 운하와 중경에 있는 산 마르코 종루를 앙각 9.6도로, 두칼레 궁전을 앙각 3.5도로 바라보면서 그것에 인접하고 있는 건물들을 본 경관을 그린 것이다. 그곳에는 운하에 떠 있는 많은 범선과 함께 에너지 넘치는 도시 활동의 모습을 그리고 있다.

건물의 특징과 운하의 광경은 실제 경관과 매우 비슷하다(그림 2.232).

시점장인 이 광장은 현재 수상 버스 정류장이며, 운하 방향으로 시야가 펼쳐진다.

그림 2.232 실경

5. 라 로셸항(프랑스)

라 로셸항은 파리에서 서남쪽 400km, 대서양 해안의 비스케만에 위치하고 있다. 라 로셸은 푸아투 샤랑트 지방의 샤랑트 마리팀므현의 현도이다. 파리(몽파르나스역)에서 라 로셸역(SNCF)[주1]까지 TGV로 3시간이 소요된다. 이곳은 예전에 캐나다 퀘벡으로 향하는 식민단을 보내던 작은 항으로, 건너편 해안까지 200m도 되지 않는 작은 항구이다.

라 로셸역에서 항구까지 약 1km, 역에서 드골 장군 길을 지난 후, 빌렝 강변로를 지나, 항구로 들어간다. 항구에 들어가면, 갑자기 그림에 그려진 원통 탑이 눈에 들어온다. 지금도 여전히 그림과 똑같은 광경에 감동했던 기억이 생생하다(그림 2.233).

그림 2.233 라 로셸항(코로, 1851)

시점장은 항구 전체가 시야에 들어오고 조망이 편리한 오픈된 장소인 발랭 강변로와 루이 뒤랑 강변로 4차로에 있는 건물(5층 건물)이다(그림 2.234).

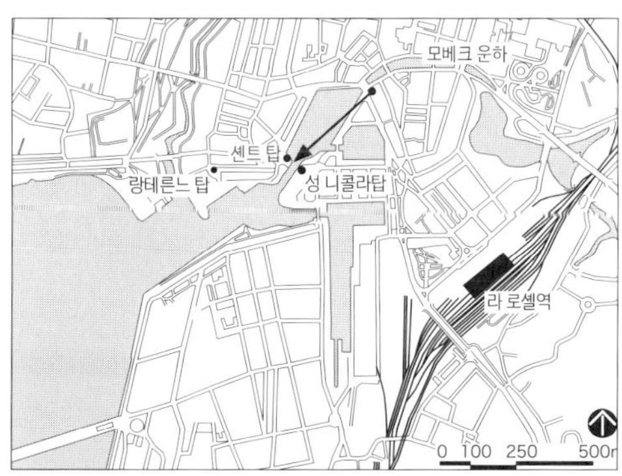

그림 2.234 시점장 위치

항구에 들어오는 입구에는 하얀 벽돌의 원탑이 2개, 동쪽의 셍 니콜라 탑(좌측 화면)과, 서쪽의 셴트탑(우측 화면)은 화약 창고이다. 이 그림은 시점장에서 중경에 위치하는 2개의 탑을 앙각 4.4 도로 취한 경관이다. 또한, 우측에는 중경에 위치하는 랑테른느 탑이 보인다. 이 건물 내부는 목조로 만들어져 있으며, 당시 수용소이었으나, 지금은 그 최상층이 전망대로 이용되고 있다.

그림 2.235 실경

제일 오른쪽 탑이 셴느 탑이다(그림 2.235). 이처럼 라 로셸항은 심볼릭한 건물과 다른 건물들로 둘러진 배 정착장으로, 그 주변에 광장을 갖는 항만이다.

간만의 차가 크고, 6월 조사 때는 항구에 바닷물이 거의 없어, 정박한 배들이 갯벌 위에 서 있었다. 그림이 실제 경관과 거의 동일하나, 약간 광각으로 그려져 있다.

6. 아침, 루앙, 방파제(프랑스)

피사로는 루앙 우안역(SNCF)에서 남쪽으로 1km 떨어진 곳에 위치하는 세느강변의 항구(방파제)를 그리고 있다. 그림에 크레인을 가진 화물선이 그려져 있어, 당시 번화한 경제활동이 일어났던 항만 모습을 엿볼 수 있다(그림 2.236).

그림 2.236 아침, 루앙, 방파제(피사로, 1896)

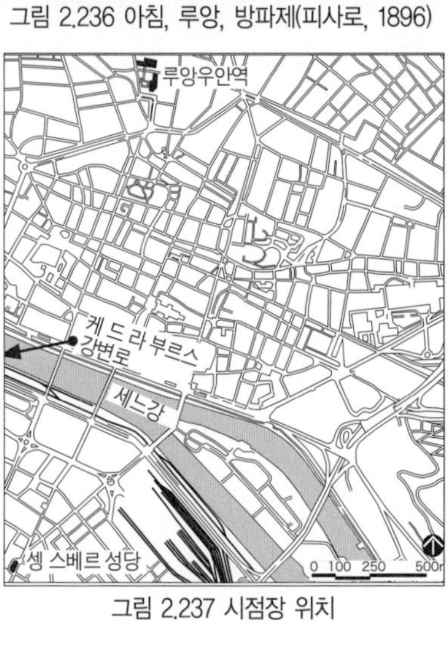

그림 2.237 시점장 위치

시점장은 세느강 북측의 케 드 라 부르스 강변로에 면한 건물, 부아엘디외 길이 있는 오텔 드 랑글르테르(영국집 호텔)의 상층이다(그림 2.237). 이곳의 세느강 폭은 150m이다.

이곳에서 세느강 남측에 있는 해변 항구의 모습과 중경의 해변 시가지 모습을 그렸다. 역사(驛舍), 공장들, 그리고 굴뚝 등으로 구성되었던 중경의 해변 시가지는, 제2차 대전 때 모두 파괴되어 지금은 새로운 시가지로 조성되어 그림과는 전혀 다른 모습이다.

단, 저 멀리 보이는 셍 스베르 성당(시점장에서 1km)이 남아있다.

7. 안트베르펜항(벨기에)

부뎅은 이 그림에서 벨기에 안트베르펜의 스헬데강의 항구를 그렸다(그림 2.238). 네덜란드와 벨기에의 마을(대부분 3-4층 건물이 중심)에서 최대 규모라고 하는 고딕 양식의 대성당(노트르담 대성당은 북측 종루 쪽만 높다)의 실루엣이 매우 특징적이다(그림 2.239). 이 대성당은 당시 범선이 안트베르펜항에 들어올 때, 기준이 되었다고 한다.

여기서 모두 소개할 수 없지만, 부뎅은 같은 해에, 스헬데강의 유축경으로, 남쪽에서 북쪽을 보며 이 대성당과 항구, 범선이 포함되는 "항구 경관"도 그리고 있다[22]. 이 탑의 높이는 123m이며, 1521년에 완성되었으며, 그 바로 옆에 높이 65m의 중앙 돔이 있다.

해안에서 바라보는 성당 탑은 지금도 여전히 변함없는 모습을 보이고 있다. 항구는 지금도 여객 터미널로 이용되고 있으며, 항구의 해변가에는 보행자용 데키가 조성되어 있다.

안트베르펜 중앙역에서 내려, 지하철 링커 로버행으로 갈아타고 그곳에서 3번째 역(흐루문 플라아츠)에서 내리면 시대상인 대성당에 도착한다. 4번째 역(로더 지이런슬라안)은 스헬데강을 건너 해안에 면한 주택지이다. 시점장은 이 역에서 내려 걸어가면 바로이다. 스헬데강의 폭은 300-500m이다.

이 시점장의 주변 일대는, 스헬데강의 하천 부지로, 여전엔 아무것도 없었던 섬이었던 것 같다. 제시된 주택지의 레이아웃을 보면, 최근에 주택지로서 개발된 것처럼 보이기 때문이다. 시점장은 스헬데강의 하천 부지 공원에 있는 인도 터널(성 안나 터널)의 건물 입구 주변으로 추정된다(그림 2.240).

그림 2.238 안트베르펜의 항(부뎅, 1871)

그림 2.239 노트르담 대성당

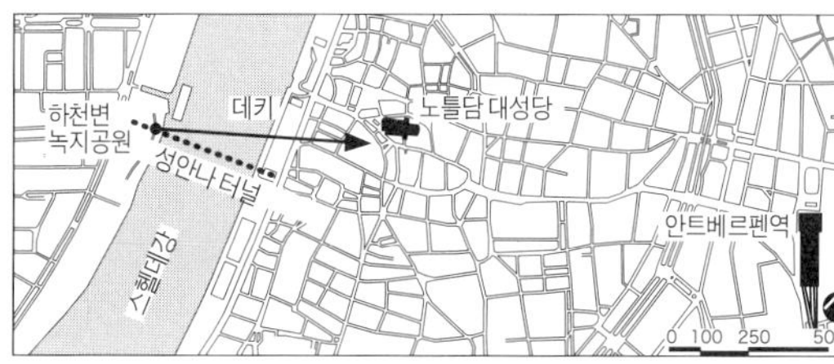

그림 2.240 시점장 위치

이 건물은 원래 엘리베이터 탑으로 건축되었으며, 엘리베이터나 에스컬레이터로 지하 35m까지 내려간다. 그곳에서 터널을 따라 구시가지로 이동할 수 있으며, 자전거와 오토바이 등의 수단을 이용할 수도 있다.

시점장 근처에는 광장 공원이 있고, 그곳은 정방형의 평평한 광장으로, 잔디와 조각으로 이루어진 매우 단순한 공원이다.

방문한 해에는 11월 초순으로 이미 겨울이었고, 게다가 비까지 부슬부슬 내려 싸늘한 날이었음에도 불구하고, 이 공원을 산책하고 있는 노부부, 젊은 부부, 심지어 아이들의 모습까지 볼 수 있었다. 놀이 도구나 벤치는 전혀 볼 수 없다. 그렇다고 매점이나 특별히 포장된 보도가 있는 것도 아니다. 도대체 왜 이런 공원에 이렇게 추운 날 놀러 나왔는지 도저히 이해할 수 없었다. 그러나, 그들의 모습을 멀리서 바라보기만 해도 정말 즐거워 보였다. 우리들은 조사이었기 때문에 할 수 없이 추위를 견디면 돌아다니고 있는데, 사진을 찍어달라고 부탁을 하여 찍어주자, 너무나도 즐거워하였다.

부뎅은 이 시점장에서 스헬데강 건너편에 있는 시가지와 대성당을 본 경관을 그리고 있다. 탑의 높이는 123m이며, 그 앙각은 9.0도이다. 실경의 사진에서 볼 수 있는 것처럼(그림 2.241), 높은 탑은 지금도 그대로이나 우측에 또 하나의 탑이 건설되어 스카이라인이 크게 변화였다. 또한 낮은 건물들도 점점 변하고 있었다.

그림 2.241 실경

8. 화이트홀 계단에서 바라보는 워털루교 (영국)

런던 템즈강에 걸린 다리 중에 워털루교가 있다. 이 그림은 화이트홀(템즈강변)의 테라스(지금은 공원)에서 북동쪽으로 약 600m 앞의 워털루교와 다리 중앙부의 저 멀리로 보이는 세인트 폴 대성당을 그린 그림이다(그림 2.242). 근경에 많은 범선이 그려져 있었

그림 2.242 화이트홀 계단에서 본 워털루교(컨스터블, 1824)

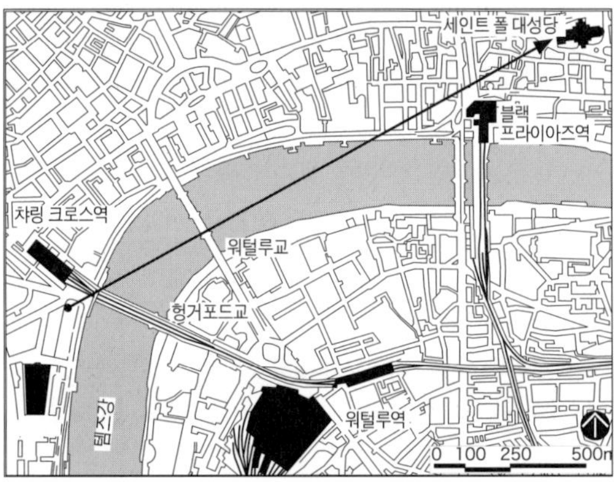

그림 2.243 시점장 위치

그림 2.244 현재 성 폴 대성당을 보고(1)

그림 2.245 현재 성 폴 대성당을 보고(2)

기 때문에, 당시 이 일대가 항구이었음을 알 수 있었고, 때문에 "항만 경관"으로 분류하였다. 컨스터블은 1817년에 완성되는 워털루교 기념식의 광경을 그리기 위하여, 그 전에 많은 시작(試作)을 그렸다고 한다[23].

시점장은 국방성 앞의 공원(그림 2.243)이다. 단, 지금은 임뱅크먼트의 헝거포드 브리지 철교(철도)가 있어, 이 시점장에서는 그림과 같은 경관은 볼 수 없다. 중경에 있는 워털루교(시점장에서 530m)의 배경에 세인트 폴 대성당(시점장에서 1900m)(높이 112m)이 그려져 있는 것으로 보아, 지도에서 시점장의 위치를 파악할 수 있었다. 그 앙각은 2.2도이다. 지금은 주변의 다른 모든 것들이 변하였으며, 앞 좌측에 그려진 건물도 현존하지 않는다. 템즈강 이 부분의 폭은 250m이다(그림 2.244, 245).

멀리 보이는 세인트 폴 대성당은 17세기에서 18세기 초반에 걸쳐 활동한 크리스토퍼 렌(1632-1732)의 설계 작품이다. 또한, 그는 1666년 런던 대화재 부흥계획에도 참여하였으며, 특히 세인트 폴 대성당은 지금까지도 가장 교묘한 구조 설계를 가진 작품 중의 하나이다.

당시, 나는 워털루교를 그린 '화이트홀' 이라는 시점장을 찾아 돌아다녔다. 지역 주민들에게 그림을 보이면서 화이트홀의 테라스 위치가 어디인지를 물어보면, '화이트홀' 이라는 것보다도, "다리 건너편에 그려진 건물이 세인트 폴 대성당이에요" 라는 것을 가르쳐 주었다. 그때까지만 해도 일본인인 우리들은 그림에 그려진 그 작은 사원이 누구나 알고 있는 유명한 대성당일 것이라고는 생각지도 못하였다. 그러나, 이것을 알게 되면서 세인트 폴 대성당과 워털루교의 중앙부, 그리고 육지를 선으로 연결하는 것으로 시점장의 위치를 파악할 수 있었다.

9. "항만 경관" 의 특징

이상, 8점의 "항만 경관"을 그린 그림의 시점장과 시대상의 특징에 대하여 알아보았다. "그림이 되는 경관"으로서의 항만 경관을 얻기 위한 중요한 지표는 다음과 같다.

(1) 시점장

항구는 범선이 들어가 정박하고 출발하는 수변 공간이다. 유럽 항만은 라 로셸과 같이 바다에 면한 항구와 프랑스 세느강을 시작으로 네덜란드의 스헬데강 등과 같은 하천도 중요한 항만으로 이용되어 왔다. 또한, 네덜란드와 이탈리아의 베네치아에서는 운하가 항구의 기능을 가지고 있는 경우가 많고, 이러한 운하들이 그림에 그려져 있다.

지금까지 살펴본 것처럼, 항만의 경관은 해변 방향(유축방향)을 보는 경관과 건너편(부두)방향을 바라보는 경관, 2가지가 있는 것을 알았다. 또한 그것을 보는 시점장은 다음 4곳이다.

① 항만, 운하, 하천 변에 면한 광장(3점)
② 광장에 면한 건물 상층 (2점)
③ 운하, 하천에 면한 테라스 (2점)
④ 하천 부지 공원 (1점)

(2) 그림과 실제 경관과의 차이

터너가 그린 그림을 제외하면, 그림과 당시의 실제 경관은 대부분 같은 구도이다. 지붕에 특징을 갖는 성당과 그 시가지의 스카이라인은 당시 그대로이며, 지금까지 보전되고 있다. 단, 저층 부분의 변화는 현저하다.

항만 경관은 다소 광각으로 그려져 있다. 그려진 수평 각도, 화각은 평균 56.3도이다. 이것은 통상보다 넓게 그리고 있는 것이며, 항구의 넓이와 수면의 면적을 강조하는 화면 구성이다.

(3) 시대상

항만 경관에 있어 가장 중요한 지표는, 하천폭(항만의 크기)와 건너편에 존재하는 마을까지의 거리, 그리고 그곳까지의 앙각이다.

① 시대상 특징

여기서 취급한 회화의 시대상에는 프랑스의 루앙과 라 로셸, 벨기에의 안트베르펜, 이탈리아의 베네치아, 영국의 템즈강 등과 같은 항만 경관이 그려져 있다. 여기서는 수변과 범선이 계류되어 있는 항에 그 배경으로 시가지가 있는 경관의 경우와 항만에서 바다 방향을 보는 경우, 2가지 타입이 있다. 시가지에는 연속한 건물들 사이에 서 있는 높은 성당 등을 볼 수 있다.

항만은 바다 방향으로 오픈되어 있으며, 조망도 좋다.

(ㄱ) 해변 방향의 축경 구도

해변 방향을 보는 축경의 구도가 "항만 경관"의 대표적인 것이며, 그 항만 경관의 주된 시대상은 항만과 항만에 있는 범선이다. 그곳에 그려져 있는 것은 근경이 바다와 운하 등으로 수면이 많고, 중경에는 그 바다 양측에 마을이 있는 경관이다. 라 로셸의 항구와 템즈강의 항구가 그 좋은 예이다.

(ㄴ) 부두를 보는 대안경

조망이 가능한 부두를 보는 대안경(對岸景)도 존재하는 것을 알았다. 루앙, 안트베르펜, 베네치아 등의 항만은 건너편 해안에서 항구를 바라보는 경관이다.

(ㄷ) 평지 경관

사례로서 들 수 있는 항만 경관은 대부분 평지의 경관이다. 평지이기 때문에 원경의 산등성이를 바라보는 경우는 거의 없다. 주로 근경, 중경에 마을이 보이고, 시가지에 눈에 띄는 건물이 있는 경우에는 원경에서 그것을 볼 수 있다.

항만 광장에 면한 건물의 상층을 시점장으로 하여 이곳에서 바라보는 것도 있으나, 이 경우 거의 대부분 원경은 존재하지 않는다고 생각해도 좋다.

② 주요 경관 조작 지표

(ㄱ) 마을까지의 거리, 앙각

건너편 해안까지의 평균 거리는 332m로, 하천과 마을의 경관과 비교하면, 거리도 멀어 수시율이 높다. 따라서, 이 타입의 경우, 중경이 주된 경관이 된다.

단, 터너가 그린 베네치아의 풍경을 보면, 시대상이 실제보다도 크게 그려져 있다. 즉, 대안에서 보는 마을이 크게 그려져 있다. 그것은 하천 폭이 크고, 수시율이 너무 높은 것을 암시한다.

반면, 코로가 그린 라 로셸 항만의 경우 약 300m, 부뎅이 그린 안트베르펜 항만의 경우 약 300-350m, 이들은 실경과 매우 비슷하다. 이를 종합적으로 판단하면, 건너편 해안까지의 거리가 약 300m 정도가 "그림이 되는 경관"이 된다.

중경의 마을을 보는 경우, 그 안에 탑을 가진 건물의 앙각이 5-10도(평균7.2도)이다. 원경에 있는 경우는 그 앙각이 5도 정도(평균3.4도)이며, "하천과 마을의 경관"의 원경 각도보다 다소 크다.

(ㄴ) 하천 폭

안트베르펜의 항구를 보는 경관에는 시점장부터 건너편 해안의 항구까지 약 350m 이다. "하천과 마을의 경관"보다도 그 폭이 크다. 스헬데강의 강폭과 노트르담 대성당 높이와의 관계는 D/H=2.79이다.

2-8 도시 경관 구도 특징

1. 전형적인 6대 도시 경관 구도별 특징

“심볼릭한 건조물 경관”과 “도로와 건축의 투시도적 경관”의 그림 중에는 성당이 그려진 경우와 길 이름이 제목에 들어있는 경우가 많기 때문에, 대부분의 경우 시점장을 발견할 수 있다.

반면, 도시 명칭만 그림 제목에 들어있는 경우는 그 시점장의 발견은 비교적 곤란하다. 예를 들어, “마을 전체를 내려다보는 경관”에서 코로의 “수아송 풍경” 등이 그것에 속한다. 수아송은 마을 이름이며, 그려진 시대상은 마을에 있는 성당이지만, 수아송이라는 마을이 넓기 때문에 시점장 후보지만 다수 존재하여 그 섬색이 매우 곤란하다.

어떤 타입이든 시점장 조사를 해 보면, 화가가 방문하여 그린 마을은 역사적으로 유명한 마을로 지금도 하나같이 아름다운 곳임을 느낄 수 있다. 화가는 그 중에서 시대상을 엄선하여 그리고 있으며, 또한 시점장과 보는 각도에서도 화가들의 독자적인 관점을 느낄 수 있을 것이다. 때문에, 시점장 검색이 곤란한 경우도 많으나, 어렵게 이것을 발견했을 때는 마치 화가가 그림을 그린 때의 비밀을 발견한 것처럼, 검색의 즐거움을 느낄 수 있다.

개략적으로 6개의 경관 타입 별로 그려진 실경의 시점장 공간과 시대상에 대한 특징을 요약하였다.

(1) 마을 전체를 내려다보는 경관

“마을 전체를 내려다보는 경관”의 시점장은 1)건물 상층 테라스, 2)작은 언덕 위에 있는 정원, 2곳이 있다.

시대상은 근경에서 중경에 걸쳐 재료, 지붕 형태나 색채 등이 통일된 건물들이며, 그 중에는 스카이라인을 특징 짖게 하는 건물이 필요하다. 그리고 그 대상까지의 부각은 5도 정도이다.

그리고, 높은 언덕에서 부감하는 경우는 부각 8도로, 이 경우 마을을 분절하는 녹지, 하천 또는 해변이 존재한다. 그리고 원경에 바다와 하천, 산등성이도 바라본다.

(2) 심볼릭한 건조물 경관

“심볼릭한 건조문 경관”의 시점장은 1)교차점에 면한 광장, 2)건조물의 전면 광장 또는 정원으로, 2곳이다.

시대상은 심볼릭한 단독 건물이기도 하고, 철탑을 가진 성당이기도 하고, 때로는 다리이기도 하다. 이것들은 주변의 환경과 건물들과 비교하면 눈에 띄는 특징을 가진다. 이 경우, 그 정면, 측면, 또는 배후의 각 건물면 또는 약간 옆에서 건조물을 바라보는 구도가 된다. 그 앙각은 20-30도 이다. 그 앙각을 확보하기 위해서는 시점장인 전면 광장이, 다시 말해 뒤로 물러나 대상을 바라볼 수 있는 장소가 필요하다.

(3) 도로와 건축의 투시도적 경관

“도로와 건축의 투시도적 경관”을 그리는 경우, 시점장은 1)도로변 보도, 2)도로 교차점 또는 그곳에 면한 광장, 3)교차점에 면한 건물 상층, 4)하천 변 보도이다.

시대상은 중경 범위에 있는 도로와 마을, 그리고 도로 안쪽에 특징을 가진 건물이다. 길의 축에 있는 건물들의 앙각은 10-20도이다. 도로와 건물 높이의 비 D/H = 0.5-1.4 이다.

(4) 도로와 하천의 투시도적 경관

"도로와 하천의 투시도적 경관"을 그리는 경우, 시점장은 1)약간 굽은 하천 변 보도, 2)하천에 면하고 광장에도 면한 건물의 상층, 이다.

주된 시대상은 하천, 도로, 다리, 그리고 마을이다. 그림에는 근경과 중경이 모두 그려지지만, 그 중에서도 특히 근경을 많이 그리고 있다. 하천 폭은 150m 이하, 평균 강 폭은 약 97m, 다리까지의 평균 거리는 약 200m, 마을에 존재하는 특징있는 건물까지의 앙각은 5-10도이다.

(5) 하천과 마을의 경관

"하천과 마을의 경관"을 시점장으로 하는 장소는 1)하천 변 도로에 면한 건물 상층(대안경), 2)약간 굽은 하천 변 도로(축경), 3)다리 끝(축경), 4)하천에 면한 광장(대안경, 축경), 이다.

시대상은 하천, 다리, 범선과 그 배후에 있는 마을이다. 시대상은 중경에 그려지는 경우가 많다. 다리까지의 평균 거리는 약 300m, 마을까지의 앙각은 5-10도이며, 하천 폭은 270m이하로, 평균 94m이다.

(6) 항만 경관

"항만 경관"을 대상으로 그리는 경우, 시점장은 1)항구에 면한 광장, 2)그 광장에 면한 건물 상층, 3)건너편 해안 광장이다.

항만 경관에는 해변 방향을 보는 축경과 부두의 대안을 바라보는 대안경, 2개의 경관 타입이 있다. 그리고 반드시 해변과 범선, 그리고 마을을 그리고 있다. 부두 배후에 보이는 통일된 마을은 중경에 위치하며, 그 앙각은 5-10도이다. 수시율은 약간 높다. 대안까지의 거리는 350m이하이다.

2. 경관 조작 지표의 특징

(1) 화각, D/H

화각에는 "심볼릭한 건조물 경관" 타입이 가장 작은 36.5도, 다음으로 "도로와 건물의 투시도적 경관"이 약 48.6도이다. 다른 경관 타입에는 대략 50-59도의 범위이다. 따라서, 전자 2개 타입은 초점을 한정하여 그림을 그리고 있다.

"마을 전체를 내려다보는 경관"의 시점장은 다른 타입과 비교하여 시야가 좁다. 넓은 타입은 "하천과 도로의 투시도적 경관", "하천과 마을의 경관"과 "심볼릭한 건조물 경관"을 보는 경우이며, 이는 하천 변의 오픈 스페이스와 광장 등의 중앙 부분부터 그리고 있기 때문이다. "마을 전체를 내려다보는 경관"에서는 시야 폭이 넓을 것이라고 생각하기 쉽지만, 조망 방향의 반대편은 장애가 있어 보이지 않기 때문에 의외로 시야가 좁다.

시점장 주변의 광장 프로포션을 보면 D/H는 2.0-3.0 이다. 도로를 투시도적으로 보는 경관에서는 도로 폭과 양측 건물 높이와의 비 D/H는 평균 0.9로, 도로 폭이 좁다. 하천의 경관에서의 D(하천 부지의 높이+건물 높이)/H(하천+하천 부지 폭)는 평균 4.3 이다(그림 2.250). 운하의 경우에는 도로 공간과 동일하든지, 약간 큰 프로포션이다.

(2) 시점장과 시대상과의 관계

시점장이 되고 있는 오픈 스페이스 앞의 건물 상층은 전망이 좋은 장소이며, 반대로 다른 시점장에서도 보여지는 시대상도 될 수 있다. 그러나, 지금까지 조사해 온 사례에서 이러한 곳은 시대상으로서 취급되어지지 않고 있다. 즉, 시점장이면서 시대상이 될 수 있는 사례는 거의 없다. 뒤에 살펴볼 모리스 위트릴로가 그린 몽마르트르 지구에는 시점장이면서 시대상이 되고 있는 사례가 약간 존재하기는 하나, 이 점에 대해서는 다음 연구 과제로 남기고 싶다.

3. 코로와 모네의 그림 풍경 차이점

(1) 코로의 경관

시점장 조사를 행하면서, 특히 흥미 깊다고 느낀 화가는 코로와 모네이다. 그 특징을 살펴보자.

코로(1796-1875)는 "마을 전체를 내려다보는 경관"을 시작으로 많은 풍경화를 그리고 있다. 시대상과 시점장을 엄선하여 그렸다고 생각된다.

본 서에서는 코로의 그림 21점을 선정하여 현지 조사를 행하였다. 언제나 현지 방문 시, 기대를 저버리지 않은 것이 바로 코로의 그림이다. 그곳에는 그림과 똑 같은 구도의 실제 경관이 남아있으며, 그림처럼 볼 수 있었다. 대부분 거리감도 비슷하다.

"마을 전체를 내려다보는 경관"의 경우, 시가지의 건물들을 그리고 있다. 그 중에는 '반드시'라고 할 만큼 첨탑 있는 성당을 그려 넣고 있다. 근경, 중경, 원경이 3세트로 그려져 있으며, 이것이 깊이감을 느끼게 한다. "도로와 건축의 투시도적 경관"의 경우, 도로와 양측 건물, 그리고 시선을 안쪽으로 유노하여 그 안쪽에 적절한 앙각을 가지는 아이 스톱이 되는 건물을 배치하고 있다. 문자 그대로, "그림이 되는 경관"을 그리고 있다. 실경을 보는 것으로 그것이 새롭게 인식되는 그러한 시점장을 선택하고 있다.

이러한 그림에는 코로의 경관에 대한 하나의 답이 준비되어 있다. 보들레르는 코로에 대하여 다음과 같은 평을 하고 있다. "풍경의 구조를, 인체에 비교하면, 뼈를 어디에 두고, 그 골격에 어느 정도 비율을 둘 것인가를 항상 알고 있어야 한다. 각 부분의 전체에 대한 가치를 충분히 살릴 수 있는 구도 감각을 가지고 있는 흔치 않은, 아니 유일한 화가가 바로 그이다"[24]. 또한, 로댕은 "혹여 클로드 로댕와 코로가 이해하고 사랑하여 표현한 풍경의 미를 당신들이 느낄 수 없다고 한다면 그들은 이해할 수 있을까?"[25]라고 하여, 코로가 그린 망트와 샤르트르 대성당을 찬미하고 있다.

코로 자신은 다음과 같이 구상에 대하여 설명하고 있다. "그림에서 보이지 않으면 안 되는 것보다는 내가 추구하는 것은 형체와 전체의 조화, 색채의 미묘한 뉘앙스의 관계이다. 나에게 있어서 색채는 그 다음이다. …… 사람들은 작은 부분에 집착한다. 그리고 전체를 무시한다. 이렇게 진실을 가지지 않는 세부적인 것을 좋아하는 화가들은 판단 기준으로 그들의 근시안적인 작품을 대중에게 강요한다"[24]. "나는 세부적인 작업에 들어가는 것을 결코 서두르지 않는다. 작품 전체의 조화가 작품과 나에게 있어 선결 문제이다. 이것이 확정되어서야 비로서 나는 형, 색 등의 기묘한 과제를 추구한다"[2].

이처럼, 코로는 화면의 전체 구도를 중시하였으며, 의식적으로 깊이감을 느끼게 하는 구도를 취하고 있다. 이곳만큼 깊이감을 느낄 수 있는 곳은 없다는 듯, 엄선된 시대상을 그리고 있다. 사실 그가 그린 시점장을 검색하여 그린 방향을 바라보면, 그 많은 장소 중에서 하나의 시점장을 엄선하여 그림을 그렸음을 알 수 있다. 피사로나 위트릴로와 비교해 보면, 이 점에서 코로는 역시 한술 위이다. 그것은 영화 감독 구로사와의 모습과 비슷하다.

코로는 심볼릭한 높은 성당의 첨탑을 그리기 위해서, 가까이에서 또는 멀리에서 시대상을 바라보면서 시점장을 찾아 헤매고 그렇게 정한 그곳에서 그림을 그린 것 같다. 그것은 마치 "그림이 되는 경관"에서 구도가 매우 중요하다는 것을 주장하고 있는 것처럼 말이다.

(2) 코로의 전원 풍경

코로는 7장까지 소개한 작품 외로, 또 다른 전원 풍경도 그리고 있다. 여기서는 대표적인 빌 다브레의 그림을 소개한다. 코로의 아버지는 1817년에 이곳의 별장을 매입하여 그것을 코로에게 주었다. "호수와 나무가 우거진 조용한 토지에서 만년에 이르기까지 주재 기간이 길든 짧든 몇 번이고 이곳을 찾아 왔다.

그림 2.246 빌 다브레, 못과 카바쉬 저택

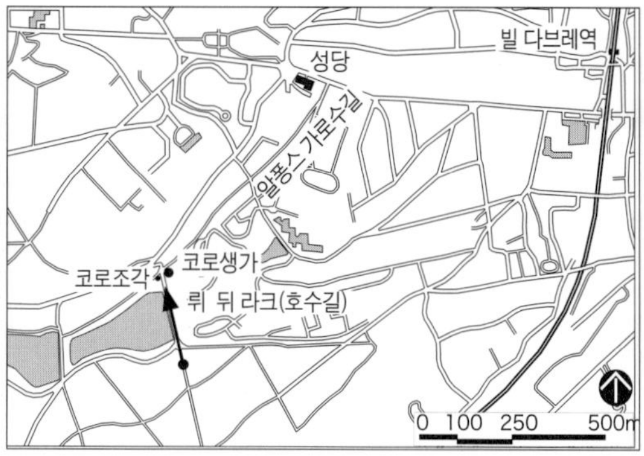

그림 2.247 시점장 위치

그림 2.248 실경

…… 수 많은 작품을 남기고 있다. …… 만년의 코로에게 빌 다브레는 혼이 귀착하는 고향이었다" [24].

코로 "빌 다브레 연못과 카바쉬 저택" 1840 (그림 2.246)

파리 셍 라자르역에서 남서 15km 지점에 세브르 빌 다브레역(RER)[주2]이 위치한다. 이 역에서 약 1km 서쪽으로 걸으면 그곳에 성당이 있다. 이 성당에서 남서쪽으로 '알퐁스 가로수 길'이라는 산책로가 있고, 그 종점에 "코로의 조각", "코로의 집", "코로의 못"이 있다. 역에서 이곳까지 약 2km 정도 거리이기 때문에 걷기에는 좀 멀다.

이 알퐁스 가로수 길의 남쪽으로 길이 있다. 이것이 그림의 중앙에 그려져 있는 경사길이다. 현재 이 지역 일대는 수목과 물을 포함하는 공원으로 정비되어 있다. 코로의 조각 앞에는 못이 나란히 2개가 있고, 이 못 이름이 모두 "코로의 못"이다. 못에 평행하게 나 있는 길이 코로 기념관으로 이어지는 뤼 뒤 라크(호수길)(폭4m)이다. 자동차로는 진입할 수 없는 곳이지만, 이 공원을 즐기는 사람들로 북적거렸다. 그림 2.247은 시점장의 위치를 나타낸다. 그림 2.248은 실제 경관의 사진이다.

이 그림은 시점장에서 북쪽으로 못을 따라 나있는 산책로와 카바쉬 저택(250m)을 본 경관이다. 못의 너비는 100m정도, 길이는 300m 정도이며, 카바쉬 저택은 수리 중이었다. 수목, 못 등의 전체적인 분위기에서 그려진 당시의 분위기를 느낄 수 있었다.

그 외로도 빌 다브레를 그린 그림이 있으나, 어떤 것도 못 주변의 산책로에서 못을 앞으로 배치하여 카바쉬 저택 방향을 보고 있는 구도이다. 배후의 구릉지, 길 등이 그림과 거의 같은 경관이었다.

(3) 모네의 그림

모네(1840–1926)의 그림은, 특히 시점장을 찾아 확정하기가 매우 어려웠고 그 때문에 본 서에서도 겨우 2점만을 대상으로 하고 있다. 바로 "잔담"(1871)과 "웨스트민스터교"(1871)로, 초기 작품이다. 1870–1871년은 프로이센과 프랑스와의 전쟁 시기로, 모네는 화가 동료들과 함께 영국의 런던, 그 후에 네덜란드의 잔담에 망명하였으며, 바로 이 시기에 그린 그림이다. 이 시기는 영국 풍경화가 터너와 컨스터블의 작품을 연구하였으며, 네덜란드에서는 풍경화가 로이스달을 연구하였고, 그 후 빛에 대한 중요성을 인식하게 된다.

때문에, 여기서 취급하고 있는 작품은 초기 작품으로 한정된다.

그 이유는 우선, 주된 시대상이 매우 일반적인 건물이나 수목, 그리고 하천이라는 점, 그리고 시점장이 수변에 가깝다는 점이다. 모네는, 알기 쉬운 인공물인 루앙 대성당과 같은 소재는 거의 그리지 않았으며, 식물 등과 같은 자연물을 대상으로 하여 그리는 경우가 많았다. 심지어 마을 경관을 그릴 경우에도 특징 있는 성당 등의 특별한 건조물을 포함하지 않는, 정말로 평범한 시가지를 즐겨 그리고 있다. 그렇기 때문에, 오늘날 건물이 계속하여 변화하고 있는 것을 감안할 때, 당시의 모습을 기대할 수 없음은 물론, 시점장의 위치 특정 또한 매우 어렵다.

그리고, "수상 아틀리에에서 제작하는 모네" (1874)와 같이, 수상 아틀리에에서 그림을 그린 경우도 있다[13]. 가끔은 시점장이 하천 수변이었던 경우도 있어, 지금은 대부분 매립되거나 도로, 또는 주차장으로 바뀌어 있기 때문에, 시점장 그 자체 또는 그 주변이 변하여 확인 작업이 불가능한 경우도 많다.

게다가, 모네의 그림은 풍경화만 보아도 그 그림의 구도가 매우 다양하다. 다리를 그리는 경우만 보아도, 근경, 중경, 원경의 원근법 관점에서 그리고 있지만, 그 외는 정면경에 가까워 전혀 깊이감도 느낄 수 없는 그림도 많다. 한 마디로 말하면, 축경 구도에는 전혀 관심이 없다는 점이 코로의 그림과 가장 큰 다른 점이다.

많은 경우, 수목과 꽃 등의 식물을 그리는 경우가 많고, 그 위에 빛의 상태와 색채를 파악하는 것에 관심이 있는 듯한 묘사가 많다.

본 서에서는 당초, 모네의 그림을 소사 후보에 많이 포함하였으나, 시점장을 확정할 수 있는 그림이 적어 아쉽지만 많이 취급할 수 없었다. 이것만 보아도 "순간의 변화를 그린다", "후에 남지 않는 풍경, 분위기를 그린다" 라는 인상파 특유의 미의식이 모네의 의도에도 있었다고 한다면, 이러한 결과는 매우 당연한 것인지도 모른다.

4. 반복되어 그려지는 "심볼릭한 건조물 경관" 의 특징

심볼릭한 건조물은 많은 화가들에 의해 다양한 각도에서 그려지고 있다.

예를 들어, 루브르궁, 노트르담 대성당(파리), 샤르트르 대성당, 루앙 대성당, 영국 솔즈베리 대성당, 그리고 이탈리아 베네치아 산 마르코 종루 등의 건축물이 그렇다. 이것들은 주변의 많은 장소에 시점장이 산재하고 있으며, 또한 다양한 각도에서 바라보고 있다. 그 시점장의 분포, 시대상에서의 조망 방향을 살펴보자.

(1) 노트르담 대성당, 루브르궁(파리), 산 마르코의 종루(베네치아)의 경우

이 경관의 시점장은 하천 변 보도, 광장, 다리인 경우가 많다.

파리의 노트르담 대성당은 전면 광장에서 건물 정면을 바라본 "심볼릭한 건조물 경관" (위트릴로 1929년)으로 그려지고 있다. 이것과 동시에, 투르넬교(시점장에서 400m, 앙각 9.4도), 오스테를리츠교(시점장에서 1,300m, 앙각 3.0도)에서 하류 방향에 있는 노트르담 대성당을 바라보는 "하천과 마을의 경관"(용킨트 1852년, 루브르 제작년 미정, 레핀 미정)에서 그리고 있다. 그리고, 그랑조 귀스탱 강변로(시점장에서 500m, 앙각 7.6도, 시점장까지의 600m, 앙각 6.4도)에서 동쪽으로 노트르담 대성당을 보는 "도로와 하천의 투시도적 경관" (코로 1833년, 위트릴로 1937년)에도 그려져 있다. 대인의 오텔 드 빌 강변(시점장에서 300m, 앙각 12.6도)에서 대성당을 보는 "하천과 마을의 경관"(레핀 1880년)에도 그려져 있다. 그림 2.249는 노트르담 대성당을 보는 다양한 시점장의 위치를 나타내고 있다.

즉, 심볼릭한 건조물은 근경의 경관 요소로서, 또는 중경의 경관 요소로서, 또 원경의 경관 요소로서, 그리고 스카이라인을 강조하는 요소로서, 다양하게 활용되고 있다. 실제로 상기의 대성당은 2중, 3중의 경관 기능을 가지고 있다.

이상과 같이, 하천 변에 입지하는 노트르담 대성당은 많은 화가들에 의해 다양한 시점장에서 다양한 경관 타입으로 묘사되었다[27) 28)]. 이곳은 '하천' 이라는 전망이 좋은 장소 가까이에 심볼릭한 건조물이 입지하고 있으며 동시에 다리가 보이고 있어, 필연적으로

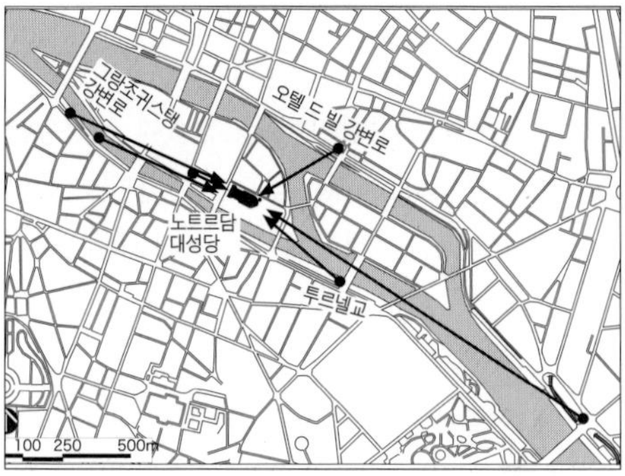

그림 2.249 노트르담 대성당을 보는 시점장 위치

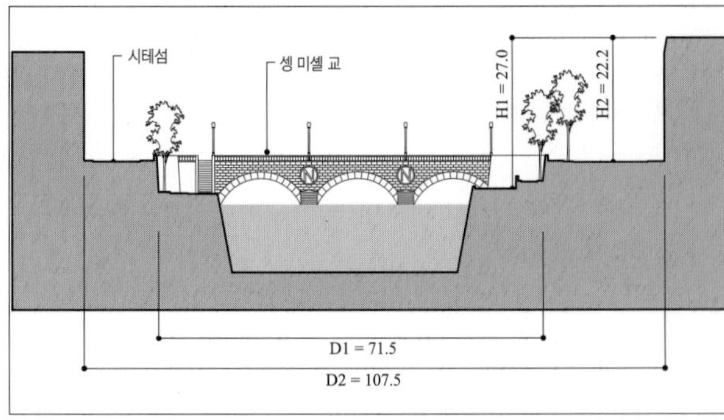

그림 2.250 세느강 상류 방향의 단면도(셍 미셸교 방향)

다양한 경관을 얻을 수 있었다(그림 2.250).

루브르궁도 또한 다양한 지점에서 그려지고 있다. 그림 2.251은 루브르궁을 그린 시점장의 위치를 표시하고 있다. 그 시점장은 베르 갈랑 광장, 튈르리 정원, 좌측 세느강변 등 다양하다. 피사로, 모네, 르누아르 등 많은 화가들에 의해 루브르궁은 "하천과 마을의 경관"으로서 그려져 왔다.

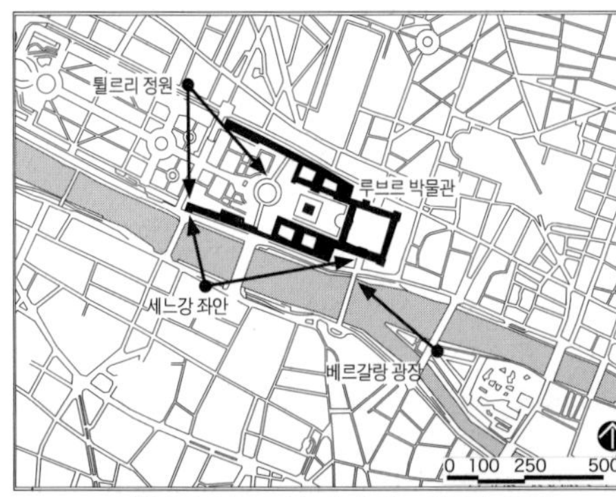

그림2.251 루브르를 바라보는 시점장 위치

베네치아의 산 마르코 종루가 있는 경관은, 여기서 소개한 터너, 구아르디에 의해 "항만 경관"의 심볼로서 건너편 해안의 다양한 위치에서 그려졌다. 또는 카날레토에 의해서도 다수 그려졌다 [21] [29]. 그림 2.252는 산 마르코 종루를 그린 시점장의 위치를 표시하고 있다. 그리고 소개는 못하였지만, 코로는 산 마르코 종루와 소광장에 있는 사자상과 산 테오도로 상을 "하천과 마을의 경관"으로도 그리고 있다.

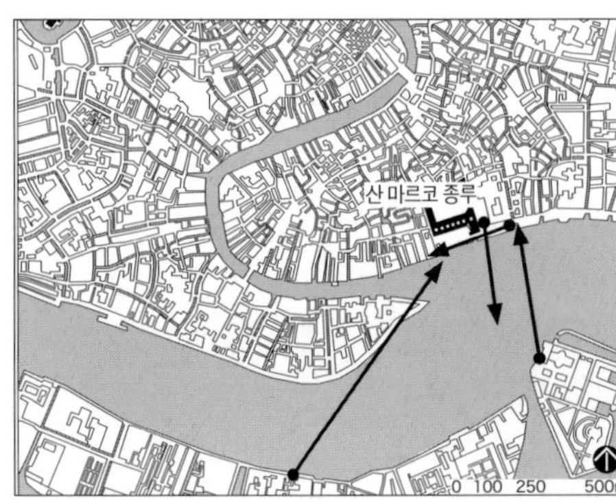

그림 2.252 산 마르코 종루를 바라보는 시점장 위치

이상과 같이, 모두 주변에 하천과 수변이 있는 경우, 그 곳에는 조망이 가능한 오픈 스페이스가 존재하며, 하천 변 보도, 하천 부지, 다리 위, 다리 가장자리 등 다양한 시점장이 존재하기 때문에 다양한 경관 타입을 얻을 수 있다(그림 2.250).

반대로 이러한 것은 하천 변의 건물이 다양한 각도에서 볼 수 있는 대상물도 된다는 점에서도 디자인 등의 배려는 매우 중요하다.

(2) 솔즈베리 대성당의 경우

영국 고딕의 대표 작품인 대성당 주변은 잔디 정원이 조성되어 있다. 컨스터블은 그 주변 정원의 북

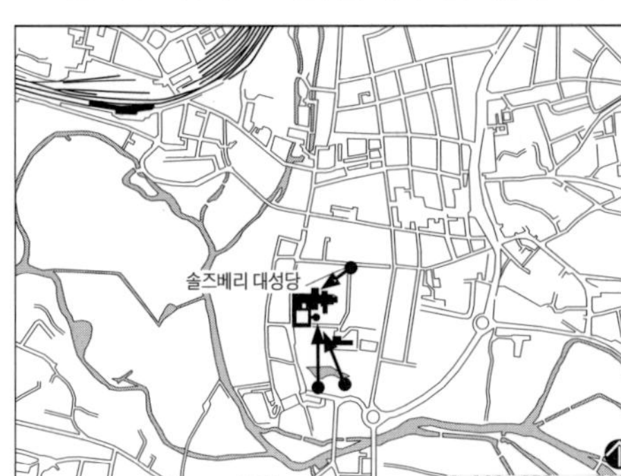

그림 2.253 대성당을 바라보는 시점장 위치

동, 남동, 남쪽의 각 방향에서 솔즈베리 대성당을 보고 "심볼릭한 건조물 경관"을 반복하여 그리고 있다[30]. 이것은 근경의 경관이다.

심볼릭한 건조물의 주변에 넓은 정원이나 오픈 스페이스가 존재하는 경우, 그것이 시점장이 된다. 그림 2.253은 대성당을 보는 시점장의 위치를 표시하고 있다.

단, 이 대성당은 중경과 원경에는 그려져 있지 않다. 그것은 시점장이 존재하지 않기 때문이며, 하천과 같이 오픈 스페이스가 없기 때문에, 풍부한 변화를 가진 경관 타입을 얻을 수 없었던 것이다.

|주|

1) SNCF : 프랑스의 국철

2) RER : 파리 근교 전차

|참고 문헌|

1) 萩島哲 : 風景画と都市景観, 理工図書, 1996
2) 井出洋一郎 : 作品解説, アサヒグラフ別冊美術特集西洋編 19『コロー』朝日新聞社, 1992
3) P.ファン・デル・レー, G.スミング, C.ステーンベルヘン, 野口昌夫訳 : イタリアのヴィラと庭園, 鹿島出版会, 1997
4) The Turner Collection in the Clore Gallery, Tate Gallery, 1987
5) 牟田口義郎, 佐々木三雄, 綾子 : プロヴァンス歴史と印象派の旅, 新潮社, 1995
6) Ian Warrell : Turner on the Seine, Tate Gallery, 1999
7) Richard R. Brettell and Joachim Pissaro : The Impressionist and the City : Pisarro's Series Paintings, Yale University Press, 1992
8) David Guillet : Corot 1796-1875, Electa, 1996
9) ジャン・ロベール・ピット, 高橋伸夫, 手塚章訳 : フランス文化と風景（上）（下）, 東洋書林, 1998
10) 饗庭孝男編 : パリ・歴史の風景, 山川出版社, 1997
11) Richard R. Brettell : Pisarro and Pontoise, Yale University Press, 1990
12) Richard Shone : Alfred Sisley, Phaidon, 1994
13) Karin Sagner Duchting : Claude Monet, Taschen, 1992
14) ジョン・ウォーカー, 千足伸行訳 : ターナー, BSS ギャラリー世界の巨匠, 美術出版社, 1991
15) Veerle Thielermans : Catalog of Bridge at Morny, フィラデルフィア美術館展－印象派から20 世紀へ－, 北海道新聞社, 1992
16) Editions du P'tit Normand : Histoire de Rouen 1850-1900, Rouen, 1983
17) Stedelijk Museum Het Prinsenhof Delft : Vermeer of Delft - his life and times, 1996
18) Eric Shanes : Impressionist -London-, Abbreville Press Publishers, 1994
19) David Hill : In Turner's Footsteps, John Murray, 1993
20) David Hill : Turner in the North, Yale University Press, 1997
21) クリストファー・ベイカー, 越川倫明, 新田建史訳 : カナレット, 西村書店, 2001
22) Musée Eugene-Boudin : Eugene Boudin 1824-1898, Anthese, 1992
23) Clarence Jones : The life and works of Constable, Paragon, 1994
24) 隠岐由紀子編集・解説 : Vivant 3 コロー, 講談社, 1996
25) オーギュスト・ロダン, 新庄嘉章訳 : フランスの大聖堂－聖地巡礼, そして遺言書－, 東京創元社, 1984
26) 「黒澤明－わが映画に悔いなし」読売新聞社, 1998
27) Patty Lurie : Guide to Impressionist Paris, Robson, 1996
28) Julian More : Impressionist Paris, Pavilion, 1998
29) J.G.Links : Canaletto, Phaidon, 1994
30) C.R.レズリー, 斎藤泰三訳 : コンスタブルの手紙, 彩流社, 1989
31) 「19 世紀欧米都市地図集成」柏書房, 1993

III 시가지 파노라마 경관 구도

카미유 피사로는 시가지 활동의 상황을 수많이 그리고 있다. 동일한 장소에서 다양한 방향을 바라보는 그림을 그리고 있다. 또한 동일 방향에서 하루의 기후 변화를 표현한 그림도 다수 그렸다. 제Ⅲ부에서는 피사로가 그린 이러한 흥미진진한 도시적 회화로 한정하여, 그 시점장과 시대상의 특징을 살펴보고자 한다.

우선, 피사로가 그린 회화의 시점장과 시대상을 발견하는 과정을 설명하고 있다. 다음으로, 어떤 장소에서 어떤 도시 경관을 그렸는지, 다시 말해 시점장 공간의 특성과 시대상의 특성을 설명한다. 이는 피사로가 그린 이 그림 속에 도시 경관의 파노라마 경관을 취득하기 위한 방법이 숨겨져 있다고 생각되기 때문이다.

3-1 개념

1. 개요

제Ⅲ부에서는 19세기 유럽 화가들이 그린 도시 경관의 시점장을 조사하였다. 화가들은 하나의 시점장에서 하나의 "그림이 되는 경관"을 그리고 있으며, 그 시점장은 무엇보다도 "그림이 되는 경관"의 구도를 얻을 수 있는 엄선된 장소이었다.

그러나 피사로가 그린 회화는 그렇지 않은가 보다.

피사로(1830-1903)은 만년 1893-1903년의 10년간(63-73세), 300점 이상의 회화를 그렸다고 전해지고 있다. "피사로는 …… 초기에는 퐁투아즈 등의 전원 생활을 그린 저명한 화가이다. 드가(1834-1917)나 르누아르(1841-1919)가 도시 사람들을 그린 것과는 달리, 피사로가 그린 인물은 농부나 시골 노동자들이었다. 또한, 모네나 시슬레가 기본적으로 교외 풍경을 즐겨 그린 것과는 달리, 피사로는 전통적인 마을, 들판을 주로 그렸다. …… 그러나, 생애 마지막 10년간, …… 피사로는 다른 인상파 화가들 누구보다도 많은 도시 풍경을 그렸으며, 1768년 카날레토 서거 후, 수많은 위대한 예술가들이 그린 도시 풍경화에 지속적으로 지대한 공헌을 하였다. 모네, 르누아르, 뭉크 등도 도시 풍경화를 그렸으나, 피사로처럼 장대한 결과를 남긴 사람은 없다"[1].

리차드 브레텔(Richard R. Brettell)은 이렇게 말하면서, 이 기간에 그린 피사로의 그림을 리스트 업하고 있다. 이들 회화를 보면 동일한 시점장에서 다양한 도시 경관을 그리고 있음을 알 수 있다. 바로 이러한 그림을 모아 브레텔은 시리즈로 편집하였다. 피사로는 어떤 도시의 호텔 또는 아파트 방에서 장기 체재하면서, 그 방에서 주변을 보며 다양한 각도의 경관을 몇 장이나 그리고 있다. 설사 그것이 똑같은 구도라 하더라도 겨울, 봄, 아침, 점심, 저녁, 밤 또는 안개, 비 오는 날 등, 계절과 기후에 따라 표정을 달리하는 경관을 나누어 그리고 있으며, 또한 교통, 노동, 이동, 거래, 선착, 매춘, 걷다, 타다 등 도시 활동도 함께 표현하고 있다.

"나에게는 그림을 그리는 캠퍼스가 항상 9개가 준비되어 있다. 그 진행 정도는 천차만별이다. …… 지금 배가 선박하고 있는 항구를 유채화로 그리고 있었다. 그러나, …… 그 다음날 난 이 그림을 계속해서 그릴 수가 없었다. …… 왜냐하면, 모티브가 이미 그곳에 존재하지 않았기 때문이다. 처음부터 전부 새로 그려야만 한다. …… 이미 유채화 시리즈를 그리기 시작했음에도 불구하고 …… 최후에는 …… 최악의 날씨가 되어 …… 그것을 포기할 수 밖에 없었다. 태양이 다시 얼굴을 비추기까지 어두컴컴한 장마 시리즈를 그려야만 한다"[2]. 이처럼, 피사로는 그림을 그리기 전에 미리 수많은 캠퍼스를 줄지어 세워놓고 기다리면서 날씨 등에 따라 캠퍼스를 골라 그렸다는 것을 알 수 있었다. 이 피사로의 편지는 하나의 모티브에서 수많은 그림을 그리는 어려움을 적고 있다.

피사로는 도대체 어떤 시점장을 골라 이렇게 많은 그림을 그렸을까? 그 시점장의 공간은 어떤 곳일까?

이 두 가지가 우리들의 흥미를 끄는 테마이다.

우리들은 피사로에 의해 그려진 시리즈가 그림과 당시의 실제 경관과 완전히 일치하고 있다는 것을 현지 조사, 당시 지도, 자료를 이용하여 판단할 수 있었다. 따라서 현지 주사 및 자류에서 당시 그려진 도시 공간의 상황을 정량적으로 파악할 수 있었다.

2. 구성

리차드 브레텔이 뽑은 그림은 153점이며, 정리하면 11시리즈로 분류되어 설명된다[2]. 이 시리즈는 파리의 시가지를 그린 것부터 루앙시, 디에프시의 시가지와 항만을 그린 것도 포함되어 있다(그림 3.1에 위치를 나타내고 있다).

루앙 시리즈(제작년 1896,1898), 파리의 생 라자르역 시리즈(1893,1897), 파리의 몽마르트르 대로 시리즈(1897), 파리의 오페라 대로 시리즈(1898), 파리의 튈르리 정원 시리즈(1899,1900), 파리의 베르 갈랑 광장 시리즈(1900, 1901, 1902, 1903), 퐁뇌프 시리즈(1901, 1902), 파리의 볼테르 강변로(남쪽 세느강) 시리즈(1903), 디에프항만 시리즈(1902), 르 아브르 시리즈(1903), 이상 11시리즈이다.

이상, 도시 시리즈에 따라 시점장을 조사하고자 한다.

3-2 루앙 시리즈

루앙은 오트 노르망디 지방의 세느 마리팀므현의 현도이다. 파리에서 서북쪽으로 140km 떨어진 곳에 위치하며, 파리(셍 라자르역)에서 루앙 우안역(SNCF)까지는 약 1시간 정도면 도착한다. 루앙 우안역은 시의 북쪽에 위치하고, 이 역에서 구시가지를 벗어나 세느강까지는 약 1.6km 정도 거리이다.

루앙시는 세느강의 양쪽 해안으로 둘러싸인 시가지이다. 그림 3.2에 현재 루앙시의 시가지 지도를 표시하고 있다. 양쪽 강변을 잇는 다리는 현재 5개가 있다. 서쪽부터 기욤 르 콩케랑(정복자 기욤)교, 잔다르크교, 부아엘디외교, 코르네이유교, 마틸드교이다. 코르네이유교는 세느강의 중도, 라크루아섬과 이어져

그림 3.2 현재 루앙 시가지

있다. 우측 해안에는 루앙 대성당이 위치하는 구시가지가 존재한다. 그림 3.3은 루앙 미술관의 책방에서 손에 넣은 "루앙 역사 1850-1900"에 포함된 1900년 당시의 루앙 시가지 지도이다[3]. 이것에 의하면, 당시는 당연하지만, 우측 해안에 대성당이 위치했었음을 알 수 있다.

또한, 당시에는 부아엘디외교, 코르네이유교, 2개의 다리 이외는 존재하지 않았으며, 좌측 해안에는 오를레안역이 있었다는 것을 알 수 있다. 이 지도에 의해 피사로가 그린 당시 루앙 시가지의 상황을 파악할 수 있었다.

피사로는 루앙 시가지 경관을 많이 그렸으며, 루앙 시리즈는 34점에 달한다. 그려진 대상은 루앙 대성당의 경관과 세느강변의 항구 경관으로 한정되어 있다.

루앙 대성당은 지금도 여전히 수리 중이지만, 당시의 모습은 엿볼 수 있다. 어떤 방향에서 보아야 피사로가 그린 그림과 같은 모습의 대성당을 볼 수 있는지, 주변을 탐색한다면 지금도 시점장을 발견할 수 있다.

반면, 세느강 주변은 제2차 세계 대전에 파괴되어 새롭게 만들어진 건물도 많아, 시가지는 많이 변하였다. 특히, 좌측 해안은 공업 지역이었기 때문에, 심하게 파괴되었고 그 후 복귀되었으나, 당시와 비교도 안 될 만큼 크게 변하였다. 다리도 모두 제2차 대전으로 파괴되어 새로 복구되었다. 이미 현지 사람들의 기억 어디에도 남아있지 않다. 세느강변 경관의 시점장을 검색하기 위해서는, 피사로가 그림을 그린 당시의 지도와 시가지상이 필요하다.

루앙 시리즈의 총 34점 중에서, 예를 들어 비가 오

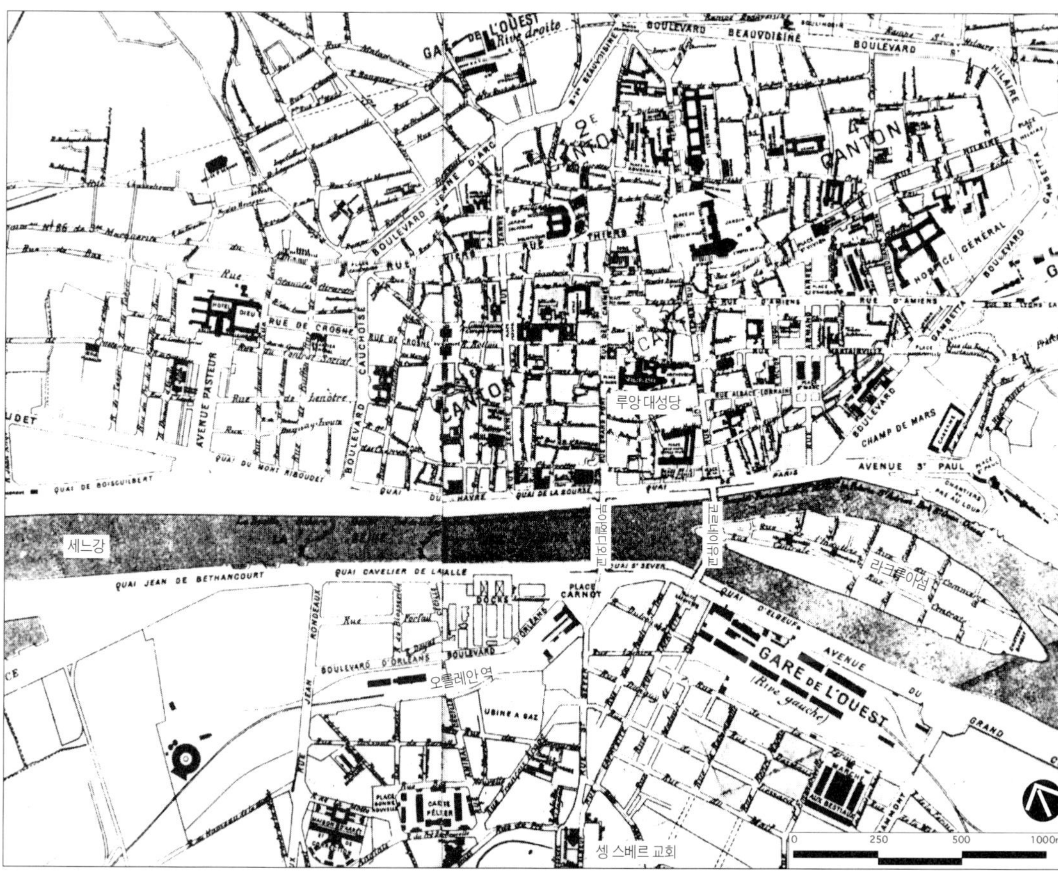

그림 3.3 1900년 당시의 루앙

그림 3.4 에피스리 길 ①

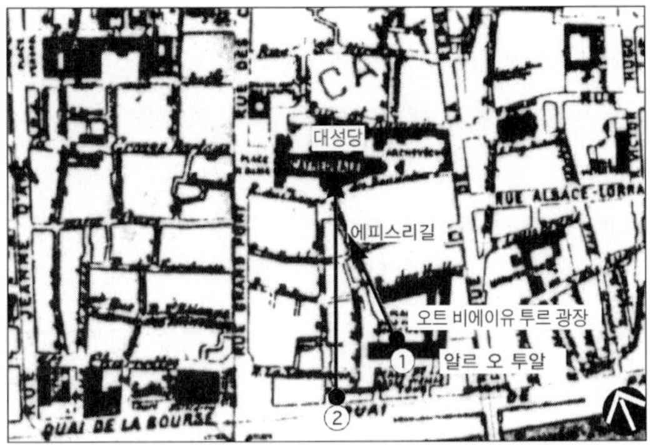

그림 3.5 대성당 주변

의 건물들과 노상의 아침, 시장의 북적거리는 모습, 그리고 오후의 강한 햇살이 그려진 3점이다. 이것은 에피스리 길과 양측의 건물을 보며 길 안쪽의 대성당을 그린 "도로와 건축의 투시도적 경관"으로 그려져 있다.

에피스리 길의 남쪽 끝에는 오트 비에이유 투르 광장이 있고, 이 광장에 면하여 알르 오 투알(직물시장)이 있다. 현재 이 광장은 지상과 지하를 주차장으로 사용하고 있다. 그림을 잘 들여다보면 시점이 높고, 알르 오 투알로 들어가는 오픈된 계단의 무대가 시점장인 것을 추정할 수 있다. 당시 지도에도 그 존재가 기재되어 있다. 이 건물에는 광장에서부터 직접 올라갈 수 있는 계단이 설치되어 있었으며, 그 위에는 전망용 테라스가 있다. 그림 3.5①에 시점장의 위치와 시선 방향을 나타내고 있다.

결국, 제1 시점장은 알르 오 투알의 테라스이며, 여기에서 북쪽의 에피스리 길(대성당까지의 거리 200m)의 북적거림과 대성당(대성당까지의 거리 250m)을 본 경관이 그렸다.

또 다른 "옛 루앙의 건물군, 구름 낀 하늘(대성당)"(그림 3.6)의 1점은, 대성당의 남쪽에 있는 높은 시점장에서 주변 시가지의 건물군과 함께 대성당의 전면에 있는 2개의 탑(그림에서는 왼쪽 탑), 그리고 그 교차부의 탑(그림에서는 오른쪽 탑)을 바라본 경관이며, 이것은 "마을의 전체를 내려다보는 경관"에 해당한다. 시점장은 대성당의 남쪽에 위치하는 건물 상층으로 판단

는 날과 맑은 날처럼 동일 구도에 대기 변화를 표현하고 있는 그림을 제외한 23점을 대상으로 서로 다른 구도의 시점장을 조사한다. 결론을 말하자면, 이들 그림은 4곳의 시점장에서 그려졌다.

1. 대성당을 바라보는 구도

먼저, 시대상이 명확한 루앙 대성당을 그린 회화의 시점장을 추정한다.

대성당을 그린 그림은 4점이다. 그 중에서 "에피스리 길, 루앙, 아침, 구름", "에피스리 길, 루앙", "햇살 좋은 오후, 에피스리 길, 루앙"(그림 3.4)의 에피스리 길을 그린 3점을 검토한다. 제목에도 적혀있는 에피스리 길은 대성당의 남쪽을 지나고 있으며, 대성당과 오트 비에이유 투르광장을 잇는 길이다.

이 3점은 모두 같은 구도이며, 이 길에서 북쪽의 건물들과 대성당을 바라보는 구도이다. 에피스리 길

그림 3.6 루앙 대성당 ②(옛 루앙의 건물군)

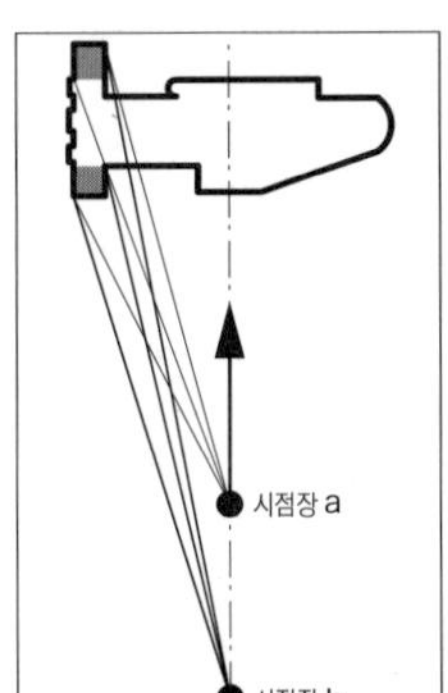

그림 3.7 대성당과 시점장 위치

그림 3.8 시점장a에서 본 대성당

그림 3.9 시점장b에서 본 대성당

된다. 대성당 전면의 2개의 탑은 약간 겹쳐져 보인다. 이 점은 제1시점장과 가까운 장소라는 것을 의미하나, 이 장소에서는 그림과 같이 대성당을 볼 수 없었다.

이로서 시점장은 전자의 시점장과 동일하지 않다는 것을 알았다. 또한 그림은 대성당의 교차부 탑에 직각의 위치에서, 또는 전면 남쪽 탑과 북쪽 탑이 약간 비켜져 그려져 있다. 시대상에 접근하면 접근할수록 전면의 탑(그림의 좌측 탑)이 2개로 보이며(그림 3.7의 시점장 a)(그림 3.8), 그렇게 보이는 위치를 지도에서 작도로 추정한다(그림 3.7의 시점장 b)(그림 3.9). 그 주변의 건물들은 형태와 지붕의 재료와 그 규모도 거의 비슷한 건물들이다.

따라서, 제2의 시점장은 후에 논하는 코르네이유 강변로에 면한 건물 상층으로 판단되었다(그림 3.5 참조②). 이것은 남쪽 세느강의 반대 방향인 북쪽에 있는 대성당 측단면(250m)의 경관을 그린 것이다.

2. 세느강 주변을 바라보는 구도

다음은, 세느강 주변을 그린 회화를 검토해 보자. 모든 그림에는 건너편 해안에 있는 수 많은 공장의 굴뚝에서 올라오는 연기의 광경, 정박하고 있는 범선, 또는 달리고 있는 범선의 굴뚝에서 수증기가 올라오는 모습이 그려져 있다. 이것은 세느강과 다리를 포함한 루앙항의 활동 모습을 그린 그림이다. "루앙은 정말 멋있다. 이 호텔의 창문에서 흑, 황, 백, 핑크의 돛과 배를 보고 있다. 목재를 싣고 정박하고 있는 배와 적재물을 내려놓고 떠나가는 배를 나는 보고 있다". "나는 루앙의 방파제에서 이 벌집과 같은 활기를 그리고 싶었다"[2] 라고 피사로는 이러한 도시 활동의 모습을 그린 이유를 남기고 있다.

우측 해안의 구 시가지에는 높은 철탑을 가진 성당(대성당과 사원 등)이 아직도 남아있다. 그러나, 그려진 회화를 보면, 특징적인 높은 대성당 등이 그려져 있지 않다. 원경에 그려진 산등성이와 실제 경관의 산등성이를 비교해 보아도 좌측 해안에서 우측 해안을 바라본 회화가 아님을 알 수 있다. 즉, 모든 그림은 세느강 북측, 우측 해안에서 본 세느강의 남쪽, 그리고 좌측 해안의 경관을 그렸다. 그러나, 세느강이 화면 앞쪽에 그려있는 것으로 보아, 세느강에 접한 가까운 곳이 시점장이었던 것으로 추정된다. 세느강 우측 해안 변은 서쪽부터 케 뒤 아브르 강변로, 케 드 라 부르스 강변로, 피에르 코르네이유 강변로, 파리 강변로 순으로 이어지고 있다(그림 3.2). 시점장은 이러한 강변로 어딘가에 접한 건물의 상층일 것으로 판단된다.

현재 세느강에 걸려있는 주된 다리는 코르네이유교, 부아엘디외교, 잔다르크교, 기욤 르 콩케랑교로 4개이다(그림 3.2). 묘사된 1900년 당시의 상황(그림 3.2)을 보면, 코르네이유교, 부아엘디외교, 2개의 다리 밖에 존재하지 않았다. 따라서 피사로가 그림에 그린 다리는 이 2개 다리 중 어느 하나가 된다.

그 중 코르네이유교는 라크루아섬에 걸려있기 때문에, 이것을 그릴 때는 반드시 라크루아섬도 함께 그려진다. 따라서 이 다리가 그려져 있다면, 코르네이유

코르네이유교와 세느강의 CG에 의한 선표현

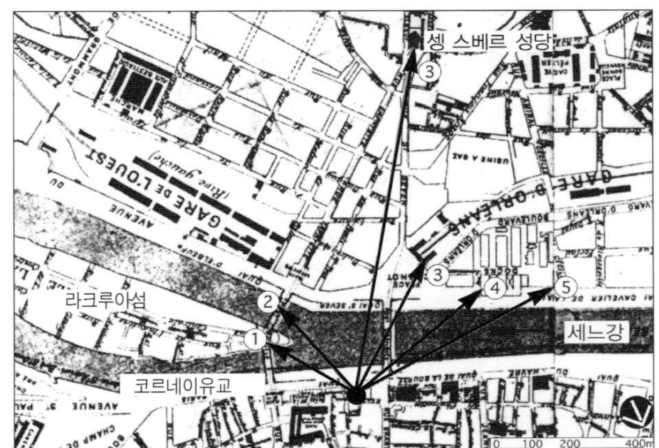

그림 3.10 루앙의 코르네이유 강변에서 본 경관

교인지 아닌지의 판단은 용이하다. 또 이 다리가 화면의 왼쪽에 있는지, 오른쪽에 있는지에 따라서 시점장의 위치 판정도 가능하다. 그리고 우선 하나의 시점장을 설정하여 다른 회화를 검토해 보면, 일련의 회화가 하나의 시점장에서 그려졌음을 알 수 있다.

결론을 말하자면, 제3시점장은 그림 3.10에 나타내고 있는 것처럼, 코르네이유교와 부아엘디외교 사이의 코르네이유 강변로에 면하였을 것으로 추정되는 파리 호텔의 상층이다. 실제로 피사로는 1896년 1월부터 4월에 걸쳐 이 호텔의 2층과 3층 방을 빌렸다. 2층이 이 시점장이며, 앞에서 지적한 대성당을 보는 제2의 시점장이 3층이다. 그러나 현재 이 호텔은 없다.

먼저, "코르네이유교, 루앙, 흐린 하늘"(그림 3.10①)과 "코르네이유교, 루앙, 아침 안개" (그림 3.10②)는 이 제3시점장에서 남북 방향으로 코르네이유교와 라크루아섬을 보고 그린 것이다.

다음으로, "부아엘디외교, 루앙, 축축한 하늘", "부아엘디외교, 루앙, 일몰"(그림 3.10③), "홍수의 세느강, 루앙" (그림 3.10④), "루앙항, 셍 스베르"도 모두 같은 시점장에서 남동에서 남쪽 방향의 부아엘디외교와 강변 시가지를 각각 보고 그리고 있다.

부아엘디외교는 1885년에 만들어진 것이 새로 지어져 완성되기 10년 전에 피사로에 의해 그림에 그려졌다.

또한, "루앙항, 셍 스베르"는 부아엘디외교를 넘어 남서 방향의 항만 셍 스베르 해안의 시가지를 바라보는 경관을 그리고 있다(그림 3.10⑤). 이러한 것은 세느강을 3차원 컴퓨터 그래픽으로 재현하는 방법과 제작년도에서도 손쉽게 추정할 수 있다(그림 3.10⑥).

이처럼, 피사로는 제3시점장에서 남동, 남, 남서 방향으로 각각 "항만 경관"과 "하천과 마을의 경관"을 그렸다. 이것을 나란히 열거해보면 파노라마처럼 이어지고, 이 시점장에서 거의 120도의 경관을 그림으로 묘사한 것을 알 수 있다. 어떤 그림에도 공장 굴뚝이나 기증선의 돛대와 기적을 울리는 모습, 그리고 굴뚝에서 올라오는 연기로 자욱한 시가지의 모습과 같은 생산 활동이 그려져 있다.

제4의 시점장은, 그림 3.11처럼, 부아엘디외교의 서측, 케 드 라 부르스(증권거래소) 강변로에 면한 건물, 오텔 드 랑글르테르(영국 호텔)의 상층이다. 실제 피사로는 이 호텔에 1896년 9 11월, 1898년 7 10월에 걸쳐 2번 주재하였다.

먼저, "부아엘디외교, 루앙, 비의 효과"(그림 3.11①), "부아엘디외교, 루앙"(그림 3.11②), "셍 스베르 해안, 루앙"(그림 3.11③), "루앙, 셍 스베르, 오후"는 제4의 시점장에서 세느강의 해변을 보는 경관을 그린 것이다. 남동 방향의 코르네이유교와 부아엘디외교에서 오를레앙역(피사로는 "조그맣고 중대한 분위기를 가진 역"이라는 감상을 논하였으나, 현재는 시청사, 현청사로 되어 역은 존재하지 않는다), 셍 스베르 광장, 셍 스베르 성당으로, 남쪽 방향까지 바라보고 있는 경관이다.

그리고, "셍 스베르 해안, 루앙", "루앙의 항, 오후", "루앙항, 목재 내리기"(그림 3.11④), "아침, 비 온 후, 루앙"(그림 3.11⑤)은 세느강의 남쪽에서 남서 방향까지의 해안 시가지를 본 것이다.

이상과 같이, 제4시점장에서는 남동, 남, 남서의 각 방향에서 회화를 그리고 있으며, 각각을 나란히 열거해보면, 역시 거의 120도의 폭을 가진 시가지를 표현하고 있다. 각 구도는 "하천과 마을의 경관"과 "항만 경관"의 구도이다.

3. 루앙 시리즈 경관 구도의 특징

(1) 시점장

루앙 시리즈의 시점장은, 1)광장에 면한 건물의 상층, 2)하천에 면한 건물 상층인 것을 알았다. 이러한 시점장은 시야가 넓고 또 멀리까지 보는 것이 가능한 시점장이다.

전자의 시점장 중에 오트 비에이유 투르 광장이 포함된다. 이 광장의 넓이와 주변 건물 높이와의 관계는 D/H=2.68-3.77이다. 후자가 시점장인 경우, 실제

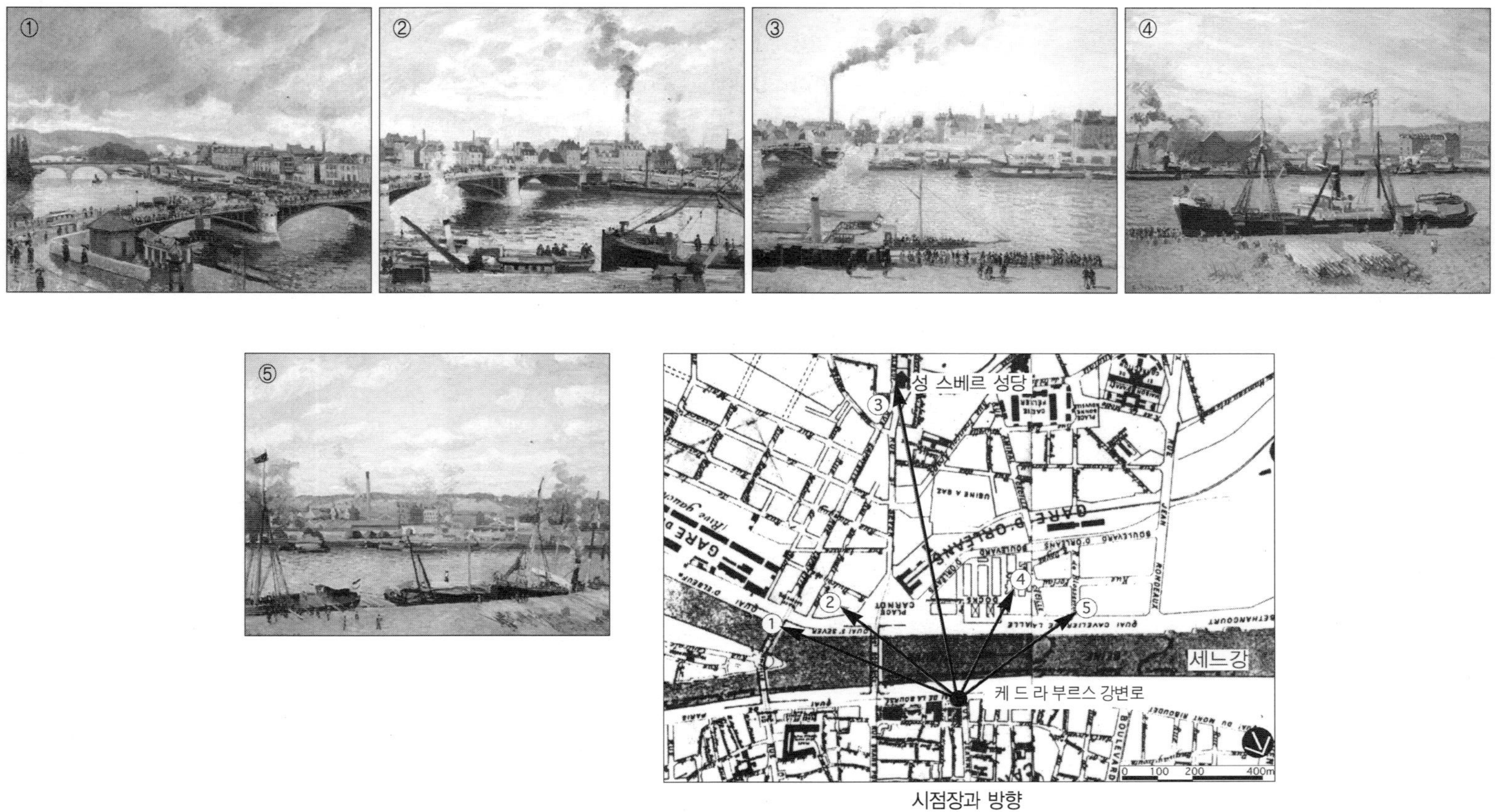

그림 3.11 루앙의 케 드 라 부르스 강변로에서 본 경관

그림 3.12 셍 스베르 성당

그림 3.13 에피스리 길과 대성당

좌우 180도의 시야가 확보되지만 그 중에서 120도의 시야만을 그림에 그리고 있다.

(2) 시대상 특징

이러한 회화의 구도는 당시의 실제 경관과 일치하기 때문에, 그려진 구도와 실제 경관의 차이를 음미할 필요는 없다. 원래, 멀리 보이는 셍 스베르 성당만 남아있었으나, 전쟁 중에 파괴된 근경의 다리, 건조물, 대부분이 지금은 모두 재건되었다.

여기서 주목할 점은 "마을 전체를 내려다보는 경관"의 경우, 고층(3층으로 추정)에서 시가지의 마을을 바라보고 있으며, 여기에 대성당을 배치한 경관을 그리고 있다는 점이다. 시가지의 마을을 바라보는 경관에는 대성당을 보는 앙각이 탑 선단까지 27.8도로 크다. 이것은 "심볼릭한 건조물 경관"의 앙각으로 적당하다. 그러나 이 회화에는 대성당 정상이 모두 그려져 있지 않다. 그려진 지붕의 높이까지 측정하면 앙각 18.0도로, 일반적인 앙각이 된다. 셍 스베르 성당는 중경에 보이나, 앙각은 3.1도이다.

그림 3.14 건너편 해안에서 본 루앙 대성당

또한, "하천과 마을의 경관"과 "항만 경관"에는 마을이 전체적으로 닮은 꼴의 지붕 형태와 색채까지 통일되어 있으나, 그 중에서 눈에 띄는 건물인 성당과 역사가 배치되어 있다. 즉 시가지의 마을을 그릴 때, 통일된 흙 빛의 지붕 모양이 연속하는 마을 속에 성당의 탑(대성당과 셍 스베르 성당의 앙각은 3.1도), 공장 굴뚝, 범선 등을 배치함으로서 마을 경관을 완성하고 있는 것이다. 또한 "하천과 마을의 경관"에서는 다리가 그려져 있는 특징이 있다.

그림 3.15 코르네이유교

다음으로 주목할 점은 항구의 오픈 스페이스에는 사람들의 생활 양식과 경제 활동의 모습이 그려져 있다는 점이다. 그 덕분에 우리는 동일한 공간에서도 다양한 활동이 이루어지고 있었음을 이해할 수 있다. 같

그림 3.16 케 드 라 부르스 강변로에서 본 부아엘디외교와 신시가지

은 구도로 “하역”, “증기선” 등 항구에서의 활동 모습이, “안개”, “흐린 날”, “맑음”, “비” 등의 기후 변화와 “아침”, “오후”, “일몰” 등 하루의 빛 변화와 함께 그려져 있다.

마지막으로, 해안의 마을을 보는 경우, 시대상까지의 거리는 하천 폭 150m, 해안 건조물까지의 거리는 부아엘디외교까지 200m, 코르네이유교까지 550m, 시가지 마을까지 450-700m, 셍 스베르 성당까지 1km의 위치로, 이러한 수치는 근경에서 중경 범위에 해당한다는 점이다. 또한, 해안에서 보는 공장들과 굴뚝에서 올라오는 연기의 광경은 모두 1km 이내로 중경 범위에 그려져 있다. 화각은 보통 크기이다. 해안의 마을은 모두 새로 지어졌기 때문에 D/H를 산정할 수 없었다. 그림 3.12-그림 3.16은 각각의 실제 경관 사진이다.

3-3 파리 시내 시리즈

파리 시내 시리즈는 생 라자르역, 몽마르트르 대로, 오페라 대로, 튈르리 정원, 베르 갈랑 광장, 퐁뇌프, 볼테르 강변로(세느강 남측), 의 7점이다(그림 3.1). 이들 지구는 나폴레옹이 1811년 근대 파리 행정구역의 기본형을 확립한 12구에 설치한 것으로, 생 라자르역을 제외하고 그랑 블루바르가 지나는 내측에 포함되고 있다. "패션도 예술도 과학의 신보도 큰 대로로 나와 그것을 걸어보면 그 나름대로의 정보를 얻을 수 있었다. …… '그랑 블루바르'이 바로 파리라는 것을, 보드렐도, 마네도, 드가도 믿고 있었다"[4].

그럼 우선 생 라자르역 시리즈부터 알아보자.

1. 생 라자르역 시리즈

생 라자르역은 오스만 대로의 약간 북쪽에 위치하고 있으며, 여기는 프랑스의 북서부, 노르망디 지방으로 가는 열차의 발착역이다.

생 라자르역 시리즈는 총 8점의 회화이다. 회화 제목은 "생 라자르 길"(같은 구도로 눈이 내리는 날, 변화한 경관 등 3점 존재), "르 아브르 광장, 파리, 비효과", "르 아브르(생 라자르역)", "파리의 경관, 암스테르담 길", "생 라자르 광장" 등으로, 그림 제목에 생 라자르 길, 암스테르담 길, 르 아브르 광장 등의 지명이 명시되어 있다. 이러한 길과 광장은 파리 시내의 생 라자르역 앞의 광장과 인접하고 있다. 그림 3.17에 지명을 명기하고 있다. 따라서, 이들 회화는 이러한 장소를 그린 것으로 추정할 수 있다.

(1) 시점장

현지 조사에 의해 이들의 그림이 그려진 모든 시점장은, 생 라자르역 앞의 생 라자르 길과 이것에 직교하는 암스테르담 길의 교차점 주변이다. 보다 세부적인 조사에 의해, 현재 역 앞의 호텔 런던 뉴욕의 상층인 것을 알았다. 문헌에 의하면 이 장소에 해당 호텔 레스토랑 '가르니에'가 있었으며, 피사로는 그 윗방을 빌려 1892년 11월부터 1893년 3월까지 체재하였다. "호텔 앞 르 아브르 광장은 차와 사람으로 북적거리는 번화함이 피사로를 즐겁게 하였다"[2].

루앙 시점장을 발견한 경험에서 생 라자르역 시리즈 역시, 하나의 시점장에서 그려진 것은 아닐까라는 생각이 들었다. 이에 시점장을 산정하여 이러한 시대상의 시선 방향을 작도해 보니, 그려진 시선 방향과 일치하고 있는 것을 알았다. 즉, 하나의 시점장에서 8점의 그림이 그려졌다는 것을 알았다.

(2) 시대상

이들 그림은 다음과 같은 세 방향에서 그려졌다. 제1은 동쪽의 생 라자르 길과 양측의 6층 건물에 의한 마을 경관이 3점("생 라자르 길"등)(그림 3.17②④), 제2는 암스테르담 길의 북쪽에 있는 6층 건물에 의한 마을과 언뜻 보이는 생 라자르역을 보는 경관이 2점("파리 경관, 암스테르담 길" 등)(그림 3.17①), 제3은 생 라자르 길과 암스테르담 길의 교차점 르 아브르 광장과 바로 북쪽에 있는 생 라자르 역전 광장의 번화한 경관이 3점("생 라자르 광장" 등)(그림 3.17③)이다.

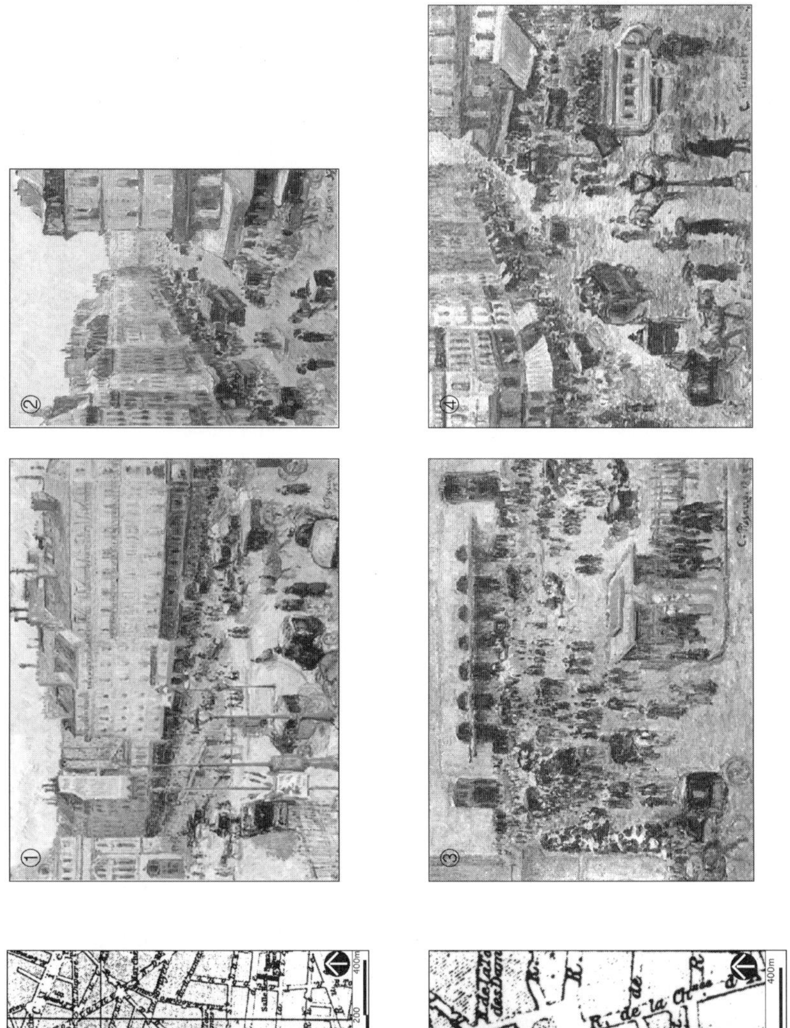

그림 3.17 셍 라자르역 시리즈 경관

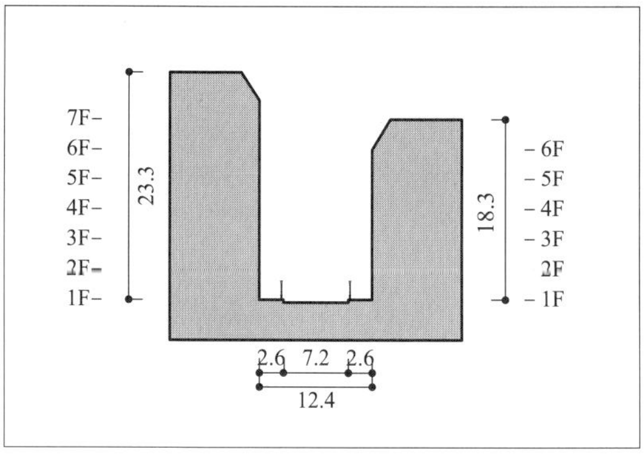

그림 3.18 암스테르담 길의 단면도

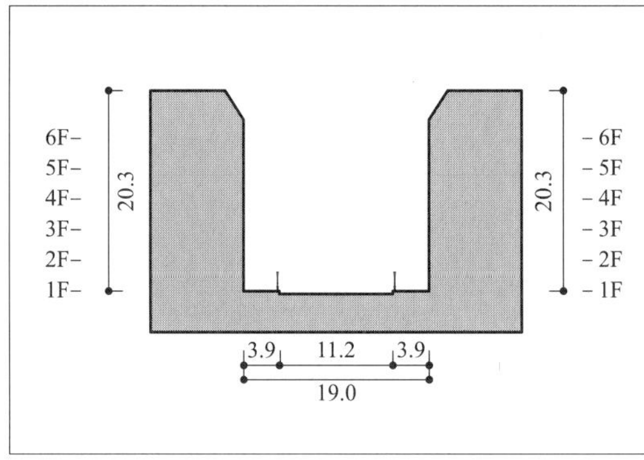

그림 3.19 셍 라자르 길의 단면도

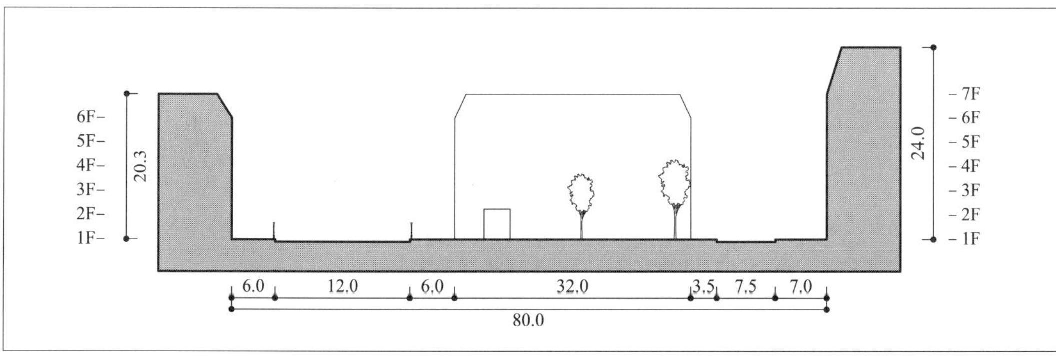

그림 3.20 셍 라자르역 앞 광장 단면도

즉, 하나의 시점상에서 세 방향(90도의 폭)을 본 경관을 피사로가 그리고 있다. 이러한 구도는 모두 "도로와 건축의 투시도적 경관"이다.

이 시리즈에서도 셍 라자르역 앞의 난잡함과 함께 길을 달리는 마차(앞에서 1마리 말과 뒤에 2마리 말이 끄는 마차, 앞 2마리 뒤 4마리 마차, 옥상 석에 승차하는 마차)[5]나 가로등과 같은 시가지의 변화함, "비", "눈" 등과 같은 기후 변화도 함께 묘사하고 있다.

(3) 정량적인 경관 조작 지표

건물 높이와 도로 폭과의 관계를 조사해 보면, 그려진 암스테르담 길이 D/H=0.53(그림 3.18), 셍 라자르 길은 D/H=0.90(그림 3.19)이다.

두 길 모두 가로수가 없다. 두 곳 모두, 양측의 건물 높이에 비해 비교적 좁은 도로임을 알 수 있다. 갑이 삭은 암스테르담 길은 르 아브르 광장과 함께 그려져 있다. 시점장 앞에 있는 르 아브르 광장은 D/H=3.1-3.6인 것으로 보아, 시대상 암스테르담 길, 셍 라자르 길이 1 이하로 좁은 공간임에 비해 시점장 주변이 비교적 개방성 높은 오픈 스페이스임을 알았다(그림 3.20).

르 아브르 광장이 그려진 화각은 넓으나, 길을 그린 화각은 그것에 비해 평균 45도로 좁다. 결국, 길의 구도를 그리는 경우, 길의 공간에 한정하여 그리고 있다는 것을 나타내고 있는 것이다.

길이 반듯하여 조망이 죽 트인 거리를 조사해 보면, 암스테르담 길은 시점장에서 250m, 셍 라자르 길의 마을이 시점장에서 300m의 위치, 즉, 근경의 범위에 포함된다.

그림 3.21 현재 몽마르트르 대로

그림 3.23 이탈리엥 대로 ①

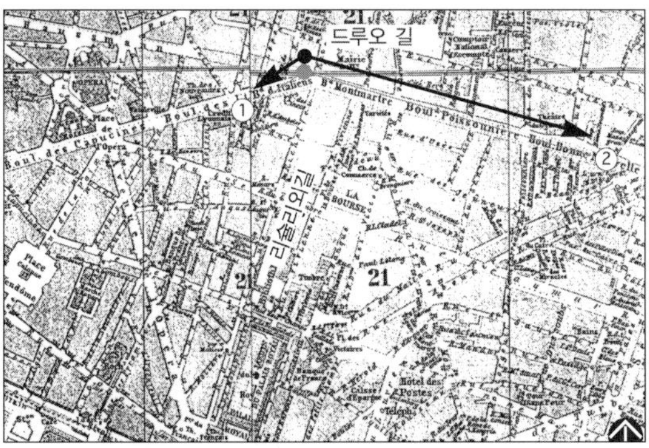

그림 3.22 당시 몽마르트르 대로

그림 3.24 몽마르트르 대로 ②

2. 몽마르트르 대로 시리즈

몽마르트르 대로 시리즈는 몽마르트르 대로를 그린 회화이다.

"그랑 블루바르는 원래 도시를 감싸고 있는 방어벽의 지반을 가리키는 말이었다. 이러한 방어벽이 파리에서 없어지기 시작한 때가 루이 14세 시대, 1670년 이후의 일이다. 루이 14세는, 파리를 열린 도시로 조성하기 위해, 샤를르 5세와 루이 8세의 방어벽을 없애고, 여기에 폭 36m의 가로수 대로를 조성하였다. 특히 우측 해안의 바스티유를 출발점으로 하여 …… 생 드니, 본느 누벨, 푸아소니에르, 몽마르트르(대로), 이탈리엥(대로), 마들렌느 대로를 지나 마들렌느 성당에 이르는 반원형 대로의 연계가, 그 중요성 때문인지, '그랑 블루바르' 라고 불려지고 있다"[6].

몽마르트르 대로는 그랑 블루바르라고 불려지는 파리 중심 대로이다.

몽마르트르 대로 시리즈는 총 16점 그려졌다. 그 중에서 그림에 "몽마르트르 대로"라는 명칭이 들어있는 제목을 가지고 있는 것이 14점이다. 같은 구도로 몽마르트르 대로의 아침, 저녁, 그리고 밝은 가로등의 야경, 짙은 안개 낀 아침, 일광과 안개, 맑은 날 등의 경관이 반복되어 그려져 있다. 또 하나의 구도는 제목에 "이탈리엥 대로"를 포함하는 것으로 이탈리엥 대로의 번화한 모습을 그린 그림이 2점, 그리고 아침, 오후 등 시간차에 의해 달라지는 빛의 표정을 가진 길의 활력을 그리고 있다. 어느 것도 대로와 그 양측의 건물을 보는 "도로와 건축의 투시도적 경관"이다.

(1) 시점장

그려진 몽마르트르 대로는 동쪽의 얕은 오르막길이다. 몽마르트르 대로의 가장 높은 곳에서는 생 마르탱 대로까지 내려다 볼 수 있다.

그러나, 현지 조사 때 우리는 현 도로 구조에서 몽

마르트르 대로를 그림과 같이 높은 시점에서 볼 수 없었다. 몽마르트르 대로는 오스만 대로와 이어져 있다. 바로 이 오스만 대로가 시점장으로 추정된다(그림 3.21). 즉, 도로의 높은 곳에서 몽마르트르 대로를 내려다보는 구도를 취한 것으로 추정된다.

그래서, 1900년 당시의 지도를 조사해 보니, 몽마르트르 대로는 오스만 대로와 직통하지 않고 있었다(그림 3.22). 당시에는 아직 오스만 대로가 완성되지 않았던 것이다. 두 대로가 만나는 교점에 건물이 서 있고, 그곳이 시점장으로 가장 적절하다. 현지에서의 조사 결과에서도, 이 건물에서 그렸다고 판단되었다. 실제로 피사로는 1897년 2월에 드루오길 1번지의 몽마르트르 대로와 이탈리엥 대로의 교차점에 면한 호텔 류스에 머물렀으며, 바로 이곳이 시점장이었던 것이다. "피사로는 널직한 호텔 방에서 2개 창문의 좌측에서 14장, 우측 창에서 2장"[2]을 그렸다.

(2) 시대상

이 시점장에서 두 개의 구도가 그려졌다. 첫 번째는 그림 제목에 "몽마르트르 대로"라는 길의 이름을 포함하는 회화로, 몽마르트르 대로 동쪽 6-7층 건물에서 마을을 내려다 보는 경관(그림 3.24)을 반복하여 그린 14점, 두 번째는 그림 제목에 "이탈리엥 대로"를 포함하고 있는 회화로, 6-8층 건물이 이어지는 이탈리엥 대로의 건물군과, 오페라 코믹좌 방향의 번화한 보도를 내려다 보는 경관(그림 3.23)이다.

두 구도는 "도로와 건축의 투시도적 경관"에 해당한다. 이 시점장에서는 건물군의 정면이 보이기 때문에, 당연하지만 건물 단면이 그려져 있는 것으로 상상하기 쉽다. 그러나 여기서 피사로가 길의 축경을 선택하여 그렸다는 점과 광장에서 눈에 띄는 길을 그렸다는 점이 주목할 만하다.

그리고, 이 시리즈에서도 정말 똑 같은 구도로, 몽마르트르 대로와 그것에 면한 건물이나 도시 활동의 모습이 "짙은 안개", "흐린 하늘", "맑음", "비"의 기후, "봄", "겨울"의 계절, "아침", "오후", "일몰", "밤"의 시간 등의 변화에 따라 반복되어 그려졌다는 점이 특징이다. 고해의 화요일 몽마르트르 대로에 사람들이 북적이는 모습, 이탈리엥 대로도 마찬가지로 각종 마차가 줄지어 통행하는 모습이 많은 사람들과 함께 그려져 있다.

특히, 몽마르트르 대로의 밤의 모습이 그려져 있는 것도 이 시리즈의 특징이다. 그곳에는 도로 중앙에 있는 가로등과 건물에서 새어 나오는 빛이 그려져 있는 "범죄 다발한 어두운 밤의 마을을 밝게 비추는 가스등의 설치를 도로 정비와 병행하여 적극적으로 추진하였다. 1850년대, 가로 조명의 관할은 경찰이었지만, 1860년에 파리 시역이 확대되면서 파리시의 관할이 되어 10여 년간 1만 5000개가 증설되어, 파리의 밤이 암흑에서 개방되었다 …… 오스만 후에도 비약적으로 가로등의 증설이 진행되었으며, 파리가 "빛의 도시", "환락의 도시"로 변모된 것은, 주지하듯이 전기 시대에 들어가는 1880년대부터 세기말에 걸쳐서이다. …… 1881년 8월에 개최된 전기 박람회에서 최초의 실험이 있었다. 이에 가스등을 대신하여 백열등의 등장으로 도시의 모습이 일변한다. …… 빛으로 도시의 얼굴과 밤낮의 생활도 바뀌어, 19세기말 파리에서 가장 큰 변화의 하나였나"[10].

또, 이 경계의 "리슐리외 길과 그랑주 바틀리에르 길을 낀 이탈리엥 대로와 몽마르트르 대로는 고급 상품을 원하는 손님들로 붐비게 되었다"[8]. 그림에는 이탈리엥 대로에서 마차를 기다리는 사람들의 집단이 그려져 있다. 이 일대는 당시 가장 번화하던 '파사쥬 드 파노라마'라는 발리테좌가 있던 장소로, 파리 관광 명소의 하나이었다. 그 당시 이 대로의 야경은 시민에게 있어 귀중한 경관이었으며, 피사로는 바로 이것을 그린 것이다.

(3) 정량적인 경관 조작 지표

하나의 시점장에서 두 방향의 그림을 그렸다. 각각의 화각은 34.5도로 작고, 길의 경관에 한정하여 그리고 있다. 화각으로 설명하면, 인간의 눈이 50도로

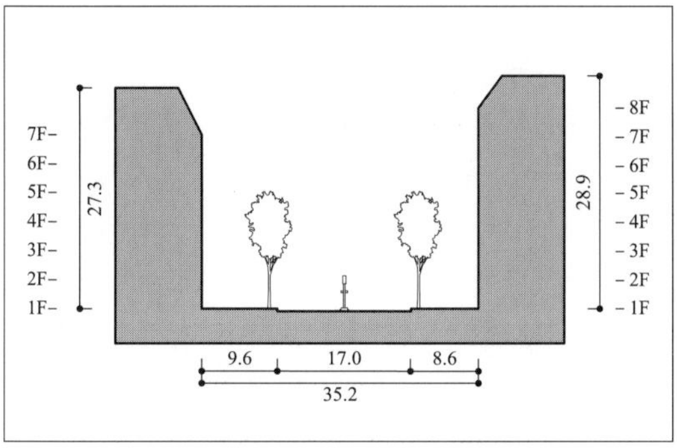

그림 3.25 이탈리엥 대로의 단면도

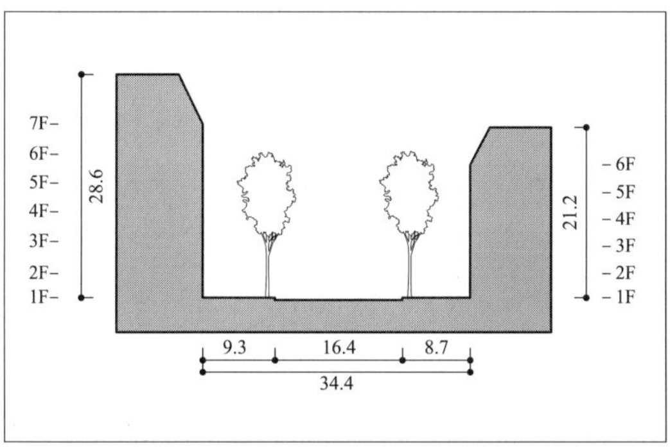

그림 3.26 몽마르트르 대로의 단면도

보인다. 그렇기 때문에 화각이 이것보다 작다는 것은 의식적으로 길의 도로와 양측의 건물로 한정하여 그렸다는 것을 의미한다.

그려진 이탈리엥 대로는 폭 35.2m, D/H는 1.22로(그림 3.25), 몽마르트르 대로는 폭 54.4m, D/H는 1.97–2.57(그림 3.26)이다. 양자 모두 양측에 가로수가 있는 넓은 길이다.

그려진 시대상까지의 거리는 시점장에서 이탈리엥 대로까지 시거리가 200m, 시점장에서 몽마르트르 대로의 시거리가 900m로, 여기서는 근경에서 중경의 시가지 건물들이 그려져 있다.

3. 오페라 길 시리즈

오페라 길은 파리 중심에 있는 루브르궁과 오페라를 연결하는 길(아브뉘)이다. 오페라는 이탈리엥 대로에 면하고 있다.

오페라 길 시리즈는 총 15점의 회화가 있다. 주된 구도는 총 3개의 구도가 있다. 첫째로, 셍 토노레 길을 그린 것("셍 토노레 길, 오후의 비", "셍 토노레 길, 아침 태양", "셍 토노레 길, 오후의 태양" 등)이 3점, 두 번째로, 안쪽에 오페라를 배치하여 오페라 길을 그린 것("테아트르 프랑세 광장(Place de Theatre Francais)과 오페라 길, 짙은 안개 낀 날", "테아트르 프랑세 광장과 오페라 길, 안개", "테아트르 프랑세 광장과 오페라 길, 비", "테아트르 프랑세 광장과 오페라 길, 흐림", "테아트르 프랑세 광장과 오페라 길, 맑은 날" 등)이 8점, 세 번째로, 테아트르 프랑세 광장을 그린 것("테아트르 프랑세 광장, 맑음", "테아트르 프랑세 광장, 겨울 오후", "테아트르 프랑세 광장, 봄" 등)이 4점으로, 총 3 가지 구도로 구성되어 있다.

(1) 시점장

셍 토노레 길과 오페라 길은 테아트르 프랑세 광장에서 방사형으로 뻗어나가는 길이다(그림 3.27). 오페라 길이 그려진 회화에는 길 안쪽에 오페라가 그려져 있다. 성 토레노 길의 그림에는 앞쪽에 광장, 그 앞에 길이 그려져 있다. 따라서 시점장은 두 개의 길을 볼 수 있는 장소임을 알 수 있다. 어느 쪽이든 오페라 길과의 교차점인 테아트르 프랑세 광장(현 앙드레 말로 광장) 근방이다. 그리고 세부 조사에서 시점장은 이것에 면한 호텔 르블의 상층(피사로가 1890년1월2일–4월28일 주재)으로, 1 개소 밖에 없음을 알았다.

이것은 문헌에 의해서도 확인된다. "이 방에서 오페라 길 전체와 팔레 루아이알 광장 끝의 아름다운 경치가 보인다. 이것을 그림으로 그린다면, 매우 아름다울 것이다. …… 블루바르와는 또 다른 완전히 현대적인 것"[2]. 즉, 이것은 이 시점장에서 세 방향을 보는 경관이 그려졌다는 것을 의미한다.

(2) 시대상

첫 번째, 북서의 셍 토노레 길(폭 10.7m)로 양측에 5–7층 건물이 즐비한 마을의 경관(그림 3.27①), 두 번째는 북쪽의 오페라 길의 6–7층 건물이 있는 마을

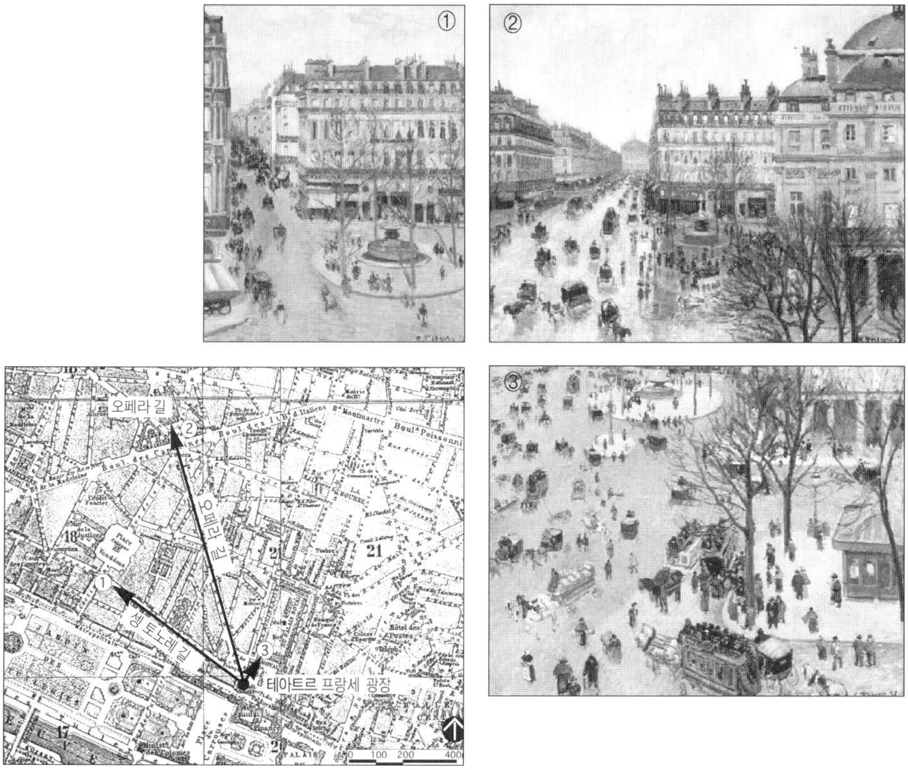

그림 3.27 오페라 길 시리즈의 경관

과 그 안쪽으로 오페라가 보이는 경관(그림 3.27②), 그리고 세 번째는 바로 앞의 테아트르 프랑세 광장의 번화함을 북쪽에서 바라본 경관(그림 3.27③)이다. 이 3 방향을 모아보면 90도 방향의 파노라마 경관이 그려져 있는 것을 알 수 있다. 여기서는 테아트르 프랑세 광장의 수목이 새파란 봄의 광경과 잎을 다 떨어트린 겨울의 광경이 그려져 있다.

오페라 길은 당시 다음과 같은 평가를 받았다. "오스만의 새로운 도로가 보행자에게 주는 영향은 길의 폭과 길이에 의해, 또 가로수의 유무, 투시도적으로 보이는 기념 건조물의 유무 등에 의해 상당히 다르다. 도로 폭이 좁은 모뵈주 길과 라파이에트 길, 에티엔느 마르셀 길은 특히 바람이 찬 날이나 햇볕이 뜨거운 여름날에는 숨막히는 인상도 비쳐, 아무래도 쾌적한 기분이 들지 않는다. 이것에 비하여 오페라 길은 가로수가 없음에도 불구하고 도로 폭이 넓은 것(폭27m)과 루브르궁과 오페라의 건물 양끝이 보이는 점 등이 훨씬 내력적이나"[0].

그려진 구도, 모두 "도로와 건축의 투시도적 경관"이다.

여기에도 많은 사람들이 북적거리는 오페라 길의 모습과 함께, 계절(겨울, 봄), 기후(비, 맑음, 안개, 구름), 시간(아침, 저녁)의 변화도 함께 그리고 있다.

(3) 정량적인 경관 조작 지표

오페라 길이 폭 29.2m, D/H는 1.09(그림 3.28)이고, 생 토노레 길이 폭10.7m, D/H는 0.44이다(그림 3.29). 이들 길의 직선 길이는 오페라 길이 약 1km이며, 생 토노레 길은 약 650m이다. 따라서, 근경에서 중경 범위의 길을 축경으로 그리고 있음을 알 수 있다. 생 토노레 길은 건물과 비교하여 도로 폭이 좁다. 테아트르 프랑세 광장의 폭과 주변 건물 높이와의 비

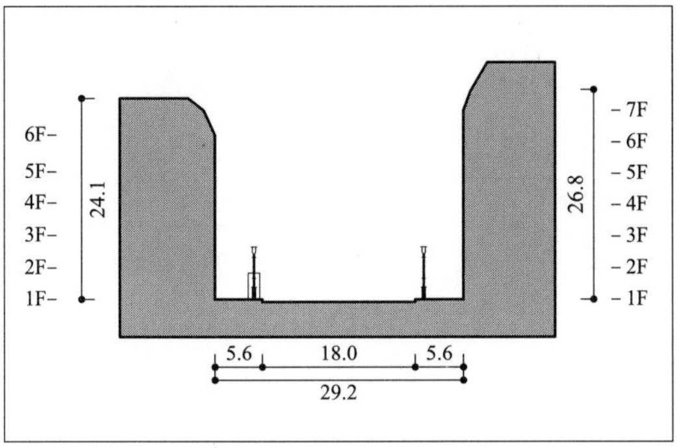

그림 3.28 오페라 길의 단면도

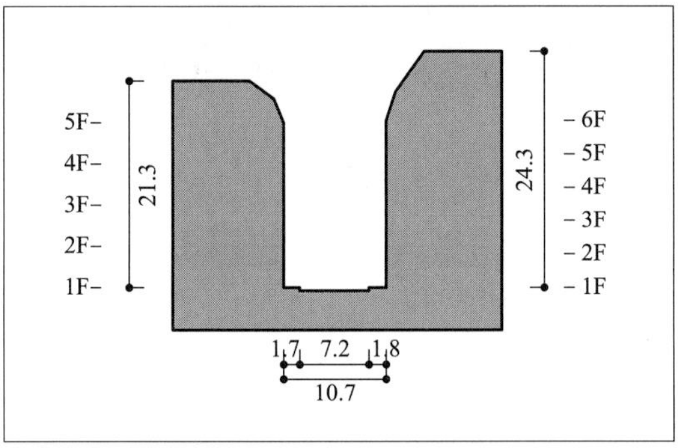

그림 3.29 생 토노레 길의 단면도

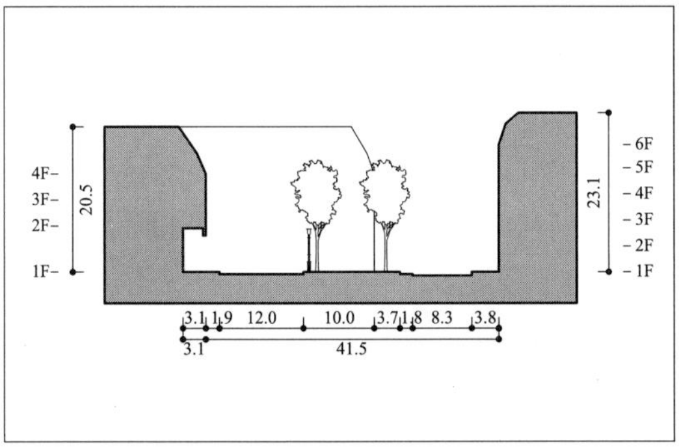

그림 3.30 테아트르 프랑세 광장의 단면도

는 D/H=1.8–2.0이다(그림 3.30).

화각은 36도이며, 이것도 길과 양측의 건물로 한정되어 그려졌다는 것을 알 수 있다.

4. 튈르리 정원 시리즈

튈르리 정원은 루브르 미술관 전방에 있는 정원을 말한다. 튈르리 정원 시리즈는 튈르리 정원을 주로 그린 것으로 총 16점의 회화가 있다.

"나폴레옹은, …… 1807년에 튈르리 정원과 루브르궁을 잇는 황제길(현재 카루젤 정원의 동서 축 통로)를 건설하여 두 궁전의 정문 사이에 시야의 통로(비스타)를 만들었다"[6].

튈르리 "정원"은 왕실 소유의 정원으로 시민 공원이 아니다. 콩코르드 광장에서 카루젤 광장의 개선문까지 직선으로 뻗는 중앙 가로수길, 그 양측으로 정연된 5개의 조각 식물(칸고스), 팔각형의 대분수, 화단, 경사로 등의 아름다움에 왕실 전용으로 하자던 움직임도 있었으나, 개원 당시부터 공개되어 왔다"[6]라고 한다.

이 튈르리 정원은 젊은이가 "연상의 여인을 사랑하는 발자크나 플로베르의 소설에 빈번히 등장한다. …… 이곳은 당시에는 누구라도 자유롭게 참가할 수 있는 패션쇼의 회장으로 제공되기도 하였다"[5].

이 시리즈에서 제목에 "튈르리 정원" 이라는 단어가 포함되어 있는 것이 8점, "루브르 정원"이라는 단어가 포함되어 있는 것이 3점, "튈르리 정원의 경관" 이라는 단어가 포함된 것이 1점, "카루젤"이라는 단어가 포함된 것이 3점, "카루젤 광장" 이라는 단어가 포함된 것이 1점이다. 카루젤 광장은 루브르궁으로 둘러진 광장이다. 이 시리즈는 튈르리 정원과 카루젤 광장을 다양한 각도에서 계절, 기후, 시각을 달리하여 그리고 있다.

(1) 시점장

그림 제목에서 그려진 시대상을 튈르리 정원으로 판단하였으나, 어디서 이 정원이 그려졌는지, 그 시점장은 처음부터 알 수 없다. 우선은 그림과 당시 지도에 있는 튈르리 정원과 그 주변의 평면에서 시점장을 추정하는 수 밖에 없다.

시점장이 정원에 면하고 있을 줄은 그림을 보고서는 도저히 알 수가 없었다. 그리고 그려진 가로수, 정원 보도와 분수 등의 위치를 고려하여 정원의 좁은 쪽을 보고 그린 것도 알았다. 정원을 둘러싼 길은 북쪽의 콩코르드 길, 남측의 튈르리 강변로, 서측의 콩코르드 광장, 그리고 루브르궁이 있다. 이 길들은 모두 루브르궁에 면하고 있으며, 그 중에서 튈르리 정원에 면하고 있는 리볼리 길이나, 세느강변의 튈르리 강변로 일 것이라고 생각하였다. 그러나 그려진 루브르궁의 위치에서 리볼리 길 쪽이리는 것을 알았다.

결국 시점장은 리볼리 길과 7월29일 길(리볼리 길과 생 토노레 길을 잇는 짧은 길)의 교점에 면한 아파트의 상층이었다는 것을 알았다.

사실, 피사로가 빌린 아파트(1899년 11월-1900년 11월)가 리볼리 길과 7월29일 길의 모서리에 위치하며, 방 창문은 튈르리 정원의 대분수에 면하고 있다. 피사로는 이 시점장에서 남쪽으로 튈르리 정원을 본(그림 3.31) 경관을 그리고 있다. 이것은 그려진 정원의 평면과 간단한 정원의 3차원 컴퓨터 그래픽에 의해서도 확인된다. 정원의 긴 방향이 아니라, 정원의 짧은 방향을 본 경관이 그려졌다.

정원의 폭(세느강 방향까지)은 350m이며, 시점장이 되는 건물 높이와 정원 폭과의 비 D/H는 15.7이다.

(2) 시대상

"카루젤, 가을 아침", "카루젤, 오후의 태양"(그림 3.31①), "카루젤 광장, 튈르리 정원"은 남동쪽에 있는 모드 박물관, 루브르궁과 루브르궁에 둘러진 카루젤 광장, 그리고 그 중의 카루젤 개선문을 본 경관을 그리고 있다.

다음으로, "루브르 정원, 안개 효과", "루브르 정원, 아침, 흐림", "튈르리 정원"(그림 3.31②)은 남쪽에 있는 튈르리 정원과 루브르의 플로르관 방향을 본 경관을 그리고 있다.

그리고, "튈르리 정원, 비 오는 오후"(그림 3.31③), "튈르리 정원, 겨울 오후"(그림 3.31④)는 리볼리 길을 건너 남서쪽의 튈르리 정원을 본 경관이 그려져 있다. 여기에는 기하학적인 모양으로 배치된 잔디밭과 분수가 보이며, 정원의 수목 뒷편으로 멀리 보이는 건설 중인 오르세역, 그 건너편으로 보이는 생트 클로틸드 성당이 보인다.

즉, 하나의 시점장에서 남동쪽에서 남서 방향까지 90도의 폭을 커버하는 경관이 파노라마로 그려져 있다. 이 구도는 "도로(광장)와 건축(마을)의 정면 모습의 경관"에 해당한다.

여기에서도 튈르리 정원 저 멀리로 보이는 가로수, 그리고 그 위로 보이는 오르세역과 성당(생트 클로틸드 성당)의 첨탑 등을 배치하고 있는 것이 시가지의 마을을 매력적으로 하는 효과를 가지고 있다.

또한 계절(봄, 가을, 겨울), 기후(맑음, 비, 눈, 안개, 구름), 시간(아침, 오후)에 따른 정원의 사람들, 수목의 광경을 생생하게 표현하고 있다. 튈르리 정원은 당시 "패션쇼 회장과 같은 모습을 하고 있었으며 실제로 유행은 이곳에서 만들어져 이 곳에서 프랑스 전역으로, 아니 유럽으로 퍼져 나갔기 때문에 유행에 자신있는 남녀는 신분에 상관없이 모두 이 튈르리 정원의 푀이양 테라스에 모였다"[5].

(3) 정량적인 경관 조작 지표

거리를 보면 정원은 50-350m의 깊이감이 있으며, 이곳에서 루브르궁까지 150-350m, 건설 중인 오르세역까지 약 540m, 그리고 생트 클로틸드 성당까지는 약 1,000m 위치에 있다. 그려져 있는 것은 근경에서 중경까지의 건물, 근경의 정원 나무와 중경의 가로수를 가진 마을이다.

정원의 D/H은 15.7 이다. 주변 건물 높이와 비교하면 깊이감이 크다. 이 정원은 가로수와 성토로 감싸여 있지만, 감싸진 정원이라는 느낌이 안 들고 오히려 광대함을 느끼게 한다.

화각을 보면 정원의 방향, 오르세 미술관 방향의 화각(60도)이 넓다. 정원을 감싸고 있는 가로수까지의 거리는 350m이다. 이는 그려진 대상을 한정하는 구도이거나 정원의 크기를 강조하기 위한 구도를 취하고 있는 것으로 이해할 수 있다.

반면, 루브르궁 방향의 회화는 근경 범위이며, 이 화각은 36도로 좁다.

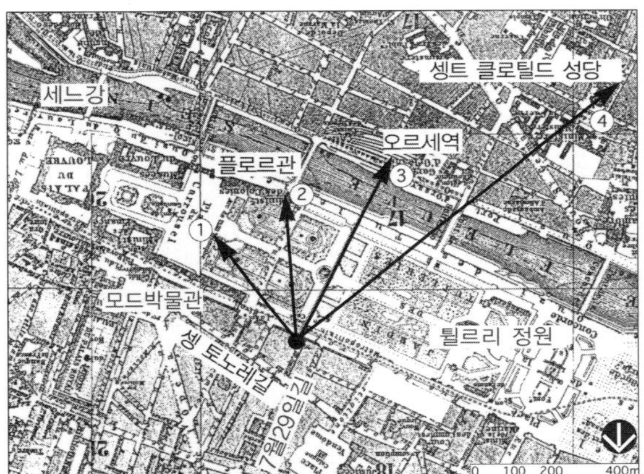

시점장과 방향

CG 표현

그림 3.31 튈르리 정원 시리즈 경관

5. 퐁뇌프 시리즈와 베르 갈랑 광장 시리즈

세느강에 걸려있는 시테섬과 해안을 잇는 퐁뇌프 다리는 "새로운 다리" 라는 의미로 1606년에 완성되어, 오늘날 파리를 대표하는 가장 오래된 다리이다. 그러나, 당시 파리에서 건물이 없는 다리는 이것이 처음이었다. 베르 갈랑 광장은 시테섬 서측의 선단부에 있는 광장이다. 이곳의 상부 테라스가 퐁뇌프 광장으로, 이곳에 앙리 4세의 동상이 있다.

퐁뇌프 시리즈는 총 9점, 베르 갈랑 광장 시리즈는 총 23점의 회화로 구성된다.

"퐁뇌프"의 명칭을 그림 제목에 포함하고 있는 그림은 9점으로, 이는 모두 퐁뇌프를 앞쪽에 배치한 다리의 축경을 그리고 있다.

말하자면 광폭의 새 다리, 난간, 다리 위의 발코니 디자인, 새로운 교각 디자인이 강조되어 있다. 퐁뇌프 배경에는 생 제르맹 록세루아 성당과 백화점인 라 사마리텐느가 그려져 있다. 맑은 오후, 비 오는 오후, 짙은 안개, 비, 그리고 다리 위의 번잡함과 각각 다른 분위기의 경관을 그리고 있으나, 퐁뇌프는 모두 같은 구도로 그림을 그리고 있다.

그리고, 앞쪽에 베르 갈랑 광장을 놓고 세느강, 퐁 데자르(예술교), 배후에는 루브르궁을 보는 경관이 16점 있다. 그림 제목은 "루브르궁, 겨울 태양", "퐁뇌프의 테라스에서 보는 세느강의 경관", "루브르궁, 아침, 태양", "루브르궁", "아침, 겨울날, 안개, 퐁뇌프, 세느강, 루브르궁", "루브르궁, 흐림, 오후" 등 다양하다. 그러나 모두 같은 구도로 그려져 있다. 그럼에도 불구하고 각각 서로 다른 인상을 주는 것은 역시 계절의 차이와 광장의 사람들, 세느강을 달리는 많은 범선 등의 풍경 때문이라고 할 수 있다.

또한, 앙리 4세의 조각이 그려져 있는 것이 7점 있다. 그 그림 제목은 "퐁뇌프, 앙리 4세 조각, 빛이 쏟아지는 겨울 아침", "앙리 4세의 조각" 등으로 "앙리 4세"라는 단어가 반드시 포함되어 있다.

(1) 시점장

이상의 시리즈는, 세느강변의 퐁뇌프, 베르 갈랑 광장, 퐁 데자르, 루브르궁, 앙리 4세 동상이 그려져 있는 것으로, 이런 것들을 시테섬에서 본 구도로 그리고 있다(그림 3.32). 실제로 피사로는 1900년 11월에서 1903년 11월까지, 도핀느 광장 28번지의 아파트를 빌렸다. 때문에 이 모든 그림의 시점장이 모두 시테섬의 이 아파트 지붕 뒤편의 방이다. 이 장소가 "세느강변이 파노라마처럼 펼쳐지는 전망"[2]을 볼 수 있는 곳이기 때문이다.

시점장의 앞 퐁뇌프 광장의 테라스는 D/H=3.33이다.

(2) 시대상

"퐁뇌프" 를 그린 9점의 회화가 모두 북쪽을 조망하면서, 퐁뇌프의 축경과 배후의 시가지를 보는 경관을 상기 시점장에서 그렸다. 해변 마을에 생 제르맹 록세루아 성당이 보인다(그림 3.32①). 이 구도는 "도로와 하천의 투시도적 경관" 이다.

그리고, "루브르궁, 겨울, 아침", "루브르궁, 아침, 하루", "퐁뇌프 테라스에서의 세느강 경관" 등의 16점에는 시점장에서 조근경과 근경에 북서 방향의 베르 갈랑 테라스와 세느강을 배치하고, 퐁 데자르와 루브르궁의 벽면 방향을 중경에 배치한 경관이 그려져 있다(그림 3.32②). 퐁 데자르에 대해서는 다음과 같은 에피소드가 있다.

"나폴레옹은, …… 파리의 육상 교통 대책의 일환으로 몇 개의 다리를 세느강에 만들었으나, …… 루브르궁에서 학사원에 걸친 파리 최초의 철강 인도교인 퐁 데자르(예술교, 당초는 학사원의 옛이름으로 사국민교) ……"[6]을 구상하였다. "1801년에는 세느강을 가로지르는 퐁 데자르가 루이 알렉상드르 드 세사르에 의해 건설되었다. 이 다리 상부는 철로 되어있으며, 이것이 석조 교각에 의해 지지되고 있다"[8]. 이들 구도는 "하천과 마을을 보는 경관"을 만든다.

또한, "앙리 4세의 조각상, 아침, 태양", "베르 갈

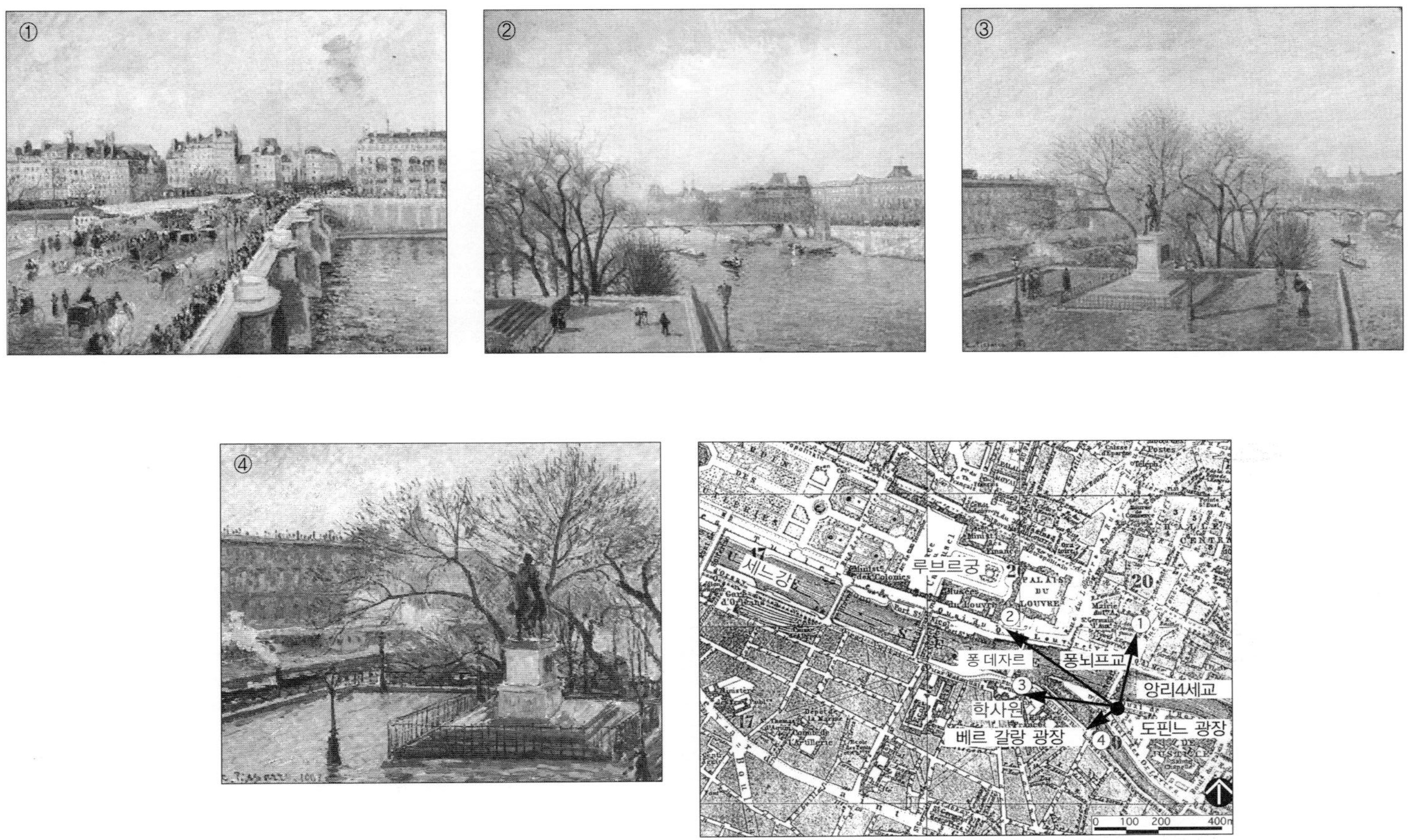

그림 3.32 퐁뇌프와 베르 갈랑 광장 시리즈 경관

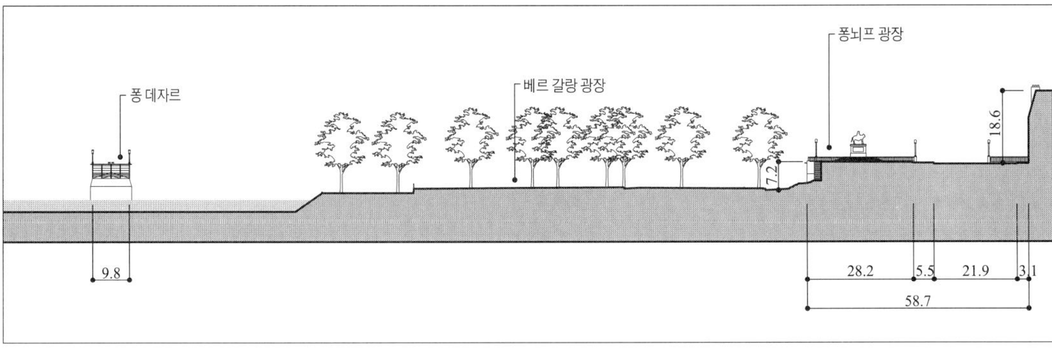

그림 3.33 세느강 하류 방향의 단면도

랑 광장, 아침"(그림 3.32③), "퐁뇌프 테라스, 앙리 4세 광장, 오후, 비"의 3점이 서쪽 가까이에 위치하고 있는 앙리 4세 동상을 바라보는 경관이다. 앙리 4세 조각상의 배후에는 프랑스 학사원의 돔이 보인다. "화려한 돔을 가진 학사원이 17세기, 마자랭 추기경의 뜻으로 방대한 유산의 일부를 투입하여 학교로서 조성되었다. 아카데미 프랑세즈 등 학사원의 본거지인 이곳은 현재 마자린느 도서관으로서 일반시민에게 공개되고 있다"[6].

그리고, 앙리 4세의 조각상만을 바라보는 경관도 4점 있다(그림 3.32④). 이것은 "심볼릭한 건조물 경관"에 해당한다.

이처럼, 동일 시점에서 북쪽의 퐁뇌프를 포함하는 경관, 북서의 루브르 경관, 서쪽의 앙리 4세의 조각상만을 보는 경관으로, 총 네 가지 방향(좌우의 시야가 120도)의 경관이 그려져 있다. 즉 이곳에서 "도로와 하천의 투시도적 경관", "하천과 마을의 경관", "심볼릭한 건조물 경관"이 모두 그려졌다. 이 시리즈 또한 계절(겨울, 3월), 기후(맑음, 서리, 비, 눈, 안개, 구름), 시간(아침, 오후)의 변화에 따른 다양한 마을 모습이 그려져 있다.

(3) 정량적인 경관 조작 지표

시대상까지의 거리를 보면, 앙리 4세의 조각상을 그린 "심볼릭한 건조물 경관"에는 60m의 초근경에 조각상이 그려져 있다.

퐁뇌프, 생 제르맹 록세루아 성당이 근경, 루브르궁, 학사원, 퐁 데자르가 중경 범위에 그려져 있다. "도로와 하천의 투시도적 경관"에서는 이처럼 근경에서 중경 범위가 주된 시대상이 된다.

퐁뇌프를 보는 화각은 62도로 크기 때문에, 하천과 해안의 마을까지 포함하고 있다. 이것은 다리 그 자체와 다리 위의 사람들 활동, 혼잡한 모습, 다리 위의 발코니를 모두 그릴 수 있게 한다. 해안까지의 거리는 100m이다.

퐁뇌프 광장의 테라스는 D/H=3.33이다(그림 3.33).

6. 볼테르 강변로 시리즈

볼테르 강변로는 세느강 좌측 강변, 루아이알교와 카루젤교 사이에 있는 강변 도로이다.

세느강 남측 시리즈는 총 8점의 회화가 있다. 그림 제목이 "플로르관과 루아이알교"의 단어가 포함된 것이 3점, "카루젤교"라는 단어가 포함된 것이 2점, 그리고 "루브르, 아침, 말라케 해안", "파리 세느강", "말라케 해안"이라는 단어를 포함하고 있는 것으로, 이것들이 이 시리즈의 그림이다. 따라서, 이들 그림은 루브르궁, 세느강에 걸린 카루젤교, 그리고 루아이알교가 시대상으로 그려져 있음을 알 수 있다.

(1) 시점장

이 시점장은 모두 세느강 남측, 카루젤교와 루아이알교의 사이에 있는 볼테르 강변로에 면한 맨션의

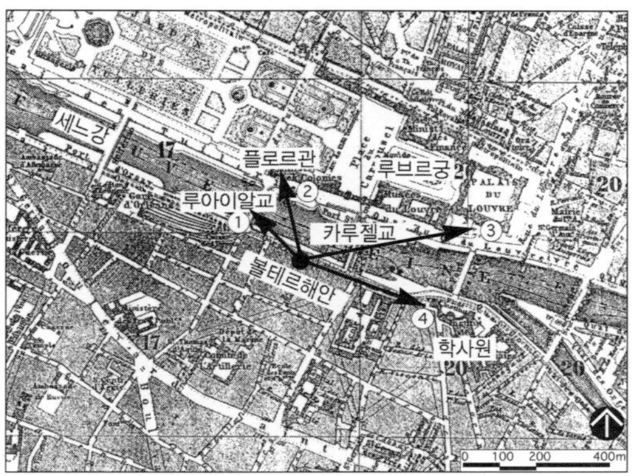

볼테르 강변로 시점장

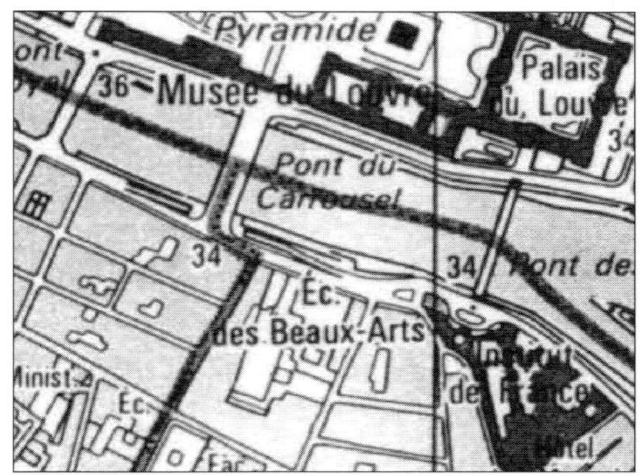

현재 해안

그림 3.34 볼테르 강변로 시리즈 경관

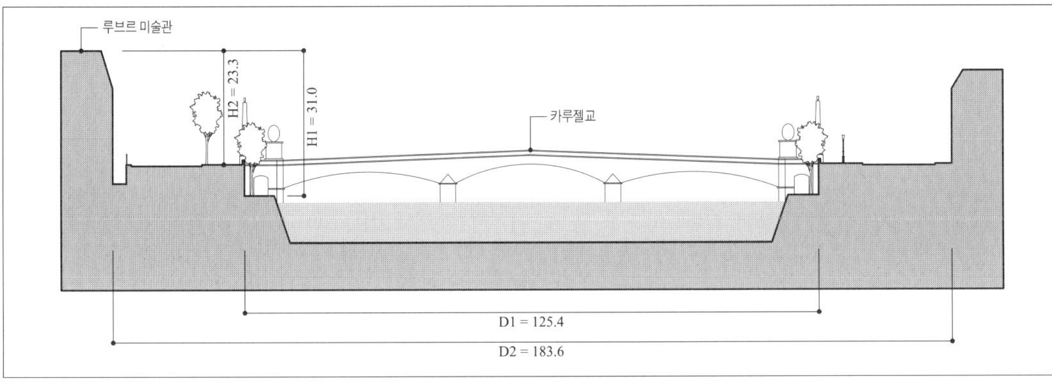

그림 3.35 세느강의 단면도(카루젤교 방향)

상층이다(그림 3.34). 피사로는 당시 이 길에 있는 오텔 뒤 케 볼테르(볼테르 강변로 호텔)에서 1903년 3-5월까지 머물렀다. 현재도 이 명칭의 호텔은 존재하나, 이 호텔에는 테라스가 없어 좌우 180도를 둘러볼 수 없다. 그러나, 옆 맨션 5층에는 창문이 있고, 여기서는 좌우를 그릴 수 있다. 따라서 이 맨션의 창 부근이 시점장으로 적당하다고 판단된다.

시점장 앞에 있는 세느강의 폭은 100m, 양측 건물 높이와의 관계를 보면 D/H는 6-9 이다.

(2) 시대상

"파리 세느강, 루아이알교", "루아이알교, 흐림, 오후, 봄"(그림 3.34①)은 세느강 남측 강변에서 북서(하류 방향)의 세느강, 루아이알교, 볼테르 강변로를 본 경관을 그리고 있다.

다음으로, "루아이알교와 플로르관"(그림 3.34②)에는 북쪽의 세느강, 루아이알교, 강 건너의 플로르관(250m)을 본 경관이 그려져 있다.

그리고, "카루젤교, 오후"(그림 3.34③)와 "루브르, 아침, 태양, 말라케 강변로"에는 북동쪽의 세느강, 카루젤교, 그리고 강 건너편의 루브르를 본 경관을 그리고 있다.

또한, "말라케 강변로, 아침, 태양"(그림 3.34④)은 동쪽의 세느강, 카루젤교, 볼테르 강변로, 그리고 학사원의 돔을 본 경관을 그리고 있다.

결국, 이들 회화를 옆으로 열거해 보면, 동일 시점

그림 3.36 루아이알교와 플로르관

그림 3.37 카루젤교와 루브르궁

그림 3.38 볼테르 강변로와 학사원

을 기점으로 북서에서 북, 북동, 동쪽까지의 경관이 파노라마로 그려져 있음을 알 수 있다. 구체적으로는 루아이알교 방향, 플로르관 방향, 루브르궁과 카루젤교 방향, 학사원 방향을 본 경관이다. 이것을 열거해 보면 거의 180도 파노라마 경관이 된다. 이러한 구도는 "하천과 마을의 경관"과 "도로와 하천의 투시도적 경관"의 구도에 가깝다. 단지 여기서 주목해야 할 점은 어떠한 구도도 하천의 유축 경관에 가깝고, 해안 경관이 아니라는 것이다.

계절, 기후는 봄, 그리고 맑음, 흐림, 그리고 시간이 변화하는 경관이 그려져 있다.

(3) 정량적인 경관 조작 지표

거리는 루아이알교까지 80m, 강 건너 루브르궁까지 380m, 학사원까지는 450m이며, 초근경, 근경, 중경의 경관이 그려져 있다.

시대상은 다리, 길, 루브르궁 등의 특징적인 것이 대부분이다. "하천과 마을의 경관"과 "하천과 도로의 투시도적 경관"에 해당하나, 해안 폭은 약 100m 이며, D/H는 5.9 이다(그림 3.35).

화각은 36도로 좁다. 하천을 그린 경관은 비교적 화각이 넓은 것이 일반적이나, 이 경우 화각이 좁아, 시대상이 의식적으로 한정되어 있음을 알 수 있다.

7. 파리 시내 시리즈 경관 구도의 특징

(1) 시점장은 도로의 교차점, 정원, 하천 변에 면하여 입지하는 건물의 상층이다.

(2) 보는 방향에 따라 경관 타입이 다르며 다양하다. 즉, 다양한 경관 타입을 얻을 수 있는 장소가 시점장이 되고 있다.

(3) 시대상은 "도로와 건축의 투시도적 경관", "하천과 마을의 경관", "도로와 하천의 투시도적 경관"을 만들고, 여기서는 주로 시가지의 마을을 그리고 있다.

(4) 시대상까지의 거리는 광장에서 100m 이내의 초근경, 조각상이나 다리까지는 300m의 근경, 마을은 1km 이내의 중경 범위이다. 즉, 초근경에서 중경까지 그리고 있는 것이다.

(5) 동일 시점에서 좌우에 그려지는 범위는 90-180도로 파노라마처럼 마을을 그리고 있다. 따라서, 시점장이 좌우로 열려있는 곳, 그 시점장에서 다양한 경관 타입을 얻을 수 있는 곳, 90-180도의 파노라마 같은 경관을 얻을 수 있는 곳이 필요하다는 것을 설명하고 있다.

3–4 디에프 시리즈

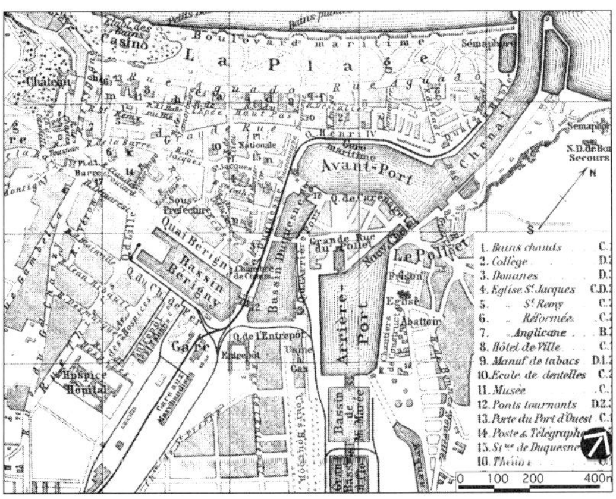

그림 3.39 1900년 당시의 디에프

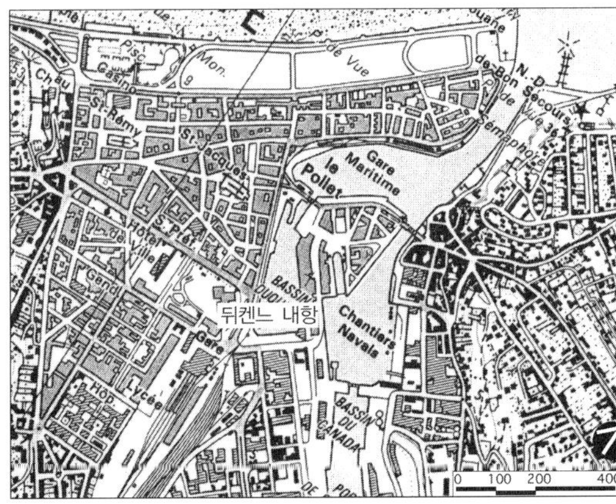

그림 3.40 현재 디에프

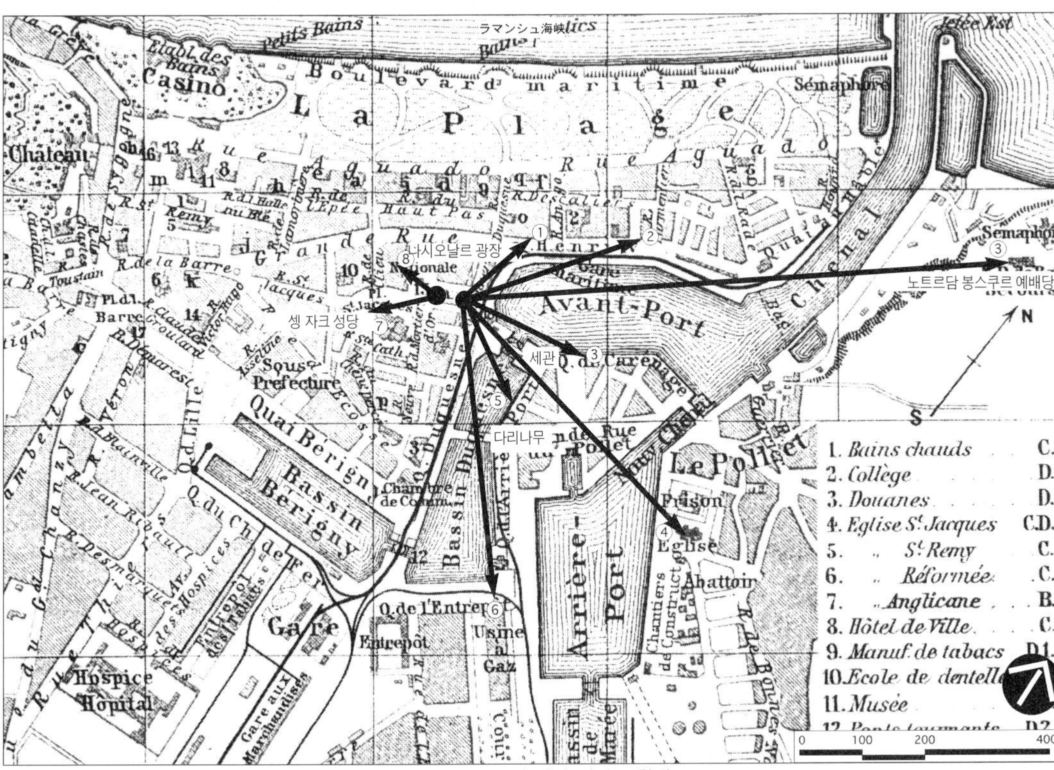

그림 3.41 1900년 당시 디에프 확대도

디에프는 파리에서 북서로 약 200km, 루앙에서 약 60km의 위치이며, 파리(생 라자르역)에서 루앙역에 도착하여 여기서 갈아타고 약 50분 정도면 디에프역(SNCF)에 도착한다. 역에서 내려 북쪽으로 항구 길을 따라 약 600m정도 걸어가면 구 시가지, 항구 광장에 도착한다.

디에프는 라망슈 해협에 면한 항구 마을이다. "파도에 부서져 하얀 거품을 일으키는 2개의 바위섬에 끼어있는" 마을이다. 1760년경, 영국의 브라이튼에서 시작한 해수욕의 유행은 어느새 영국 해협에 면한 디에프에 상륙하였다(1778년). 이것에 더하여 1822년에는 극장과 댄스 홀이라는 관광 시설이 건설되었다"[8]. 디에프는 철도가 개통되면서 파리에서 가장 가까운 해수욕장이 있는 마을로서 번영하였다.

디에프 시리즈는 이 디에프항만을 그린 시리즈와 디에프의 생 자크 성당을 그린 시리즈, 2개가 있으며, 총 15점이다. 그림 3.39는 1900년 당시의 지도이며, 그림 3.40은 현재 디에프 시가지 지도이다. 그림 3.41은 1900년 지도의 확대도이다. 양자의 큰 차이는 항구의 일부가 매립되어 있다는 점과 1900년 당시에 있는 목조 다리가 없어졌다는 점이다.

1. 항만을 그리는 구도

제1시점장은 항만에 면한 아르카드 드 라 푸아소느리 길에 접한 4층 건물의 상층이다(그림 3.41). 피사로는 여기에 1902년 7월-11월말까지 살았다.

이 시점장에서는 "어시장, 디에프"(그림 3.42①), "어시장, 디에프, 흐림, 아침"(그림 3.42②), "오후, 맑음, 내항, 디에프"(그림 3.42③), "디에프항"(그림 3.42④) 등 10점이 그려졌다. 이것은 북쪽에서 동쪽으로 연속하여 그려져 파노라마적인 구도를 가진다.

시장 광장의 번화함, 이곳을 감싸는 마을, 그리고 항구를 바라보며 그리고 있다. 멀리에는 암벽 위에 서 있는 노트르담 드 봉스쿠르 예배당이 보이는 경관이다. 회화에서는 이해할 수 없었던 암벽이 현지 조사에서 실경을 보고 처음으로 이해되었다. "디에프항"④은 관문에 위치하고 있는 세관을 바라본 경관을 그린 것이다. 예전 세관이 있던 장소에는 현재 피사로가 그린 세관의 회화 레플리카가 있다. 또한 당시 이 광장에는 노면 철도가 지나고 있었다. 이것은 그림에도 그려져 있고 당시 지도에도 기재되어있다. 그러나 현재 이 광장에는 철도는 없고 바닥이 나무 판으로 정비되어있다.

"오후, 뒤켄느의 조선소, 디에프, 낮은 파도"(그림 3.42⑤), "디에프항, 뒤켄느의 조선소와 베리니 내항; 높은 파도, 햇살 좋은 오후"(그림 3.42⑥), "디에프, 뒤켄느 내항; 낮은 파도, 햇살 좋은 아침" 등의 그림은 동쪽에서 남쪽으로 뒤켄느 조선소까지 바라보는 경관을 파노라마처럼 그리고 있다. 동쪽에는 배경으로 노트르담 데 그레브 성당과 구릉지의 암벽이 보인다. 남쪽에는 당시 뒤켄느의 조선소에 걸린 나무 다리가 보인다. 이 다리의 존재는 1900년판 지도(그림 3.41)에서 확인되었다. 이 그림은 바로 그 나무 다리 방향을 보고 그린 경관이다. 그림의 좌측 방향(동쪽)에는 수문과 바다가 있다. 썰물과 밀물의 항구 모습을 그리고 있다. 모두 "항만 경관"이다. 현재 나무 다리는 없다. 지금은 많은 배들이 정박하는 마리나로 변모했다.

2. 생 자크 성당을 그리는 구도

제2시점장은 부슈리 길과 티에 도르 길의 교점, 생 자크 성당 앞의 나시오날 광장에 면한 건물 오텔 드 코메르스의 상층이다(그림 3.41). 이 성당 주위에는 넓은 오픈 스페이스가 있고, 석재로 마감 정비되어 있으며, 이곳에서는, 그림 제목에도 있는 것처럼, 정기적으로 시장이 열린다.

"생 자크 성당, 디에프, 아침, 태양"(그림 3.42⑦), "생 자크 성당 옆 시장, 디에프"은 이 시점장에서 서쪽으로 생 자크 성당(90m)과 부슈리 길, 그리고 성당 주위의 시장을 바라보는 경관을 그린 것이다.

"축일, 디에프, 햇살 좋은 오후"(그림 3.42⑧)는

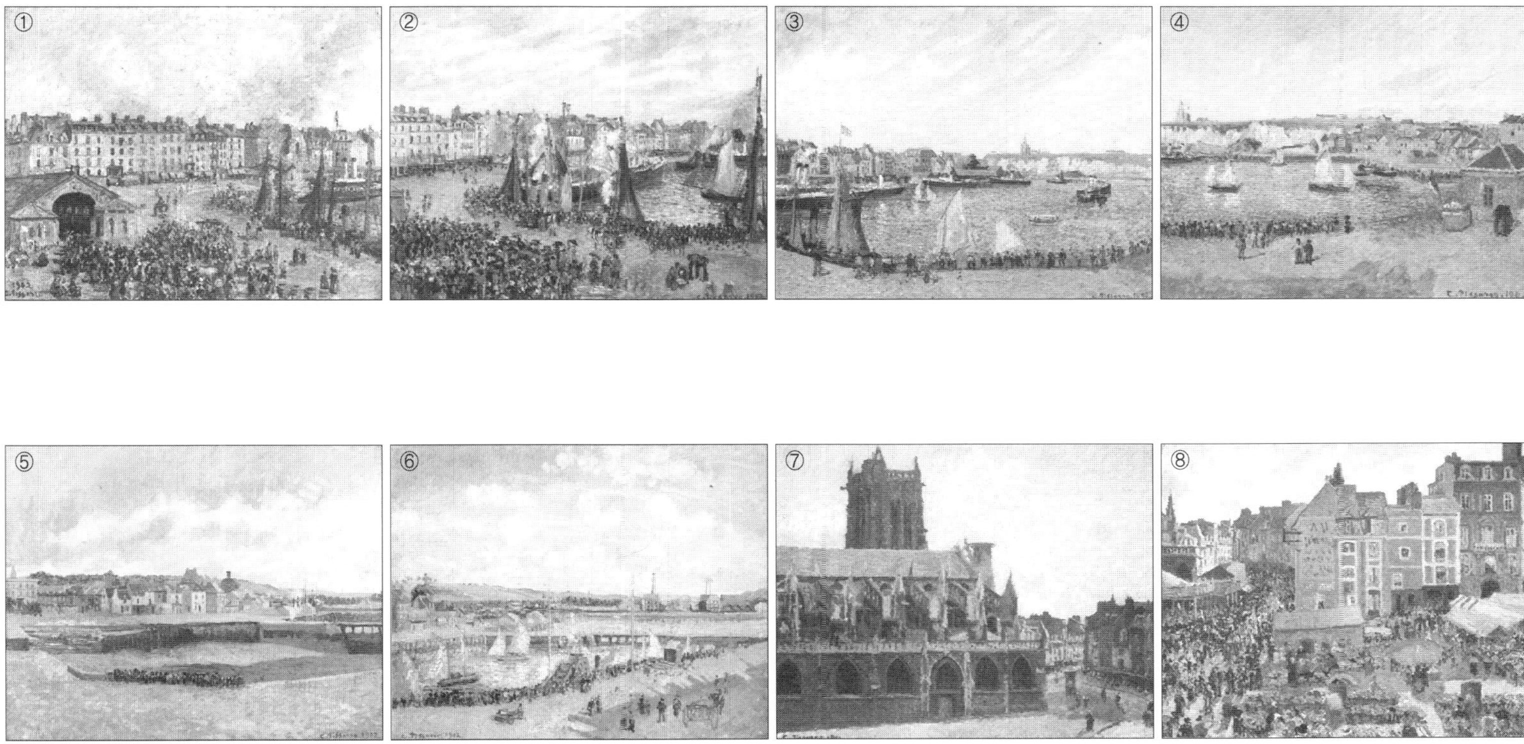

그림 3.42 디에프 시리즈 경관

그림 3.43 셍 자크 성당

그림 3.44 아르카드 드 라 푸아소느리 길

그림 3.45 항에 면한 시가지

약간 시선이 북쪽을 향하고 있으며, 성당 앞 도로, 나시오날 광장, 그리고 주위 건물을 보는 경관을 그리고 있다. 나시오날 광장에는 텐트가 쳐져 시장이 열리고, 그 곳에는 야채들이 놓여져 있다. 나시오날 광장의 D/H는 2.3-5.0 이다.

이 구도는 "도로와 건축의 투시도적 경관" 이다.

3. 디에프 시리즈 경관 구도의 특징

이상과 같은 그림은, 제1시점장에서 1)북쪽의 항구 시장 광장과 그 마을, 2)시장 광장에서 노트르담 드 봉스쿠르 예배당까지의 북동 방향, 3)뒤켄느의 조선소와 노트르담 데 그레브 성당, 4)세관, 뒤켄느항의 남동쪽 경관을 그렸다. 이것 또한 120-140도의 파노라마 경관이 된다.

제2시점장에서는 셍 자크 성당 방향과 나시오날 광장 방향, 두 방향을 본 것으로, 이 곳에서는 90도의 파노라마 경관을 그리고 있다.

여기서 주목할 점은 원경에 건조물(노트르담 드 봉스쿠르 예배당)을 배치함으로서 연속된 시가지 마을의 경관을 완성하는 역할을 하고 있다는 점이다.

또한, 동일 구도임에도 불구하고 "항만 어시장에 몰려든 수많은 사람들", "화물 열차", "마차", "입항을 기다리는 사람들", 등의 변화함과 함께, 항구의 "간만의 차", 그리고 "맑음", "흐림", "안개"와 같은 자연의 변화에 따른 경관이 묘사되었다는 점이다.

그림 3.46 시가지와 오른쪽의 노트르담 드 봉스쿠르 예배당

그림 3.47 해안의 노트르담 드 봉스쿠르 예배당

이처럼, 그려진 시대상까지의 거리는 초근경에 생자크 성당과 그 주위의 시장, 그리고 근경에 세관과 시장 광장, 중경에 노트르담 드 봉스쿠르 예배당이 배치되어 있어 초근경에서 근경, 중경까지의 범위가 그려져 있음을 알 수 있다.

화각은 평균 45도로 일반적인 각도이다.

3–5 르 아브르 시리즈

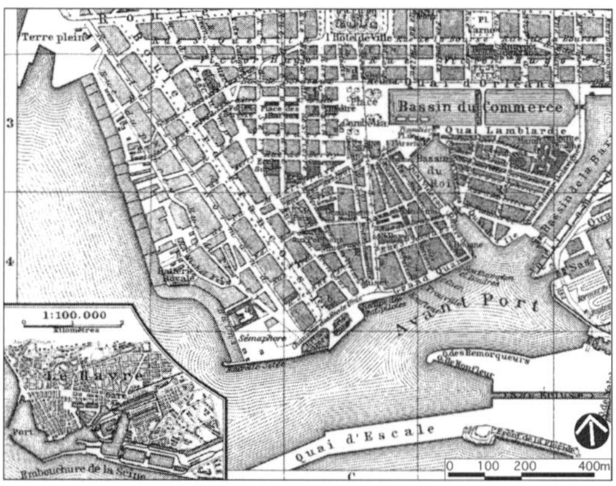

그림 3.48 당시의 르 아브르

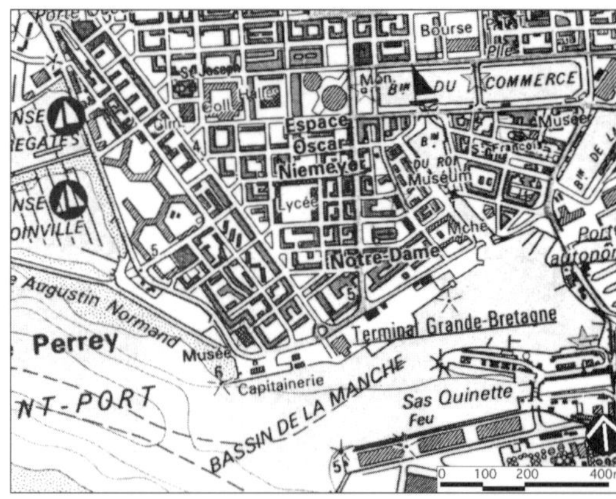

그림 3.49 현재 르 아브르

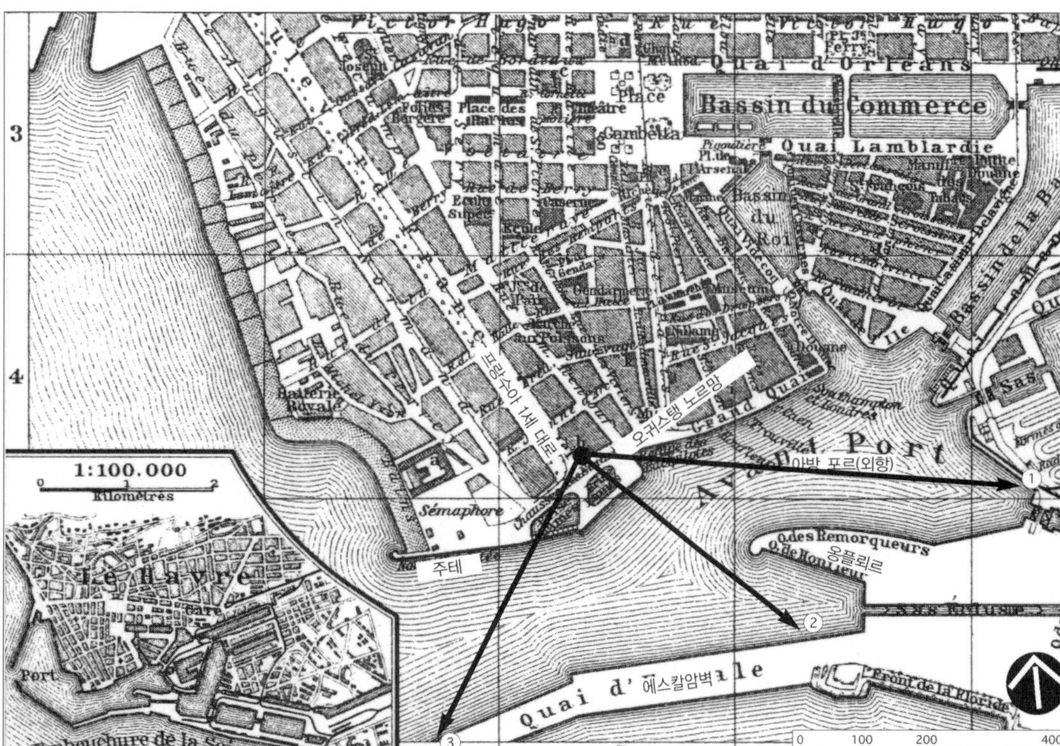

그림 3.50 1900년 당시의 르 아브르 확대도

르 아브르는 루앙에서 서쪽으로 열차를 타고 약 1시간이면 도버 해협에 도착한다. 여기는 세느강 하구, 바다에의 현관문으로 항구 도시이며, 프랑스에는 현재 마르세이유 다음으로 큰 항이다. 그림 3.49는 현재 르 아브르의 시가지 지도이다. 여기는 모네가 유년기부터 파리로 이사할 때까지 살았던 마을이다. 모네의 "인상, 일출"(1873)이 그려진 것도 이 마을이며, 현재 항구에는 이 레플리카가 전시되어 있다. 이것은 모네가 1873년에 르 아브르에 살았을 때 호텔의 창에서 항구의 일출을 그린 것으로 인상파의 기념비적인 작품이다.

피사로는 1903년 7월 10일 – 9월 26일에 르 아브르에 머물렀으며, 르 아브르 시리즈를 총 9점으로 완성하였다. 그림 3.48은 당시의 르 아브르 항구의 지도이며, 그림 3.50은 그 확대도이다. 당시 지도를 보면, 철도가 지나고 있었으며, 두 개의 작은 선착장이 있었다. 현재 이 항에는 피사로가 그린 회화 레플리카도 전시되어 있다. 그림 3.49는 현재 르 아브르의 지도이다.

1. 시점장

항구는 르 아브르역(SNCF)에서 서쪽으로 직선 거리 약 1.7km 떨어져 있다.

"르 아브르항", "내항, 르 아브르" 등 4점이 내항을 그린 것이고, "내항과 세마포르의 주테(부두)" 등 4점이 그 인접 항을 그린 것이다(그림 3.51①②). 그리고 또 하나의 구도, "주테(부두), 르 아브르, 높은 파도, 아침"(그림 3.51③)이다. 구도적인 측면에서 보면, 상기와 같은 세 가지 구도로 생각되며, 전자 2개는 동쪽 방향을 두 개로 나누어 그리고 있다. 그러나 후자로 그려진 그림(그림 3.51③)의 시점장은 지도와 현지 조사에서도 판단하기 어려웠다.

피사로가 그렸다고 추정되는 항만부는 이미 매립되었고, 그 주변도 근대적인 건물로 꽉 차 있어 르 아브르 해안 주변은 상당히 변하였고, 지금은 그림과 같은 경관을 얻을 수 없다.

그럼, 어떻게 피사로가 그림을 그린 장소를 확인할 수 있을까? 항만부를 그렸다는 것은 회화를 보면 알 수 있다. 해변의 간만 정도도 그려져 있다. 그 곳에는 많은 범선이 정박하고 있는 모습이 그려져 있으며 육지 부분에는 많은 노동자들이 일하는 모습, 범선을 구경하는 사람들, 노면 전차 등이 그려져 있다.

그림 제목에는 '주테(부두)' 라는 장소 이름이 기재되어 있는 것으로 보아 그 장소를 특정할 수 있다. 관광 안내소에서도 이 장소를 알려주었다. 왜냐하면, 지금도 이 지명이 존재하기 때문이다. 이로서 주테 주변의 항만이 그려져 있는 것을 알았다.

반면, 1900년 당시의 지도[7]에는 그 주변이 어떤 모습이었을까? 그래서, 그 평면 지도를 해변과 지반면으로 구분하여 주테 부근을 3차원 CG(컴퓨터 그래픽)에 의해 재현해 봤다(그림 3.51④⑤참조). 시점의 높이, 장소를 다양하게 변화시켜 내려다보는 경우의 경관을 출력하여 그려진 항만의 회화와 비교하였다. 그 결과, 그림과 매우 비슷한 항만 경관을 얻을 수 있었으며, 이것으로 시점장을 추정할 수 있었다.

CG에 의해 재현된 시점장은 현재 프랑수아 1세 내로와 오귀스탱 노르망 길(오래된 돌이 깔려 있다)의 교차점에 면한 건물일 것으로 추정된다. 당시 지도에는 그 앞에 2개의 선착장이 있었다. 이곳과 그 건너편의 외항을 바라보면, 현재는 그 2개의 선착장이 매립되어 아일랜드행 객선 터미널로 변해 있었다.

2. 시대상

르 아브르 시리즈에는 항만 경관이 반복되어 그려져 있다. 3차원 CG의 재현으로, 남쪽 항만, 외항과 대항의 에스칼 암벽, 옹플뢰르 암벽의 세 방향의 경관을 그렸다는 것을 알았다. 정박 중의 기선, 또는 운행 중의 많은 범선, 수많은 항만 노동자, 그리고 육지에는 마차, 노면을 달리는 열차 등이 그려져 있다. 그리고 썰물과 밀물의 모습도 제각기 그려져 있다. 그러나 그

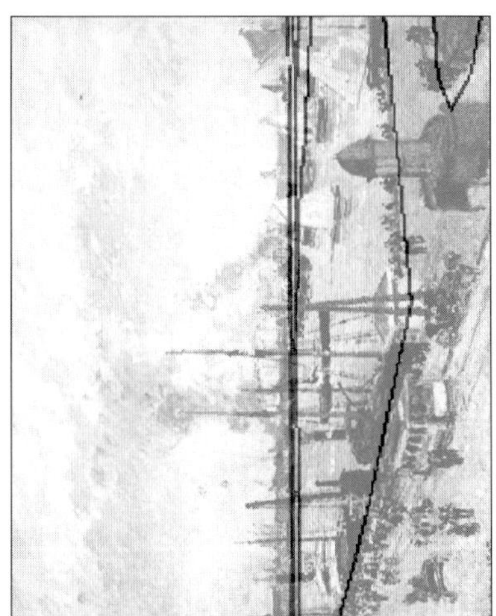

CG에 의한 표현

CG에 의한 표현

그림 3.51 르 아브르 시리즈 경관

그림 3.52 피사로가 그린 르 아브르항의 레플리카

그림 3.53 매립된 후의 여객 터미널

려진 항만의 모습 등의 시대상은 현존하지 않는다.

3. 그림과 실제 경관과의 비교

현재는 당시의 모습을 전혀 찾아볼 수 없다. 시점장도 시대상의 해안선도 변하였다. 따라서 회화와 실경을 비교할 수 없다.

그러나 피사로는 당시 이 항이 매립된다는 사실을 알고 르 아브르 시리즈를 그리고 있다. 기록을 목적으로 당시의 항구 광경을 남기기 위해 그린 것이다. "나는 항구 시리즈를 보고 싶어하는 수집가를 환영한다. 그것은 역사적, 자료적 견지에서 매우 중요하다. 왜냐하면 항구를 확대하기 위해 파괴되고 있기 때문이다. 그것을 파괴한 후에 이 그림은 매우 중요한 자료가 될 것이다"[2]. 이 문장에서도 알 수 있듯이 피사로는 당시 항만의 현황을 사실적으로 그렸다는 것을 알 수 있다.

그림 3.54 모네의 "인상, 일출"의 레플리카

그림 3.55 르 아브르항의 주차장

그림 3.56 르 아브르항의 감시탑

3-6 파노라마 경관 구도의 특징

일반적으로 화가는 하나의 시점장에서 주변을 내려다보며 그 중에서 "그림이 되는 경관"을 하나만 골라 그림을 그린다. 특징적인 시대상인 경우에는 어떤 방향에서 볼 때 "그림이 되는 경관"을 만들 수 있을까? 라며, 시대상 주변을 찾아 가장 적절한 시점장을 발견하여 1장의 그림을 그린다.

그러나 시야는 통상 360도의 폭을 가지므로, 하나의 시점장이어도 한 방향뿐 만이 아니라 다방면에서 경관을 볼 수 있다. 피사로는 주변을 둘러보고 "그림이 되는 경관"을 각 방향 별로 그리고 있다. 즉, 하나의 시점장에서 여러 장의 주변 경관을 그리고 있다.

피사로는 동일한 장소에서 계속해서 그리는 이유를 다음과 같이 편지에 적고 있다. " …… 눈이 아파 더 이상 밖에 나가 그림을 그릴 수 없다. …… 그렇기 때문에 머물기 위해 호텔과 맨션의 방을 빌리는 경우, …… 마음 속에 모티브가 떠오르는 장소에서 …… 다른 곳보다도 많은 그림을 그리는 것이 가능한 장소를 정했다"[2].

이 결과, 피사로는 좌우로 펼쳐지는 연속적인 회화, 즉 파노라마 경관을 그리는 새로운 도전을 하게 되었다. 이에 피사로는 평면적으로 그린 회화에서 입체적인 공간을 그린 것, 다시 말해 회화상의 기법 개발을 의식한 것은 아닌가라고 생각한다.

이것은 다시 도시 경관이라는 입장에서 고찰해 보면, 시점장이라는 것이 다양한 방향을 볼 수 있어야 하는 점, 아니면 다양한 방향으로 보이는 구도가 각각 "그림이 되는 경관"의 특징 있는 타입이 되어야만 한다는 점이 필요하다는 것을 암시하고 있는 것은 아닐까? 또한 이러한 장소가 실제로는 가까운 도시 내에 존재하고 있는 것을 새삼 인식하게 되었다.

조아침 피사로[2]는 미학 및 미술사의 입장에서 피사로가 이렇게 연작을 그리는 이유 네 가지를 들고 있다. 1)외세 인상의 덧없음, 계절 변화에 의한 인상 변화를 그때마다 파악 가능 하였다는 것, 2)모네가 같은 구도로 루안 대성당의 시간 변화에 따른 인상을 연작하여 그린 점, 3)판화가이었던 영향으로 판화는 여러 장을 만들 수 있지만 그 나름대로의 느낌이 서로 다르다는 점, 4)새로운 회화 수법, 새로운 그림을 그리기 위한 도전이라는 네 가지 이유이다.

또한, 피사로 자신도 "모티브라는 것은 나에게 있어 흥미로운 것이 아니다. …… 어떤 한 가지 장소에서 받은 인상의 변화가 끝이 없다는 사실이다. 예술가가 아무리 길게 마을에 머문다 하여도 …… 끊임없이 새로운 분위기를 발견하는 것이다. …… 또는 혹시 발견하였다 할지어도 자신이 표현할 수 없다든지, 맘껏 표현 못하는 주제를 발견하곤 한다"[2]라고 말하고 있다. 피사로는 계절 변화, 이동에서 회화의 주제를 찾아내고 있는 것 같다. 그러나, 나의 분석에 의하면 시야를 왼쪽 또는 오른쪽을 움직이는 것만으로도 소재 그 자체에는 새로운 화제가 생기고 이것이 연속된 것이다. 이런 것이 피사로가 시대상을 필연적으로 파노라마로 그릴 수 밖에 없었고, 그것들이 결과적으로 이어진 것으로 생각된다.

어찌되었든 피사로가 새로운 도전을 시도했음엔

틀림없다.

그리고, 파노라마 그림은 계절을 통하여 변화하는 광경을 "그림이 되는 경관"으로서 작품을 만들고 있다. 즉, 피사로는 눈에 보이는 한 순간도 놓치지 않고 모든 것을 캠퍼스에 남기고 있다. 그려진 도시 경관은 하루의 기후와 번화함의 변화, 1년간의 계절 변화에 영향을 받는 것으로, 모든 계절의 시간을 취급하는 것만으로도 "그림이 되는 경관"이 되는 중요한 점임을 지적하고 있다. 즉, 어떤 시점에서 보이는 시대상이, 예를 들어 아침 경관이 가장 아름답다, 또는 저녁 경관이 가장 아름답다, 아니면 봄 경관, 여름 경관, 겨울 경관 밖에 없다는 것은 그것은 그 나름대로 중요할 지 모르지만, 1년을 통해서 가장 빛나는 경관이라는 것이 가장 중요하다는 것을 주장하고 있는 듯 하다.

1. 시점장

파노라마 경관을 얻을 수 있는 시점장은 다음과 같은 장소이다.

첫 번째, 튈르리 정원 등과 같은 공원이나 광장, 두 번째는 오페라 길, 몽마르트르 대로, 생 라자르 길, 등과 같은 길의 교차점, 세 번째로 세느강 등의 상변, 네 번째는 디에프항만 광장 등의 오픈 스페이스이다. 즉, 이러한 오픈 스페이스에 면한 전망이 좋은 장소에 위치한 건물의 상층이 시점장이 된다. 좀 더 정확히 표현하자면, 오픈 스페이스에 면한 건물 상부의 테라스가 시점장이 된다.

시점장에 면한 광장의 규모를 D/H로 표현하면, 평균 2.34-4.30이다. 루앙 시리즈의 오트 비에이유 투르 광장은 2.68-3.77, 생 라자르역 시리즈의 르 아브르 광장은 3.3-4.3, 오페라 길 시리즈의 테아트르 프랑세 광장은 1.8-2.0, 퐁 데자르 시리즈의 베르 갈랑 광장은 3.3, 디에프 시리즈의 나시오날 광장은 2.34이다. 어느 경우도 2.0-4.0의 값으로, 시점장 주변의 여유 있는 공간임을 알았다.

튈르리 정원의 경우는 15.7 이다. 세느강 남측 시리즈에서는 세느강의 폭이 10m, 강폭과 양측 해안 건물 높이와의 비율 D/H는 6.0-9.0이다.

이처럼 파노라마 경관을 가지는 시점장은 전면의 오픈 스페이스가 넓다는 특징이 있다.

2. 파노라마 경관 타입

오픈 스페이스에 면한 시점장은 좌우 90-180도의 넓은 시야를 가진 파노라마 경관을 얻을 수 있다. 피사로는 이러한 파노라마 경관을 얻을 수 있는 시점장을 의식적으로 선별하였다. 즉, 시야의 번짐이 확보되는 시점장이라면 파노라마 경관을 얻을 수 있다. 이 때문에 그러한 장소는 파노라마 경관을 전제로 한 시점장 공간으로 정비되어야만 하는 것을 암시하고 있는 것이다.

(1) 하천 변

하천 변에서는 대안경, 유축 경관을 동시에 얻을 수 있는 시점장이다. 예를 들어, 해안의 "하천과 마을의 경관"과 "도로와 하천의 투시도적 경관"의 축경을 볼 수 있다. 또는 "하천과 마을의 경관"의 대안경에서 다시 "도로와 하천의 투시도적 경관"을 파노라마적으로 볼 수 있다. 이러한 경관을 얻을 수 있는 시점장이다.

(2) 도로 교차점

도로 교차점의 시점장에서는 "도로와 건축의 투시도적 경관"을 도로 방향 별로 조망 가능하며, 또한 시점장에 근접한 광장의 활기참도 동시에 얻을 수 있는 파노라마적인 경관을 얻을 수 있다.

(3) 항만 광장

항만 광장에서는 항구의 대안경을 보고, 다시 눈을 오른쪽으로 돌리면 축경을 얻을 수 있는 "항만 경관"을 파노라마처럼 볼 수 있는 시점장이다.

(4) 정원 광장

정원 광장의 시점장에서는 맨 앞에 보이는 근경의 변화함에서 중경, 저 멀리 원경을 포함한 파노라마 경관을 얻을 수 있다. 또한 좌우로 시선을 이동하면 심볼릭한 건물이 포함된 시가지의 마을 경관을 연속해

표 3.1 시리즈의 계절과 기후

시리즈	기후	계절	시간
루앙	습한 공기, 안개, 비, 태양, 흐린 하늘, 짙은 안개, 갠 날, 햇살 좋은 날		아침, 일출, 아침 5시, 오후, 일몰
셍 라자르역	눈, 비		
몽마르트르 대로	짙은 안개, 흐린 날, 일광과 안개, 맑은 하늘, 비, 맑음	봄, 겨울	아침, 오후, 일몰, 밤
오페라 길	비, 맑음, 안개 많은 날, 짙은 안개, 눈, 맑은 하늘	겨울, 봄	아침, 오후
튈르리 정원	맑음, 비, 눈, 안개, 흐린 하늘	봄, 겨울, 가을	아침, 오후
퐁 데자르	맑은 하늘, 맑음, 안개, 비, 흐린 하늘, 눈, 안개	겨울, 3월	아침, 오후
앙리 4세	맑음, 비, 안개	겨울	아침, 오후
퐁뇌프	맑음, 비, 짙은 안개, 눈		오후
볼테르 강변로	흐린 날, 맑음	봄	아침, 오후
셍 자크 성당	맑음, 축일		아침, 오후
디에프	낮은 파도, 높은 파도, 맑음, 흐린 날		아침, 오후
르 아브르	높은 파도, 맑음, 만조, 안개		아침, 오후

서 얻을 수 있다.

3. 시대상

시대상은 근경에 건물, 광장, 그리고 활기참이 보이는 것이 중요하다.

또한, 중경에 위치하는 마을에는 반드시 특징이 있어야 한다. 디에프 시리즈의 노트르담 드 봉스쿠르 예배당, 튈르리 정원 시리즈의 셍트 클로틸드 성당, 루앙 시리즈의 셍 스베르 성당 등의 사례를 보면 알 수 있듯이, 그 회화에는 '반드시' 라고도 할 수 있을 정도로 심볼릭한 성당의 첨탑이 중경 1km 범위에 배치되어 있으며, 멀리 보이는 시가지의 마을이 더해져 구도를 완성시킨다. 길의 축경을 그리는 직선 거리 또한 1km 범위 내이다.

즉, 시가지 경관에서 주요한 거리가 바로 중경의 경관이 중요함을 설명하고 있는 것이다. 그 마을에 있는 성당까지의 앙각은 10도 이하이다. 길의 D/H=0.4-2.6이다.

단, 루앙 대성당, 디에프의 셍 자크 성당을 주된 시대상으로 하는 경관의 경우, 시대상이 근경에 위치하며 앙각은 20-30도 이다. 이것은 "심볼릭한 건조물 경관"의 앙각이다.

4. 기후 변화 요인

동일한 물리적인 마을의 구도에서는 활발한 생산이나 도시 활동을 하루의 시간 변화와 함께 그리거나, 계절과 기후에 의한 경관 변화를 함께 그리고 있다. 즉, 도시 경관에 영향을 미치는 요소의 하나로서 도시의 이러한 일상적인 활동 등과 같은 요소가 필요함을 암시하고 있다(표3.1).

5. 정량적인 경관 조작 지표

시가지 마을은 초근경, 근경, 중경의 범위에 그려

져 있다. 초근경에는 도로, 건물, 광장이 그려지고, 근경에는 하천, 건물, 항만, 다리, 그리고 중경에는 마을이 그려져 있다.

화각으로 판단하면, 축경 등과 같은 시가지 경관을 그리는 경우, 대상을 한정하여 그리고 있는 것을 알 수 있다. 반대로 해변, 정원 등의 광대한 오픈 스페이스를 그리는 경우, 화각이 크기 때문에 시야가 넓어져 대상을 강조하는 구도가 된다.

|참고 문헌|

1) Richard R. Brettell : Pisarro and Pontoise, Yale University Press, 1990
2) Richard R. Brettell and Joachim Pissaro : The Impressionist and the City : Pisarro's Series Paintings, Yale University Press, 1992
3) Editions du P'tit Normand : Histoire de Rouen 1850-1900, Rouen, 1983
4) 宝木範義：パリ物語，新潮選書，1984
5) 鹿島茂：馬車が買いたい，白水社，1990
6) 饗庭孝男：パリ，歴史の風景，山川出版社，1997
7)「19世紀欧米都市地図集成，第2集」柏書房，1993
8) ジャン・ロベール・ピット，高橋伸夫，手塚章訳：フランス文化と風景（上）（下），東洋書林，1998
9) 蜷川譲：フランス文学散歩，社会思想研究会出版部，1979
10) 萩島哲：風景画と都市景観，理工図書，1996
11) L. リッチ，C. スタンフィールド，幸田礼雅訳：ノルマンディ歴史紀行，新評論，1991
12) 島田紀夫：セーヌの印象派，小学館，1996
13) 気谷誠：風景画の病跡学，平凡社，1992

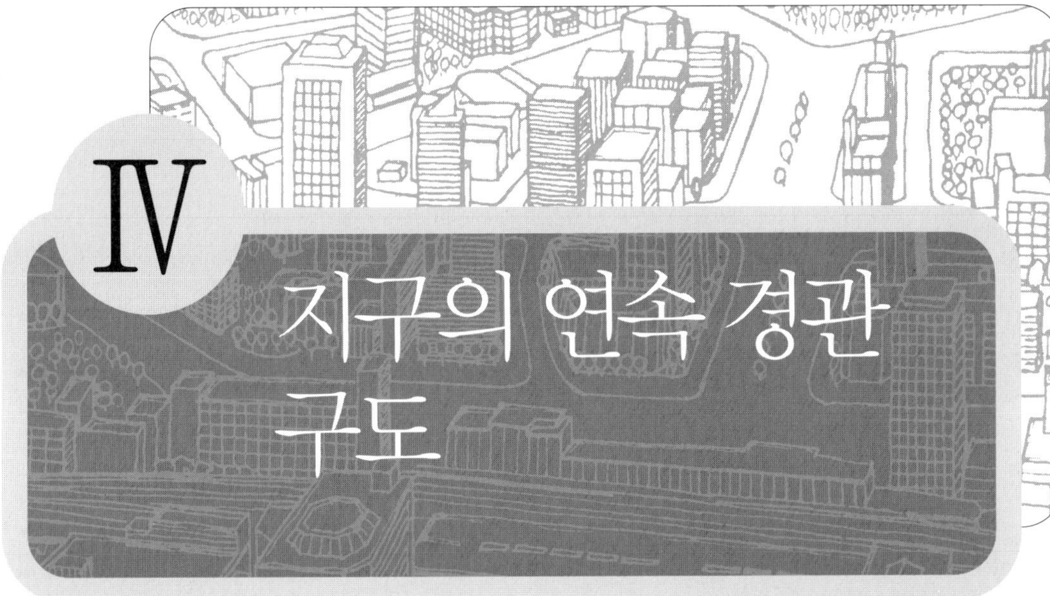

IV 지구의 연속 경관 구도

4-1 몽마르트르 지구의 개요

4-2 몽마르트르 지구 경관

4-3 연속 경관 기법

4-4 연속 경관 구도의 활용 방법

4-5 연속 경관 구도

모리스 위트릴로는 파리 몽마르트르 지구라는 작은 지구의 마을을 다양한 장소에서 수많이 그리고 있다. 제Ⅳ부에서는 모리스 위트릴로가 그린 회화의 시점장과 시대상에 대한 조사 결과를 적고 있다.

먼저, 우리들의 기존 연구인 인상파 회화 분석에서 얻은 6개 전형 경관의 분류에 따라 위트릴로 회화의 시점장, 시대상의 특징을 논하고 있다. 위트릴로는 사크레 쾨르 사원에 초점을 맞춘 “심볼릭한 건조물 경관”, 길의 축경을 그린 “도로와 건축의 투시도적 경관”, 눈 밑으로 펼쳐지는 마을을 내려다보는 “마을 전체를 내려다보는 경관” 등 각 경관 타입을 수많이 그리고 있다. 각각의 경관 타입 별로 시점장의 특징과 시대상의 특징에 대하여, 그리고 실경과의 비교 결과를 적었다.

다음으로, 그림이 그려진 지구 경관을 기법이라는 관점에서 정리하였으며, 또한 사크레 쾨르 사원을 보는 앙각과 시점장이 된 교차점의 공간 특징에 대하여 논하고 있다. 마지막에는 시점장간의 관련을 조사하여 위트릴로 회화를 즐길 수 있는 산책 경로를 제안하고 그 경로에서 경관 리듬을 갖는 연속적인 경관을 얻을 수 있는 힌트를 제공하고 있다.

4-1 몽마르트르 지구의 개요

몽마르트르 지구는 파리 북쪽 구릉지에 위치한다(그림 4.1). 도로는 완급 등 변화무상한 경사길과 계단으로 구성되어 있으며, 매우 좁고 복잡하다. 언덕 정상에 위치하는 사크레 쾨르 사원은 꽤 멀리에서 볼 수 있는 파리의 심볼적인 존재이다. 이에, 파리 시내 각 지점에서 사크레 쾨르 사원으로의 조망을 확보하기 위하여 주변의 건물 높이가 제한되고 있다. 이처럼 사크레 쾨르 사원은 전시적인 관점에서 배려되고 있으며, 몽마르트르 지구에 있어서도 중요한 경관 자원이다[1]. 정면을 보기 위한 광장이 있으며, 좁은 길에서도 살짝 보여, 풍부한 변화를 보이는 시가지 경관 형성에 기여하고 있으며, 사크레 쾨르 사원의 다양한 경관을 조망할 수 있다.

이 몽마르트르 지구의 모습은 수많은 화가들에 의해 그려져[2], 수많은 작가들에 의해 문학 작품에서도 언급되고 있다[3].

모리스 위트릴로(1883-1955) 또한 몽마르트르 지구의 시가지 경관을 수많이 그리고 있다. "몽마르트르 언덕에서 태어나, 몽마르트르에서 자라서, 몽마르트르의 화가가 되어, 몽마르트르의 화가인 '언덕의 아이' 이다. 위트릴로는 몽마르트르 이외의 세계를 거의 모르며, 또한 알려고도 하지 않았다. …… 위트릴로 이외에도 몽마르트르를 사랑하여 그림을 그린 화가들은 적지 않으나 지금까지 몽마르트르를 정복한 화가는 따로 없다. 그림 속의 몽마르트르는 위트릴로 이전과 위트릴로 이후로 구분한다고 하여도 과언이 아닐 정도로, 위트릴로에 의해 처음으로 몽마르트르는 "몽마르트르" 로서 다시 태어났다고 할 수 있다"[4].

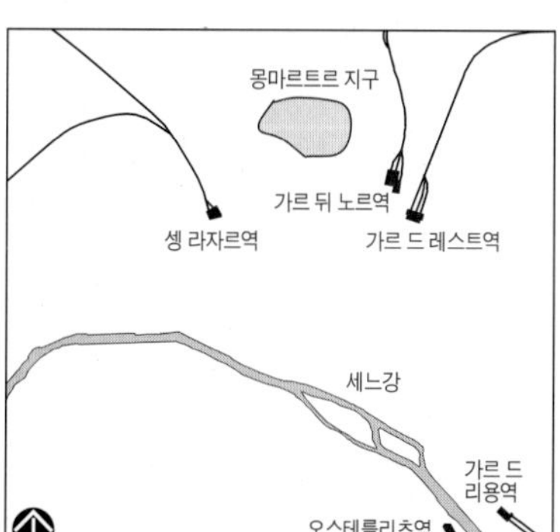

그림 4.1 몽마르트르 지구의 위치

몽마르트르 지구에는 "19세기 전반에 북쪽에서 접근하는 경우, 제일 먼저 눈에 띄는 것은 몽마르트르 언덕에 서 있는 풍차 ……"[5]이다. 예전에는 풍차가 많았는지, 조르주 미셸(1763-1843), 테오도르 제리코(1791-1824), 카미유 고로(1796-1875), 빈센트 반 고호(1853-1890) 등에 의해서도 그려졌다. 물론 위트릴로도 풍차를 그린 회화를 다수 남기고 있으며, 당시 3개의 풍차가 있는 것을 그린 그림도 남아 있다.

몽마르트르 지구는 "돌 포장의 소로가 복잡하게 갈라져 있고, 그 주변은 건물로 가득 메워져 있으나, 오스만 개조기에 파리로 편입(1860년)될 때까지 사방에 포도밭이 여기저기 펼쳐져 있었고, 풍차가 서 있던 평범한 교외 마을이었다. …… 19세기 후반에 들어 겨우 20년도 안 걸려 18세기에서 20세기로 이동하는 사이에 급격하게 근대 도시 파리의 대변을 겪었다"[6]. 몽마르트르 지구는 1860년에 파리에 합병되면서, 행

그림 4.2 사크레 쾨르 사원(1)

그림 4.3 몽마르트르의 원경

정 구역이 12구에서 20구로 재편되어 지금에 이르고 있다.

그 후 사크레 쾨르 사원이 완성된 1919년부터는 파리의 심볼로서 많은 관광객을 모았다. 사크레 쾨르 사원은 1870년 전쟁의 전시자 위령을 위해 세워진 것으로, 1875년 시공, 1891년 거의 완성되어 납당되었으나, 일부 자금 부족으로 완성이 연장되고, 1919년이 되이 겨우 완성되었다. 설계자는 폴 이비디(1812 1884년)이다. 이 교회는 비잔틴계 로마네스크 교회의 리바이벌이라고 불려지고 있다. 백색 하나로 완성되어 있으며, 폭 약 45m, 깊이 약 70m, 돔의 높이는 약 80m 이다. 루이 슈발리에는 빅토르 세르주를 인용하여 "이것은 일종의 힌두교적이면서 부르주아 취미의 건축이다" 라고 평하고 있다[3](그림 4.2-4.6).

이 몽마르트르 지구 범위는 문헌에 따라 제각기 상이하나[7], 여기서 취급하는 범위는 사크레 쾨르 사원이 있는 언덕, 파리 사람들에 의해 "뷔트" 라고 불려지는 몽마르트르 언덕을 중심으로 한 구역이며, 이 구역은 개략 80-100ha로, 도시 계획적인 관점에서 보면 근린 주구의 규모에 해당한다. 주위는 넓은 폭의 도로에 의해 둘러져 있으나, 지구 내는 오래된 좁은 도로가 남아, 좁고 복잡한 길로 구성되어 있어, 이로 인해 변화 있는 경관을 만들어 내고 있다. 이 굴곡이 많은 소지구를 오르락 내리락 하는 돌 포장 도로의 시가지와 작은 광장, 그것을 그린 위트릴로의 회화는 미크로한 지구 경관을 생각함에 있어 귀중한 소재를 제공하고 있다.

제Ⅳ부에서는 이 지역을 조사 대상으로 하였다.

몽마르트르 지구에 갈 때는 지하철로 앙베르역이나 아베스역, 또는 라마르크 콜랭쿠르역에서 내린다. 여기까지만 가면 이미 사크레 쾨르 사원을 보러 온 사람들을 만날 수 있다.

그림 4.4 사크레 쾨르 사원(2)

그림 4.5 사크레 쾨르 사원(3)

그림 4.6 사크레 쾨르 사원(4)

4-2 몽마르트르 지구 경관

표 4.1 경관 타입 별 시점장, 앙각, 거리

	회화	지점	시점장(표고)	주대상(앙각)	사크레 쾨르 사원이 그려져 있지 않지만 보이는 장소에서의 앙각	거리(m)	D/H
심볼릭한 건조물 경관							
	"물랭 드 라 갈레트" 1911, 1914, 1930, 1935, 1937, 1942, 1950, 1950	10	(105m)	물랭 드 라 갈레트 21.8도			0.98
	"만선장 사크레 쾨르" 1919	13	광장에 면한 건물 상층(125m)	사크레 쾨르 사원 25.2도		200m	4.11
도로와 건축의 투시도적 경관							
시가지의 마을과 사크레 쾨르 사원을 본 경관	"테르트르 광장과 사크레 쾨르 사원" 1913 "몽마르트르 테르트르 광장"1915	13	광장 내 광장 주변 도로 위 (125m)	사크레 쾨르 사원 26.0도 테르트르 광장		170m	3.84
	"몽마르트르 셍 뤼스티크 길" 1911, 1935 "눈 내린 셍 뤼스티크 길"1940 "사크레 쾨르 사원과 셍 뤼스티크 길" 1950	12	5차로보도위 광장 길 건물 상층 길(120m)	사크레 쾨르 사원 16.5도 셍 뤼스티크 길		200m 270m	0.43
	"노르뱅 길"1912	11	5차로근방 보도 (120m)	사크레 쾨르 사원 15.3도 노르뱅 길		250m	0.49
	"몽마르트르, 눈내린 노르뱅 길" 1930 "몽마르트르의 노르뱅 길"1931		5차로근방(120m)	사크레 쾨르 사원 15.3도 노르뱅 길		270m	0.49
	"노르뱅 길"1925 "몽마르트르의 사크레 쾨르"1940	14	교차점의 작은 광장 (130m)	사크레 쾨르 사원 34.7도		120m	0.51
	"몽마르트르의 라브뢰부아르 길" 1937, 1950	9	길보도(100m) 5차로에 있는 광장	사크레 쾨르 사원 12.4도		400m 320m	0.98
그외 시가지 경관	"라팽아질" 1910, 1913, 1916, 1917, 1919, 1931, 1931, 1932, 1938	7	4차로에 있는 광장 (100m)	차집 10.8도	21.6도	30m 120m	1.03
	"몽마르트르 퀴스틴느 길"1909	5	6차로에 있는 광장 (100m)	퀴스틴느 길		200m	0.88
	"아베스 길"1909-10	1	5차로 교점에 있는 광장(80m)	아베스 길 12.9도		120m	0.72
	"코탱 소로"1911	4	교점의 작은도로(80m)	코탱 소로길 15.9도		70m	0.46
	"테르트르 광장"1911-12	13	테르트르 광장(125m)	테르트르 광장			3.84
	"아틀리에 극장"1932	2	4차로앞 광장(75m)	아틀리에 극장 15.4도	②-③ 23.5도, 31.3도, 34.0도	40m	0.47
	"몽마르트르 코르토 길"1909 "코르토 길"1916	8		8.7도	21.4도	100m	0.56
마을 전체를 내려다 보는 경관							
	"뮐레 길의 테라스" 1909	3	6차로에 있는 테라스 (90-95m)	남쪽, 폴 알베르 길	③-④ 33.0도, 22.4도	220m	0.84/0.42
	"몽 스니 길" 1910, 1915	6	계단의 무대 5차로 보도(105m)	몽 스니 길		300m	0.48

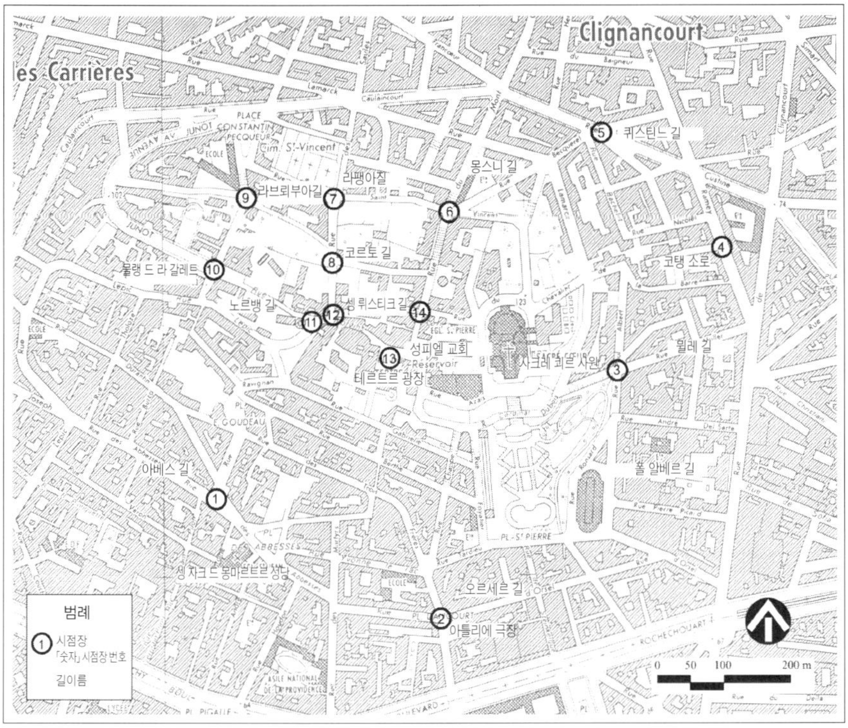

그림 4.7 시점장 위치

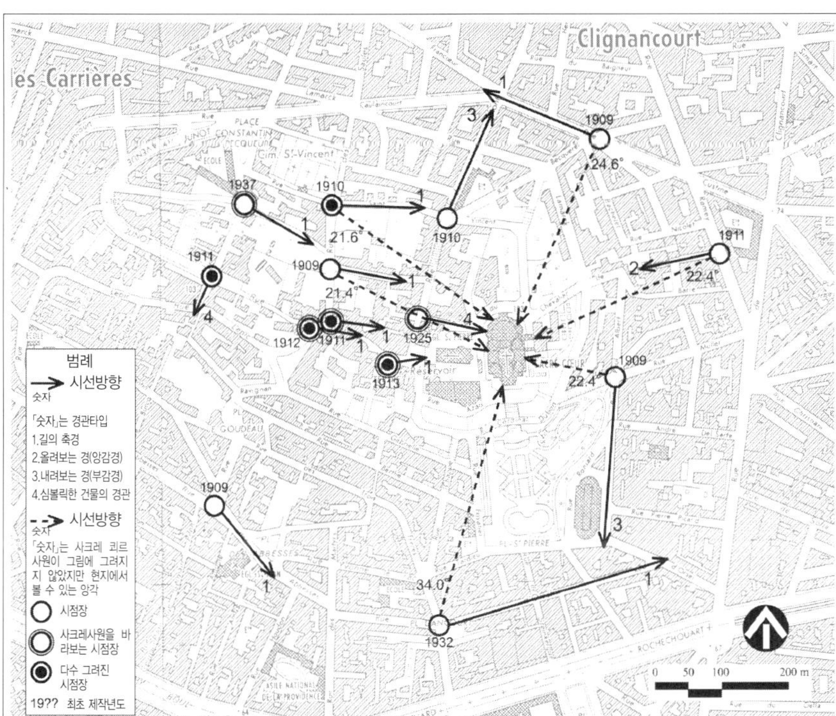

그림 4.8 시점장에서 그린 방향, 경관 타입, 제작년도 등

그림 4.9 물랭 드 라 갈레트

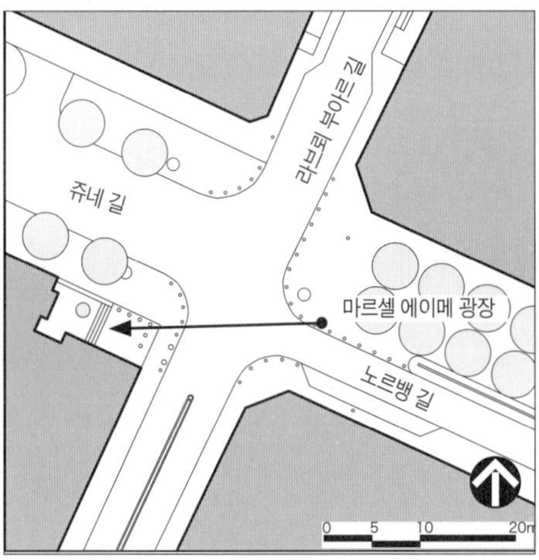

그림 4.10 시점장 No.10

그림 4.11 실경

시판되고 있는 위트릴로 화집[9) 10) 11)]에서 몽마르트르 지구를 그린 42점의 회화를 골라, 시점장 조사를 하였다. 젊은 시기의 그림은 에너지 넘치는 터치로 그려져 있는 것이 많으나, 1930년대 이후의 작품에는 구도 등에서는 매우 훌륭하나, 조금씩 게을리한 작품들이 많아지고 있는 것도 사실이다. 여기서 픽업한 회화는 몽마르트르를 다양한 지점에서 그린 것을 전체적으로 수집한 것으로, 위트릴로의 눈으로 본 몽마르트르 지구의 "그림이 되는 경관"이 그려져 있다. 이것을 이용하여 우리들은 시점장과 시대상의 특징을 이해하도록 노력하였다.

여기서 취급하고 있는 위트릴로 그림의 대부분은 도로와 건물의 시가지 경관을 그린 그림으로, 몽마르트르 지구의 특징을 잘 나타내고 있다. 각각의 그림은 도로 이름이나 건물 이름이 제목이 되고 있다. 따라서, 길 이름이 표기된 도로 지도를 이용하여 위치를 조사하고, 직접 현지에 가서 그 시점장을 확인할 수 있었다. 이에 공간을 실측하여 시대상의 특징을 조사하였고, 그 결과 42점의 회화가 14지점의 시점장에서 그려졌음을 알았다. 이 시점장과 주 대상까지의 거리를 경관 타입 별로 정리한 것이 표 4.1이다. 또한 모든 시점장의 위치를 그림 4.7, 그 시선 방향을 그림 4.8에 나타내고 있다. 후에 이 그림들에 대해 살펴보기로 하자.

1. 심볼릭한 건조물 경관

이 경관 타입은, 물랭 드 라 갈레트와 사크레 쾨르 사원이라는 2 종류의 심볼릭한 건조물에 초점을 맞추어 그린 그림이며, 시점장과 시대상의 검색은 매우 용이하였다.

(1) 물랭 드 라 갈레트

9점(1911, 1914, 1930, 1935, 1935, 1937, 1942, 1950, 1950) 모두 같은 제목으로 어떤 것도 물랭 드 라 갈레트의 풍차를 본 경관이 그려져 있다. 그 중의 1

점을 그림 4.9에 제시하고 있다. 같은 제목으로 구도도 거의 비슷하지만, 제작년도에 따라 그려진 때의 계절이 다르다.

이것은 흔히 시가지에서는 볼 수 없는 석조 건물군 속의 목조 건물로, 풍차와의 "대비 광경"을 그리고 있다. 풍차가 오래 전부터 존재해 온 "역사적 건조물"로 이것을 그리고 있다. 그러나, 실제로 목조로 만들어진 풍차를 현지에서보면 이처럼 초라한 것이 없다.

그림에 그려진 풍차는 현재 2개 밖에 존재하지 않는다. 하나는 길의 가장자리에 있는 레스토랑으로 활용되고 있으며, 또 하나는 물랭 드 라 갈레트의 간판이 남아있는 언덕 수풀 속에서 그 일부분이 살짝 보인다. 전자의 풍차를 그린 시점장의 위치를 그림 4.10에 나타내고 있다. 다른 각도에서도 이 풍차가 보이기는 하지만(그림 4.11), 현재 이 시점장과 풍차 사이에 건물이 들어서 이 위치에서는 풍차를 볼 수 없다. 후자의 시점장은 북측에 있는 선형 광장(앙각 22.0도)으로, 루르픽 길과 톨로제 길의 교차점이다. 단, 이 장소는 시점이 낮아(앙각 37.0도), 풍차의 일부가 겨우 보이는 정도이다.

그림 4.10에 나타낸 시점장은 십자로로, 그 일부가 바르셀 에이메 광장이다. 이 시점에서 풍차까지의 직선거리는 약 50m 정도이다. 매우 가까운 곳에서 살짝 올려보는 각도로 그려져 있으며(앙각 21.8도), 바로 심볼릭한 건조물에 초점을 한정하여 이 그림을 그리고 있음을 알 수 있다.

그림 4.12 만국기의 사크레 쾨르(1919)

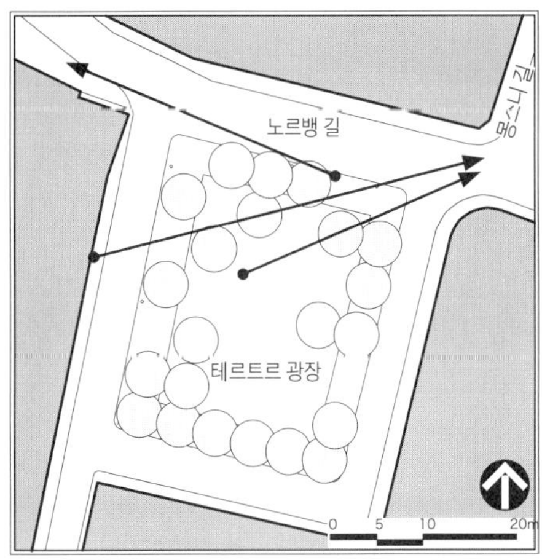

그림 4.13 시점장 No.13

(2) 만국기의 사크레 쾨르

그림 4.12는 테르트르 광장에 면한 건물의 상층 테라스를 시점장으로(지점13), 이곳에서 1919년 삼색 깃발로 장식된 사크레 쾨르 사원의 완성된 모습을 본 경관이다.

평상시 바라보는 사크레 쾨르 사원과 삼색 깃발로 장식되었을 때의 사크레 쾨르 사원의 차이에서 발생되는 "대조", 다시 말해 주변 거리와 "하얀 둥근 지붕"의 사크레 쾨르 사원과의 "대조"를 강조한 경관이다.

테르트르 광장은 직사각형의 광장으로 격자 모양으로 식재되어 있다(그림 4.13). 지금은 오픈 레스토랑으로 사용되고 있으나, 그 주변 도로는 화가들이 그린 다양한 그림의 전시와 판매 공간이다. 인종도 각양각색, 옷도 형형색색의 관광객들이 이곳을 메우고 있으며, 화려한 의상과 전시된 그림들의 색들이 눈에 띈다. 위트릴로는 이 테르트르 광장에서 서로 다른 구도의 그림을 수없이 그리고 있다. 광장을 둘러싸는 주변 건물은 3층 건물 높이로, 1층은 관광객 상대의 점포이

그림 4.14 테르트르 광장과 사크레 쾨르 사원(1913)

그림 4.15 사크레 쾨르 사원과 셍 뤼스티크 길(1950)

그림 4.16 실경

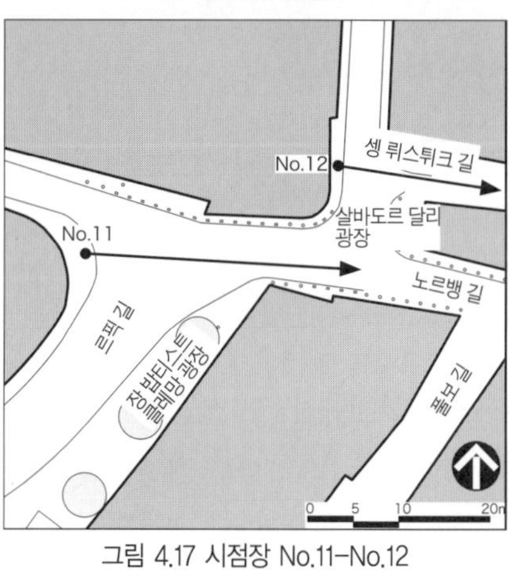

그림 4.17 시점장 No.11–No.12

다. 시점장에서 사크레 쾨르 사원까지의 거리는 약 170m, 사크레 쾨르 사원과의 고저 차는 80m이며, 앙각은 25.2도이다.

(3) 소론

위트릴로는 몽마르트르 지구의 대표적인 건조물인 물랭 드 라 갈레트의 풍차와 사크레 쾨르 사원의 2개의 심볼릭한 건조물을 화면에 꽉 차게 그리고 있다. 시대상까지의 거리는 가깝고, 시대상인 건물은 크게 보인다. 앙각은 20도 이상으로 크다. 시점장은 광장이고, 이 광장이 바로 심볼릭한 건물이 보이는 조망을 즐길 수 있는 공간이다.

2. 도로와 건축의 투시도적 경관

이 경관 타입은 양측 건물로 둘러싸인 길로 그 깊이감을 느끼게 하는 경관이다. 위트릴로는 시가지의 많은 길을 그리고 있다. 특히, 그 중에서도 다양한 시점장에서 마을과 도로의 끝에 있는 사크레 쾨르 사원의 둥근 철탑 부분을 바라보는 경관을 다수 그리고 있다. 이것은 사크레 쾨르 사원이 몽마르트르 지구 경관에 중요한 역할을 하고 있음을 암시한다.

위트릴로는 몽마르트르 지구의 또 다른 주요 지점인 라팽 아질의 경우, 동일 시점장에서 반복하여 여러 장 그리고 있다. 물론 그 외에도 길의 경관을 그리고 있으며, 이것은 모두 "도로와 건축의 투시도적 경관"이다.

(1) 시가지 마을과 사크레 쾨르 사원을 보는 경관

다음 그림은 사크레 쾨르 사원을 그린 그림으로, 그림 제목에는 "길" 이라는 이름이 붙어 있는 것에서도 알 수 있듯이, 이 "길"의 경관을 그리고 있다. 길이나 광장의 명칭은 파리 도로 지도에 기재되어 있으며, 이 길을 걸으면서 사크레 쾨르 사원으로의 조망법에만 주의한다면 시점장 검색은 그리 어렵지 않다. 이들 경관의 시점장이 된 길은 테르트르 광장, 셍 뤼스티크 길, 노르뱅 길, 라브뢰부아르 길이다. 길이 긴 경우는 그 길을 분담하여 탐색하게 된다.

① 테르트르 광장

"테르트르 광장과 사크레 쾨르 사원(1913)", "몽마르트르 테르트르 광장(1915)", "몽마르트르의 테르트르 광장과 사크레 쾨르 사원(1918)"과 같은 3점 그림의 시점장은 모두 테르트르 광장이거나, 광장 주변의 도로이며(지점13), 구도는 동일하다. 이 그림은 이 시점장에서 광장을 전면에 배치하고 동쪽에 있는 몽 스니 길의 건물 지붕 위로 사크레 쾨르 사원의 첨탑이 살짝 엿보이는 경관을 그리고 있다(그림 4.14).

앞쪽의 건물들에 의해 사크레 쾨르 사원의 "일부가 차폐되고" 있으나, 이 지점을 지나면 압도적인 규모로 "둥근 지붕"의 사크레 쾨르 사원이 눈 앞에 나타난다. 그것을 기대하게 하는 경관을 그리고 있다.

테르트르 광장의 크기는 35m×45m 이다(그림 4.13). 그 주변 건물은 3층으로, 광장 면적과 주변 건물 높이의 비 D/H는 3.84 이며, 광장에서 건물에 의한 압박감은 느낄 수 없다. 시점장에서 사크레 쾨르 사원까지의 거리는 170m로, 고저 차 83m, 앙각 26.0도이다. 이 시점장에서는 사크레 쾨르 사원이 크게 보이나, 그 전면 도로가 중요한 그림 세목으로 되어있어, 이 그림에서는 사크레 쾨르 사원이 중요한 주제가 아니다. 또한 대체적으로 실경을 그리고 있다고 판단되나, 현재는 수목이 심어져 있어 사크레 쾨르 사원은 그림처럼 볼 수 없다.

② 셍 뤼스티크 길

"몽마르트르 셍 뤼스티크 길(1911, 1935)", "눈 내린 셍 뤼스티크 길(1940)", "사크레 쾨르 사원과 셍 뤼스티크 길(1950)", 4점의 그림은 어느 것도 좁은 셍 뤼스티크 길(폭 2.5–3.0m)의 동쪽 마을과 그 배후로 보이는 사크레 쾨르 사원의 경관을 그리고 있다(그림 4.15).

셍 뤼스티크 길은 "폭이 좁고", 약간 "굽어져 있어", 직접적으로 멀리까지 보이지는 않지만, 지붕 위로 매우 독특한 "둥근 지붕의 사크레 쾨르 사원"이 살짝 보인다. 이 그림 또한 좀 더 길을 걸어가면 "전체 모습이 나타날 것 같은 기대감"을 불러일으키는 경관으로 그려져 있다.

실경은 그림 4.16과 같다. 시점장은 셍 뤼스티크 길의 5차로 부근의 살바도르 달리 광장이다(지점12). 매우 작은 이 광장은 오픈 카페로서 이용되고 있다(그림 4.17).

광장도 도로도 어느 하나 수평이 아니라 모두 경사져 있다. 바닥은 돌 포장으로 매우 걷기 어렵다. 길의 양쪽 건물은 4층 높이이며, 넓은 곳의 도로 폭은 약 6.5m 이지만, 건물 높이와 비교해 보면 도로가 좁다. 좁은 도로임에도 불구하고 주변 선물 가게들도 길을 점령하고 있어, 도로는 많은 관광객들로 매우 혼잡하다. 시점장에서 사크레 쾨르 사원까지의 거리는 200–270m이며, 그 고저 차는 85m, 앙각은 16.5도이다.

③ 노르뱅 길

"노르뱅 길(1912)", "몽마르트르, 눈 내리는 노르

그림 4.18 노르뱅 길(1912)

그림 4.19 실경

뱅 길(1930)", "몽마르트르의 노르뱅 길(1931)"의 3점의 그림은 노르뱅 길의 동쪽 마을과 마을 위쪽으로 사크레 쾨르 사원의 지붕이 엿보이는 경관으로, 구도는 동일하다(그림 4.18).

노르뱅 길도 도로 폭이 "좁고", 약간 "굽어져 있기 때문에" 이동하면 "시선도 변화"한다.

그 마을 건너편으로 "둥근 지붕"의 사크레 쾨르 사원이 약간 보여 사람들의 시선을 고정시킨다. 이 길은 좀 더 걸어가면 그 "전체를 파악할 수 있다는 기대감"을 안겨준다.

실경은 그림 4.19와 같다. 시점장은 경사길로 5차로의 교차점이며, 이 부분에서 보도가 약간 넓어지며(솔길), 그 앞이 바로 장 밥티스트 클레망 광장이다(지점11). 그림 4.17에 시점장의 위치를 나타내고 있다. 시점장에서 사크레 쾨르 사원까지의 거리는 250-270m이다. 사원과의 고저차는 86m, 그 앙각은 15.3도이다.

④ 몽마르트르 길

"몽마르트르 길(1925)", "몽마르트르의 사크레 쾨르(1940)"과 같이, 그림 제목에 있는 "몽마르트르 길"이라는 길은 몽마르트르 지구가 아니다. 이 그림은 몽마르트르 지구의 "길"을 그린 것이다. 그렇기 때문에 이 시점장은 간단히 특정할 수 없었다. 기껏해야 그림에 그려진 사크레 쾨르 사원의 구도가 전부이었다. 이 시점장을 찾아내기 위해서는 주변을 충분히 걸으면서 사크레 쾨르 사원이 어떻게 보이는 가를 이해할 필요가 있었다. 그 후에서야 겨우 시점장을 찾아낼 수 있었다.

이 그림은 몽 스니 길에서 동쪽 슈발리에 드 라 바르 길과 사크레 쾨르 사원을 본 경관이다(그림 4.20). 몽 스니 길과 슈발리에 드 라 바르 길의 3차로에 있는 작은 선형 광장이 이 그림의 시점장이다(지점14).

여기서는 좁은 길의 안쪽에 큰 "둥근 지붕"의 사크레 쾨르 사원을 지붕 건너로 보는 구도를 취하고 있다. "비스타 앞에 언제나 인상적인 거대한 모습으로서 있어 시야를 가리는 그 존재는 만복감과 같은 쾌감이다. 또한 주택 뒷 정원에 강제 착륙한 것과 같은 예상외의 스케일과 매력을 가지고 있다"[12].

이곳은 좁은 길임에도 불구하고 관광객으로 넘쳐난다. 양측 건물은 모두 관광객 상대의 점포이다. 시점장에서 사크레 쾨르 사원까지의 거리는 약 120m이다. 사크레 쾨르 사원 전체를 보기 위해서는 앙각 34.7도가 되어 매우 크다. 사원의 정상까지는 그려져 있지 않으며 그려진 사원과의 높이 차는 83m, 앙각 30도이다. 이 장소에서(그림 4.21), 사크레 쾨르 사원은 너무 커서 그 일부분밖에 그릴 수 없다.

그림 4.22는 실제 경관이지만 광각으로 촬영한 것이다. 그림에서 판단하면 주제가 슈발리에 드 라 바르 길임을 알 수 있다. 그 길의 끝에 사원을 배치하고 있다. 사원의 높이를 강조하기 위한 화면 구성을 취하고 있으나, 사원 전체를 볼 수 없다. 따라서, 왜 사원이 주제가 되지 못했음을 이해할 수 있다.

그림 4.20 몽마르트르의 사크레 쾨르 (1925)

그림 4.21 시점장 No.14

그림 4.22 실경

⑤ 라브뢰부아르 길

"몽마르트르의 라브뢰부아르 길(1937, 1950)"의 시점장은 라브뢰부아르 길과 지라르동 길의 4차로에 있는 달리다 광장이다(지점9)(그림 4.23). 북측은 계단으로 내려가고, 다른 쪽은 모두 언덕길로 약긴 넓으며, 그 폭은 11.5m이다. 광장은 지금까지도 나무가 심어져 있기 때문에 빛을 피하는 휴식 공간으로 활용되고 있다. 이 그림은 라브뢰부아르 길의 동쪽 마을과 그 안쪽의 사크레 쾨르 사원을 본 경관을 그린 것이다(그림 4.24).

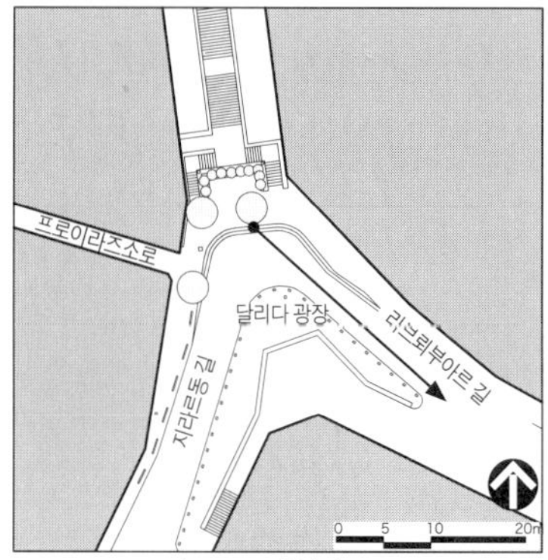

그림 4.23 시점장 No.9

그림 4.24 몽마르트르의 라브뢰부아르 길

이 그림은 라브뢰부아르 길이 약간 좌측으로 "굽어진" 길의 모습과 그 안쪽의 건물 위로 사크레 쾨르 사원의 지붕이 약간 보인다.

시점장에서 사크레 쾨르 사원까지의 거리는 약 400m로, 이것은 위트릴로 그림 중에서 가장 멀리서 사크레 쾨르 사원을 그리고 있다. 길이 약간 굽어져 있기는 하지만, 라브뢰부아르 길이 조망 거리는 약 120m이다. 실제 경관의 모습은 그림 4.25이다. 사크레 쾨르 사원과의 높이 차는 103m, 앙각은 12.4도이다.

그림 4.25 실경

(2) 그 외(시가지 길의 경관)

사크레 쾨르 사원을 그리지 않고 길의 축경을 그린 것으로 다음과 같은 그림이 있다. 생 뱅상 길, 퀴스틴느 길, 아베스 길, 코탱 소로, 코르토 길, 테르트르 광장, 아틀리에 극장 등이다. 이들은 사크레 쾨르 사원에서 약간 떨어진 지구의 경관이다.

① 라팽 아질

"라팽 아질(1910, 1913, 1916, 1917, 1919, 1938)" "눈 내린 라팽 아질(1931, 1931, 1932)"에서 알 수 있는 것처럼 위트릴로는 라팽 아질(뛰는 토끼)이라는 찻집을 반복하여 그리고 있다.

화집 등을 이용하여 내가 수집한 것만으로도 9점이나 된다. 이곳은 몽마르트르 지구에서 테르트르 광장에 못지 않는 관광 명소이다. 9점 모두 라팽 아질 차집을 왼쪽 앞에 배치하고 중앙에 맨션, 그리고 그 오른쪽으로 생 뱅상 길의 축경과 포도밭의 옹벽을 바라보는 경관 구도이다. 이들 그림은 모두 동일한 구도이나, 계절에 따른 서로 다른 모습을 다수 그리고 있다. 사례로 그 중의 한 점을 그림 4.26에 제시한다. 라팽 아질은 당시의 화가나 작가, 평론가 등의 모임 장소로, 위트릴로도 자주 다녔다.

좌측에 그려진 솔 길은 그 안쪽에 무엇이 있는 지조차 볼 수 없음에도 불구하고, 보는 사람에게 이 길의 안쪽에 그 무언가가 있을 것이라고 상상하게 만든

그림 4.26 라팽 아질

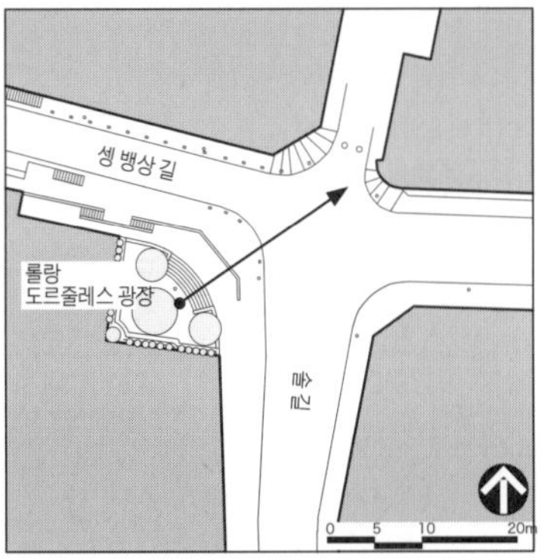

그림 4.27 시점장 No.7

그림 4.28 실경

다. 또한 우측의 셍 뱅상 길이 직선에서 끝이 약간 굽어져 있어, 이 "굽어져" 보이지 않는 것이 바로 "길 안쪽에 무언가가 있다는 기대를 가지게 한다".

시점장은 솔 길과 셍 뱅상 길의 4차로 교차점에 있는 롤랑 도르줄레스 광장이다(그림 4.27). 교차로의 길은 돌 포장의 경사길로, 이 돌의 크기, 그 마감이 모두 다양하며 아름답다.

광장 앞의 보도는 낮은 언덕으로, 그 일부가 계단으로 구성되어 있다. 광장은 그 길보다 약간 높고, 광장 안에도 약간의 고저 차가 있으며, 식재도 되어 있다. 위트릴로는 그 선형 광장에서 장소를 다양하게 바꾸면서, 캠퍼스를 세우고 다양한 각도에서 라팽 아질을 그렸다. 실경 사진은 그림 4.28이다(지점7). 이 시점장에서 라팽 아질까지의 거리는 30m, 고저 차 8.6m, 앙각 10.8도, 우측에 있는 셍 뱅상 길까지의 거리는 120m이다.

사실 이 시점장 주변이라면 사크레 쾨르 사원을 지붕 너머로 조망하는 것이 가능하나, 위트릴로는 사원을 그리고 있지 않다. 이 시점장에서 사크레 쾨르 사원을 바라보는 앙각은 계측 결과 21.6도이다.

② 퀴스틴느 길

"몽마르트르 퀴스틴느 길(1909)"은 퀴스틴느 길과 그 양측의 마을을 본 경관이다(그림 4.29).

이 길은 "한 눈에 길 끝까지 볼 수 있는" 직선 도로로, 그 안쪽은 3차로이고 좌측으로 약간 굽어진 곳에 건물이 보인다.

퀴스틴느 길은 도로가 넓고(폭 19.5m), 양측 도로에는 가로수가 식재되어 있다. 건물과 도로의 비율 D/H=0.88이다. 시점장이 퀴스틴느 길, 랑베르 길, 바슐레 길로 이뤄지는 6차로의 교차점에 있는 삼각형 모양의 광장이다(지점5)(그림 4.30). 시점장에서 서쪽으로 퀴스틴느 길 쪽의 마을을 바라보는 거리는 약 200m이다. 그 안쪽으로는 3차로가 있고, 그 곳에는 삼각형의 건물이 보인다. 실경은 그림 4.31과 같다.

이 시점장에서 남쪽을 바라보면 건물들 위로 사크레 쾨르 사원이 앙각 24.6도로 그 일부가 보이나, 여기서도 위트릴로는 이 사원을 그리지 않았다.

③ 아베스 길

아베스 길과 라비냥 길 등에 의한 5차로 교점의 광장이 이 그림의 시점장이다(지점1)(그림 4.32). 이 길에도 삼각형 광장이 있다. 이곳에는 이 아베스 길에서 약간 내리막 길의 남동쪽에 있는 아베스 길과 그 건물군, 안쪽에 불그스름한 벽돌의 셍 장 드 몽마르트르 성당(높이 차 23m, 앙각 12.9도)을 본 경관을 그리고

그림 4.29 몽마르트르 퀴스틴느 길(1909)

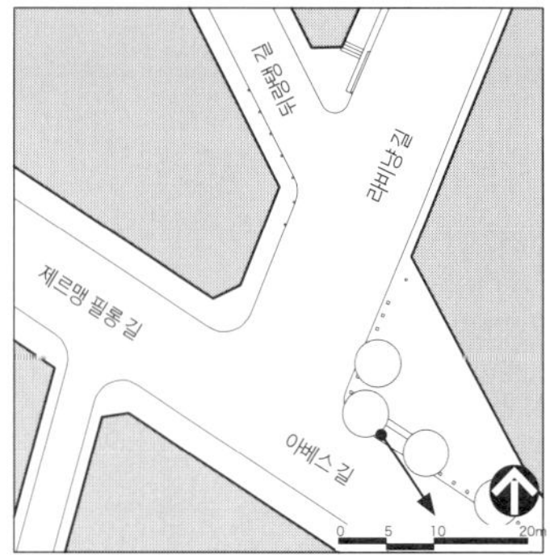

그림 4.32 시점장 No.1

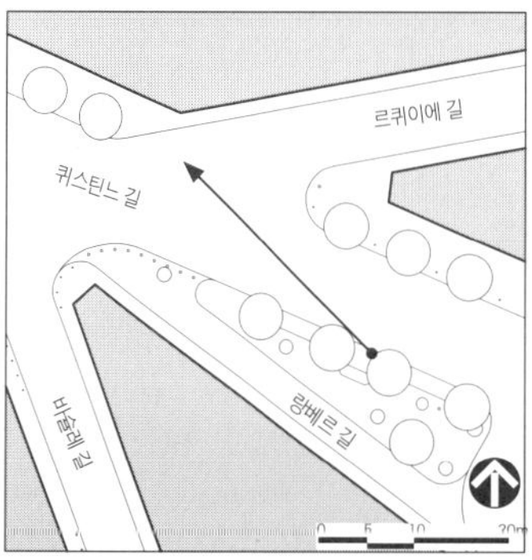

그림 4.30 시점장 No.5

그림 4.33 아베스 길(1909-1910)

그림 4.31 실경

그림 4.34 실경

있다(그림 4.33).

이 교회는 붉은 "색채"와 "형태"가 매우 특징적으로 주변 건물 중에서 눈에 띄는 심볼릭한 건조물이며, 시점장에서는 이 교회가 아베스 길의 "아이 스톱"이 된다.

게다가 아베스 길의 안쪽에는 약간 길이 좌측으로 "굽어져 있어", 사각이 발생하고 그 안쪽에 "무엇인가를 기대하게 하는" 구도이다.

실경은 그림 4.34이다. 당시의 성당과 그 주변 모습이 남아있다. 성당 정면에는 아베스 광장에 면하고 있지만, 이 그림은 그곳에서는 그리지 않고 있다. 왜냐하면, 앙각 24.7도는 너무 크기 때문이다. 시점장에서 멀리까지 바라볼 수 있는 아베스 길의 거리는 직선 거리 120m이다.

④ 코탱 소로

코탱 소로는 폴 알베르 길에서 라메 길에 이르는

그림 4.35 코탱 소로(1911)

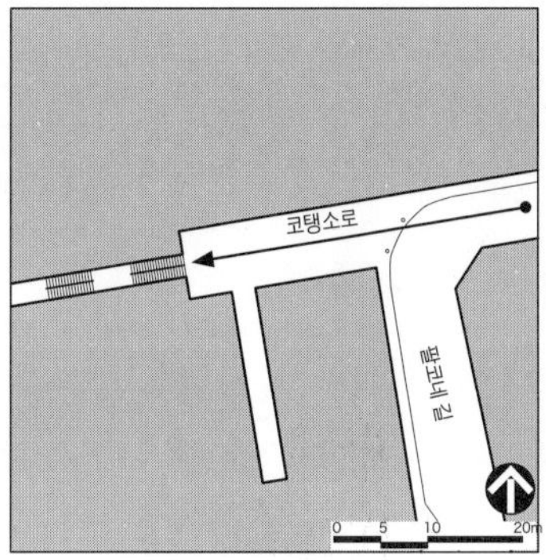

그림 4.36 시점장 No.4

그림 4.37 실경

그림 4.38 테르트르 광장(1911-1912)

연결 도로이다. 이 회화는 좁은 도로(폭1.5-1.8m)와 양측 건물을 올려다 보는 경관(仰觀景)이다(그림 4.35).

양측 건물과 중앙 계단에서 깊이감을 "단절하는" 경관을 연출하고 있으나, 계단이 최상단까지 그려있기 때문에 이 그림 또한 계단을 모두 올라서면 "무언가가 있을 거라는 기대감을 가지게 하는" 구도이다.

이 그림의 시점장은 라메 길과 코탱 소로의 교차점이다(지점4)(그림 4.36). 건물 높이와 도로 폭과의 비율을 보면 D/H는 0.46이다. 인적이 드물다. 실경은 그림 4.37과 같으며, 이는 지금까지도 그림과 똑 같은 경관이다. 단 왼쪽에 팔코네 길이 있으나 이는 그려져 있지 않다. 시점장에서 계단까지의 거리는 약 70m이다. 계단의 최상단까지의 고저 차는 20m, 앙각은 15.9도이다.

이 시점을 약간 낮추면, 사실은 사크레 쾨르 사원을 조망할 수 있으나, 위트릴로는 이 회화에 계단의 구도를 선정하여 그리고 있다. 그 지점에서 바라보는 사크레 쾨르 사원까지의 앙각은 22.6도이다.

⑤ 테르트르 광장

시점장은 테르트르 광장 내부이다(지점 13).

이 그림은 테르트르 광장(그림 4.13)에서 사크레 쾨르 사원의 반대 방향(서쪽)이 완만한 내리막 길로 되어있는 노르뱅 길과 양측 건물군을 바라보는 경관이다(그림 4.38).

이 길에는 특별한 아이 스톱은 없다. 그러나, 폭이 "좁고", "굽은" 길로, 굽은 길이 시선을 변화시킨다.

⑥ 아틀리에 극장

아틀리에 극장는 한때 '몽마르트르 극장'이라고 불려지기도 하였으나, 지금은 '아틀리에 극장' 또는 '샤를르 뒬랭 극장'이라고 한다. 시점장은 아틀리에 극장 앞의 샤를르 뒬랭 광장 또는 오르셀 길과 트루아 프레르 길의 4차로이다(지점2)(그림 4.39). 샤를르 뒬랭 광장에는 격자형으로 식재가 되어 있다. 그려져 있는 것은 이 지점에서 아틀리에 극장를 근경에 배치하고 동쪽의 오르셀 길의 마을을 바라본 경관이다(그림 4.40).

아틀리에 극장이 중심이며, 그 앞에 광장이 보인다. 정면의 오르셀 길은 직선으로 "한눈에 끝까지 보이는" 길을 그린 것이다.

실경은 그림 4.41과 같다. 시점장에서 아틀리에 극장까지의 거리는 40m, 고저 차 11m, 앙각 15.4도, 조망거리는 330m이다.

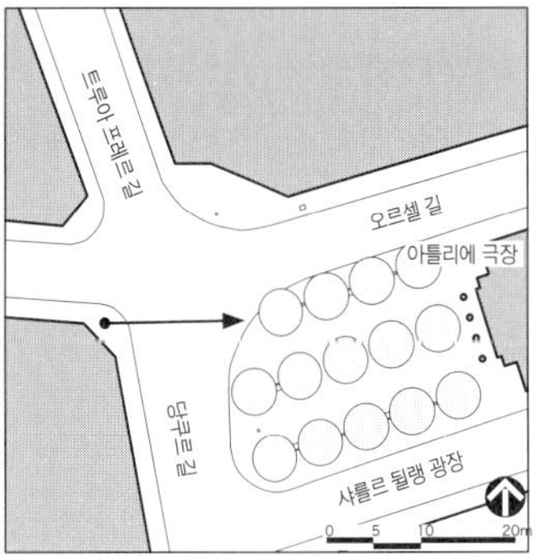

그림 4.39 시점장 No.2

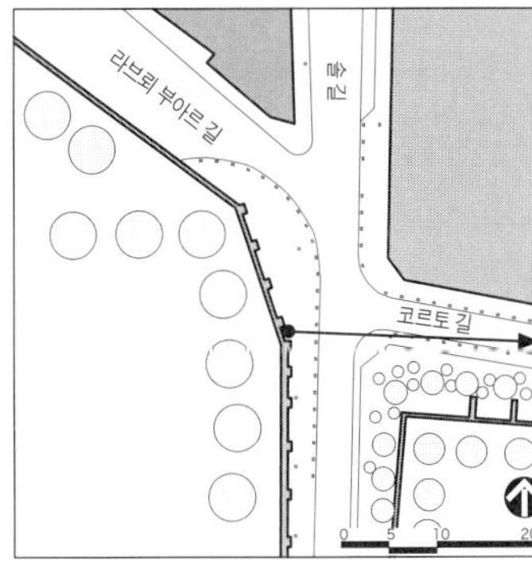

그림 4.42 시점장 No.8

그림 4.40 아틀리에 극장(1932)

그림 4.43 실경

그림 4.41 실경

그림 4.44 코르토 길(1916)

이 시점장에서 북쪽으로 보는 건물들 위로 사크레 쾨르 사원의 탑이 보인다. 이 앙각은 34.0도로 크다. 위트릴로는 이 경우도 사크레 쾨르 사원을 그리지 않고 있다.

⑦ 코르토 길

"몽마르트르 코르토 길(1909)", "코르토 길(1916)"의 시점장은 코르토 길과 솔 길의 교차점이다(지점 8)(그림 4.42). 교차점은 경사길이며, 돌 포장 마감도 매우 아름답다.

그림 4.43이 실경이다. 길의 한쪽은 예전의 옹벽 터가 있으며 식재도 되어 있다. 이 시점장에서 코르토 길의 좌측 시가지와 우측의 옹벽을 본 경관을 그리고 있다(그림 4.44). 이곳에서 바라볼 수 있는 조망 거리는 약 100m, 보이는 건물의 고저 차는 14.6m이며, 그곳까지의 앙각은 8.7도이다. 코르토 길 12번지는 예전 위트릴로가 살았던 곳이며, 그림과 같이 보도도 경계

석도 없는 좁고 지저분한 길이었다.

이 길도 "약간 굽어져" 있기 때문에 한눈에 길 끝까지 볼 수는 없으나, 그 안쪽으로 시선을 유도하는 구도를 취하고 있다.

이 시점장에서도 사크레 쾨르 사원을 볼 수 있으나, 이 그림에서도 위트릴로는 이것을 그리지 않았다. 그곳까지의 앙각은 21.4도이다.

(3) 소론

위트릴로는 "도로와 건축의 투시도적 경관"을 다수 그리고 있으며, 대부분 길 안쪽에 아이 스톱으로서 일부분만 조망되는 사크레 쾨르 사원을 배치하였다.

이상의 시점장은 모두 복잡한 도로의 교차점으로, 각종 변형 교차로, 또는 이것에 면한 소 광장이다. 이 시점장에서는 약간 굽어진 좁은 도로 안쪽의 건물들 위로 보이는 사크레 쾨르 사원을 보고 있다. 굽고 좁은 도로의 안쪽에는 또한 무언가가 보일 것 같은 듯한 느낌으로 기대감을 심어준다.

시점장에서 시대상까지 한눈에 바라볼 수 있는 거리는 대부분 근경 300m이내이다.

앙각은, 지점13(테르트르 광장), 14(몽 스니 길과 슈발리에 드 라 바르 길의 교차점)에서 길과 사크레 쾨르 사원을 바라보는 경우를 제외하면, 주된 시대상까지의 앙각은 10-20도의 범위에 포함된다. 또한 그려진 길을 바라보는 건물과 도로 폭과의 관계 D/H는 1.0 이하이었다.

반면, 사크레 쾨르 사원을 볼 수 있음에도 불구하고 그것을 그림에 그리지 않는 경우의 앙각은 20도 이상이었다.

결국, 앙각 20도 이하의 경우, 사크레 쾨르 사원을 다수 그리고 있으나, 20도를 넘어버리면 구도가 한정됨을 알았다.

3. 마을 전체를 내려다보는 경관

이것은 높은 장소에서 시가지를 내려다보는 경관이며, 부감경(俯瞰景)이다. 경사가 많은 몽마르트르 언덕은 주변 시가지를 내려다보는 시점장이 수많이 존재한다. 뮐레 길, 몽 스니 길 등과 같은 급한 경사를 계단으로 오르고 스테이지에 머물러 뒤를 돌아보며 지금 올라온 계단과 파리 시내를 내려다 볼 수 있다. 그러한 경관도 위트릴로는 그리고 있다.

(1) 뮐레 길의 테라스

뮐레 길의 테라스는 뮐레 길과 폴 알베르 길 등의 6차로 교차점이다(지점3)(그림 4.45). 이 테라스는 오픈 카페로서 활용되고 있다. 그리고 이 그림은 이 테라스가 시점장이다. 이 테라스에서 남쪽으로 폴 알베르 길(테라스에서 계단을 내려간다)의 시가지를 내려보는 경관이 그려져 있다(그림 4.46). 실경은 그림 4.47이다. 시점장에서 폴 알베르 길을 내려다볼 수 있는 거리는 약 220m이다.

이 그림은 전경에 평면적인 테라스, 원경에 파리의 복잡한 마을을 전개하고 있는 구도이며, 이것은 말하자면 "병치(併置;거리경의 일부분을 제외하는 경우)"를 강조한 구도이다.

(2) 몽 스니 길

그림 4.49의 시점장은 몽 스니 길의 계단 스테지로, 5차로의 보도이다(지점6)(그림 4.48). 이 그림은 이 지점에서 북쪽의 셍 뱅상 길과 몽 스니 길의 교차점과 가드레일 앞의 시가지를 내려다보는(俯瞰) 경관을 그린 것이다.

이 그림 또한 전경에 평면적인 테라스, 원경에 파리의 복잡한 마을의 "병치(併置)"를 강조한 구도이다.

몽 스니 길을 내려가는 계단은 매우 아름다운 디자인으로 시공되어 있으며, 스테지에 서서 밑을 내려보는 것처럼, 밑에서 올려 보는 스테지가 무대가 되도록 설계되어 있다. 실경은 그림 4.50이다. 시점장에서 바라볼 수 있는 몽 스니 길의 마을까지의 거리는 300m이며, 아주 멀리 파리 시내가 보인다.

이상과 같이 위트릴로는 계단이나 테라스를 시점장

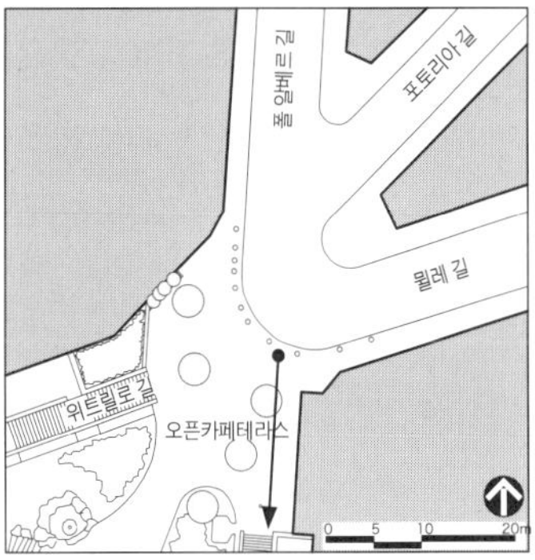

그림 4.45 시점장 No.3

그림 4.46 뮐레 길의 테라스(1909)

그림 4.47 실경

그림 4.48 시점장 No.6

그림 4.49 몽 스니 길

그림 4.50 실경

으로 몽마르트르 시가지를 내려다보고 있음을 알았다.

4. 몽마르트르 지구 경관의 특징

이상의 조사 결과를 정리하면 다음과 같다.

1) 시점장은 도로의 변형 교차점, 또는 그 곳에 면한 광장이다. 부감경을 그린 시점장이 되고 있는 장소는 계단 또는 테라스이다.

2) 시대상의 경관 타입은 "도로와 건축의 투시도적 경관"과 "마을 전체를 내려다보는 경관"이다.

3) 시점장에서 시대상까지의 거리는 30-300m로, 근경 범위이다. 지구 경관에서는 이 초근경, 근경이 중심이 되고 있다.

4) 전반적으로 시가지 마을을 보는 경우가 10-20도, 랜드 마크 등 심볼릭한 건조물을 보는 경우는 20도 이상이다.

이러한 것은 다른 인상파의 회화 분석 결과와 거의 동일하다.

4-3 연속 경관 기법

위트릴로가 그린 그림에서 다음과 같은 결과를 얻었다. 위트릴로는 지구의 특징을 잘 파악하여 "경관의 기법 사례"[12]를 "회화"로서 그리고 있다.

1. 경관 기법

(1) 직선도로, 곡선도로, 그리고 좁은 도로

정확하게 표현하자면 시점장에서 한 눈에 길 끝까지 볼 수 있는 직선 도로(길이 300m)와 시선 변화를 유도하는 곡선 도로(길이 100-150m), 그리고 좁은 도로(폭 2-4m)이다.

한 눈에 멀리까지 보이는 도로는 보는 사람들에게 안정감을 제공하며, 그리 멀리까지 보이지 않는 굽은 도로는 순차적으로 새로운 시야가 들어오는 경관을 기대하게 한다. 그리고 좁은 도로는 옆집에서 두런두런하는 소리가 전해져 올 것만 같은 비밀스러운 분위기를 만든다.

그러한 직선 도로, 굽은 도로 등, "큰길" "뒷길" "노지" 등과 같은 특징 있는 길을 적당히 배치하는 것이 풍부한 변화를 가진 지구 경관을 조성함에 중요함을 알 수 있다.

위트릴로의 그림에는 이러한 길이 그려져 있으며, "큰길"로서는 퀴스틴느 길, 아베스 길, 아틀리에 극장 옆의 오르셀 길 등의 직선 도로가 시대상이 되었다. "뒷길"로는 라브뢰부아르 길, 라팽 아질 옆의 셍 뱅상 길, 코르토 길이 그려져 있다. 폭이 좁은 "노지"는 밤돌로 마감되어 양측의 작은 점포가 빽빽이 줄지어 있으며, 그곳에 사람들의 생활감이 배어있는 경관이 선정되었으며, 구체적으로는 노르뱅 길, 셍 뤼스티크 길이다.

(2) 도로 끝의 아이 스톱

반드시 시점장에서 볼 때 도로 끝에 아이 스톱이 있어야만 한다.

색채, 형태, 역사성, 높이 등 주변 건축물과 비교하여 눈에 띄는 건물은 거주자에게 있어 지구의 심볼(또는 랜드마크)이 된다. 그 심볼이 길 끝에 배치되었을 때, 거주자나 보행자의 아이 스톱이 된다. 이러한 것은 이 마을을 걷는 방문자에게도 용이한 분별성을 제공한다. 이 때 안쪽까지의 거리는, 사례에서 보면, 300m이내이다. 아베스 길의 셍 장 드 몽마르트르 성당, 또는 노르뱅 길에서 보는 사크레 쾨르 사원, 라브뢰부아르 길에서 보는 사크레 쾨르 사원이 이것에 해당하며 그것이 위트릴로에 의해 그려졌다.

도로 끝에 직교하는 건물에 한정되면 포위된 느낌이 들지만, 도로 끝이 약간 굽어진 경우, 그 건물의 면이 굽어져 시야로 들어오기 때문에 그 뒤에 무언가가 있을 거라고 상상하게 된다(시점장에서 300m이내). 아베스 길의 직선 도로에서 굽은 길, 퀴스틴느 길 끝의 3차로에 면한 건물 등이 이 경우의 사례이다.

(3) 시각의 차폐와 개방

잘려진 면의 경관, 즉 멀리까지 볼 수 없는 벽면이나 일부 구멍이 있는 경우, 또는 앞 쪽에 차폐물(건물이나 수목 등)이 있어 일부 밖을 볼 수 없지만 그 후 바로 그 전체가 보여야 한다.

전자는 '코탱 소로'의 경우이다. 양측 건물과 중앙에 있는 계단길 때문에 멀리까지 투시가 불가능하다. 그러나, 계단의 상부까지 그려져 있기 때문에 올라섰을 때를 상상하게 한다. 또는 계단 양측에 있는 벽면의 문이나 창이 보여, 그 내부에 존재하는 것을 상상하게 한다.

후자는, 앞에 저층 건물이 있는 경우와 나무가 서 있는 경우로, 그 건너편까지 가지 않으면 사원의 전체를 볼 수 없다. 나무를 지나면 갑자기 눈 앞에 거대한 모습으로 나타난다. 가까운 거리에서 극적인 효과를 연출하기 위해서는 이렇게 조망을 억제할 필요가 있다. 테르트르 광장에서 사크레 쾨르 사원을 보는 경우나 슈발리에 드 라 바프 길을 지나면 바로 거대한 사크레 쾨르 사원을 볼 수 있는 경우 등이다. 이 경우, 시점장에서의 거리는 100m 이내로, 앙각은 30도 이상이다.

(4) 대조와 병렬

일상과 축일, 목조 풍차와 석조 건물과 같은 강한 인상을 전하는 대비는 거주자 생활에 리듬감을 제공하기 때문에 이러한 경관은 매우 중요하다. 예를 들어 만선장의 사크레 쾨르 사원이나 물랭 드 라 갈레트의 경관이 그 좋은 예이다.

앞과 끝의 대비, 앞의 오픈 카페에서 쉬면서 원경의 조밀한 마을을 조망하는, 이러한 경관이 일상 생활에 익숙한 사람들에게 일시적인 카르타시스를 제공한다. 전경과 원경(중경이 단절됨)의 병렬은 경관에 있어서 중요하다. 예를 들어 뮐레 길에서의 조망, 몽 스니 길에서 보는 파리 시가지 등이다.

(5) 둥근 지붕

코든 카렌[12]은 다음과 같이 지적하고 있다. "비스타의 끝은 항상 인상적이고 거대한 모습으로 불뚝 솟아올라 시야를 닫아준다. 그 존재는 만복감과 같은 쾌감이다. 또한 인가의 정원에 강제 착륙한 기분과 같은 예상외의 스케일과 매력을 갖는다". 이 지적에 완전히 일치하는 그림은 테르트르 광장에서 본 사크레 쾨르 사원이며, 슈발리에 드 라 바르 길에서 본 사크레 쾨르 사원이다. 일반적으로 성당 주변의 좁은 노지와 낮은 건물 사이로 스케일 아웃한 성당을 갑자기 보고 충격을 받은 경우가 이에 해당된다. 바로 앙각 30도 이상으로 보는 경우이다. 그러나 위트릴로는 시대상에 그렇게까지 접근하지 않고 약간 물러나서 그리고 있다.

이 점에서도 알 수 있듯이, 위트릴로는 지구 경관을 충분히 파악하고 있으면서, 그것이 표현되는 시점장을 선정하였던 것이다. 이미 일반화된 기법이지만 위트릴로의 회화를 통하여 이상과 같은 5가지 소지구의 경관 기법을 그림에 그리고 있음을 확인할 수 있었다.

2. 건물을 바라보는 앙각

건물을 보는 앙각을 지점별로 조사해 보자. 앙각은 시대상까지의 거리와 시대상 높이에 의한 각도이다(그림 4.51).

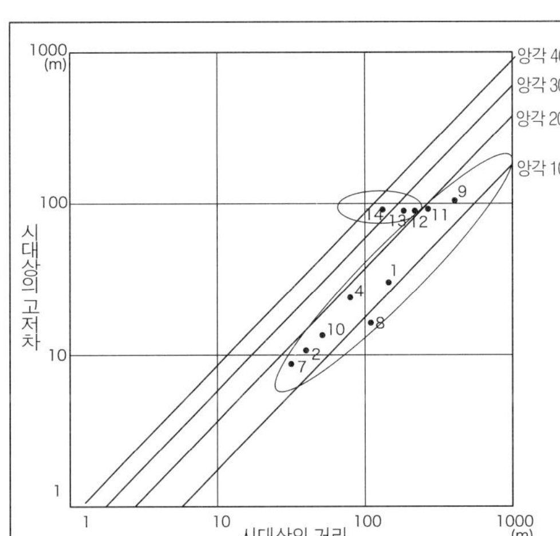

주: 번호는 시점장

그림 4.51 시대상의 앙각

(1) 도로와 건축의 투시도적 경관

지점1에서는 셍 장 드 몽마르트르 성당의 앙각이 12.9도, 지점2에서는 아틀리에 극장를 보는 각이 15.4도이다. 지점4에서는 코탱 계단을 보는 데 15.9도이다. 지점7의 라팽 아질을 보는 각도는 10.8도의 앙각이다. 지점8에서는 코르토 길이 8.7도, 지점9에서는 사크레 쾨르 사원이 그려진 12.4도이다. 지점11에서는 15.3도, 지점12에서는 16.5도로 사크레 쾨르 사원을 보고 있다. 어느 것도 앙각 10-20도 범위 내에서 시대상을 보고 있다. 이는 바로 시가지에서 아이 스톱이 될 만한 건물의 앙각이기도 하다.

반면, 사크레 쾨르 사원이 보임에도 불구하고 위트릴로가 사크레 쾨르 사원을 그리지 않은 지점이 6지점 있다(그림 4.8). 이 지점들의 사크레 쾨르 사원과의 앙각을 조사해보면, 대부분 20도를 넘고 있다. 또한 이들 지점에서는 길의 축 안쪽에 사크레 쾨르 사원이 보이는 것이 아니라, 건물 지붕 위로 사크레 쾨르 사원이 보이는 구도가 대부분이다. 즉, 도로 안쪽에 보이는 축경의 구도가 부족한 것이다.

이처럼, 길 안쪽에 심볼릭한 건조물이 보이는 것과, 축경으로서 그것을 보는 앙각이 10-20도의 범위 내에 있는 것이, "도로와 건축의 투시도적 경관"을 보는 앙각으로 적정함을 알았다. 또한 이러한 관점에서 사크레 쾨르 사원이 그려져 있음도 알았다.

(2) 심볼릭한 건조물 경관

지점13,14에서는 사크레 쾨르 사원을 보는 앙각은 각각 25.2도, 34.7도이다.

전자의 지점에서는 '길 안쪽을 본다' 라기 보다는 사크레 쾨르 사원만 보는 경관이며, 이 경우 앙각도 매우 크다. 지점10에서는 풍차를 그리고 있으며, 그 앙각은 21.8도이다. 따라서 심볼릭한 건조물을 보는 경관의 앙각은 20도 이상임을 알았다.

후자는 그려진 사원 부분의 높이를 추정한 것이다. 이것은 길 축경의 안쪽을 그린 경우로, 멈춰서 제대로 사원을 바라본다고 가정했을 때의 앙각이다. 이 경우 앙각이 30도가 넘고, 게다가 또한 초근경에서 바라보는 경관이 여기에 해당한다. 작은 노지에서 불쑥 쏟아있는 거대한 사원을 바라보는 경우가 바로 이러한 앙각이다.

이상의 내용을 종합하면, 20-30도가 심볼릭한 건조물 경관을 보는 경우의 경관이다. 또한 30도 이상의 앙각의 경우는 좁은 노지에서 심볼릭한 건조물을 보는 경관이 된다.

이것은 인상파의 다른 그림의 앙각 분석 결과와도 일치한다.

3. 시점장이 되는 교차로의 조건

몽마르트르 지구의 도로와 교차로를 '링크' 와 '노드' 로 표현하면, 총 노드수(교차로 수)는 233개, 총 링크 수(각 교차로를 잇는 도로수)는 345개이다. 교차로 형태는 3차로가 가장 많고, 평균 도로 폭은 10.5m, 평균 링크 길이는 55m이다(표 4.2). 멀리까지 투시 가능한 평균 직선 도로의 조망 거리는 120m로, 근경 범위 300m를 넘는 것은 겨우 전체의 7%에 불과하다. 이는 전반적으로 이 지구 내에 경관적인 조망이 가능한 도로가 적다는 것을 의미한다. 또한 이 점에서 몽마르트르 지구는 복잡하고 막다른 길이 있는 가로망으로 구성되어 있음을 알 수 있다. 멀리까지 조망 가능한 도로는 그 길을 걸으면 동일한 경관을 얻을 수 있으며, 길이 약간 굽어져 있는 도로의 경우 이동함에 따라 변화하는 경관을 얻을 수 있다.

그 중, 위트릴로가 캠퍼스에 그린 시점장은 모두 교차로이며, 그 수, 즉 노드 수는 14개이었다(그림 4.52).

몽마르트르 지구 전체의 노드와 위트릴로가 그린 시점장의 노드를 통계적으로 비교해보면, 위트릴로가 그림을 그린 시점장은 5차로와 같은 형태의 변형 교차로가 많다. 그 교차점의 개방 면적(교차로 중심에서 30m 이내의 길, 광장, 공지 등의 오픈 스페이스의 총 면적)을 보면 위트릴로가 선택한 교차로가 다른 교차

표 4.2 몽마르트르 지구의 도로 개요

항목	반응수 구성비			
교차로형태	袋路	1	14	6
	곡선	2	34	15
	3차로	3	120	52
	4차로	4	50	21
	5차로	5	10	4
	6차로	6	5	2
	계		233	100
링크길이(m)	-	30	110	16
	31 -	61	264	38
	61 -	90	157	23
	91 -	120	84	12
	121 -	150	46	6.5
	151 -	180	26	4
	181 -		3	0.5
	계		690	100
도로폭원(m)	-	5	55	8
	5.1 -	10	213	31
	10.1 -	15	321	47
	15.1 -	20	61	9
	20.1 -	25	23	3
	25.1 -	30	7	1
	30.1 -		10	1
	계		690	100
투시거리(m)	-	50	123	18
	51 -	100	195	28
	101 -	150	152	22
	151 -	200	103	15
	201 -	250	42	6
	251 -	300	29	4
	301 -	350	16	2
	351 -		30	5
	계		690	100

로와 비교하여 개방도가 높다. 양자간의 통계적인 차이도 인정된다. 그러나 링크의 길이, 평균 투시 거리에서는 유의한 차이가 인정되지 않았다.

다시 말해, 위트릴로에 의해 변형 교차점이 시점장으로 특별히 선택되고 있음을 이해할 수 있다. 그 교차점은 개방도가 높다. 즉, 시점장의 평면도에서 보는 것처럼 교차로에는 광장, 선형 광장이 접하고 있으며, 그러한 장소가 위트릴로에 의해 선택되어 있다. 이러한 장소가 지구 레벨 경관을 조성할 때 활용될 수 있을 것이다.

또한, 몽마르트르 지구를 구성하고 있는 도로 네트워크의 특징을 조사해보면, 지형 등의 조건에 좌우되지 않고, 지점간 상호 최단 거리를 선택하고 있는 지점이 몇 개소 존재하여, 이러한 지점이 위트릴로가 선정한 시점장과 일치, 또는 가까운 교차로가 많음을 알았다.

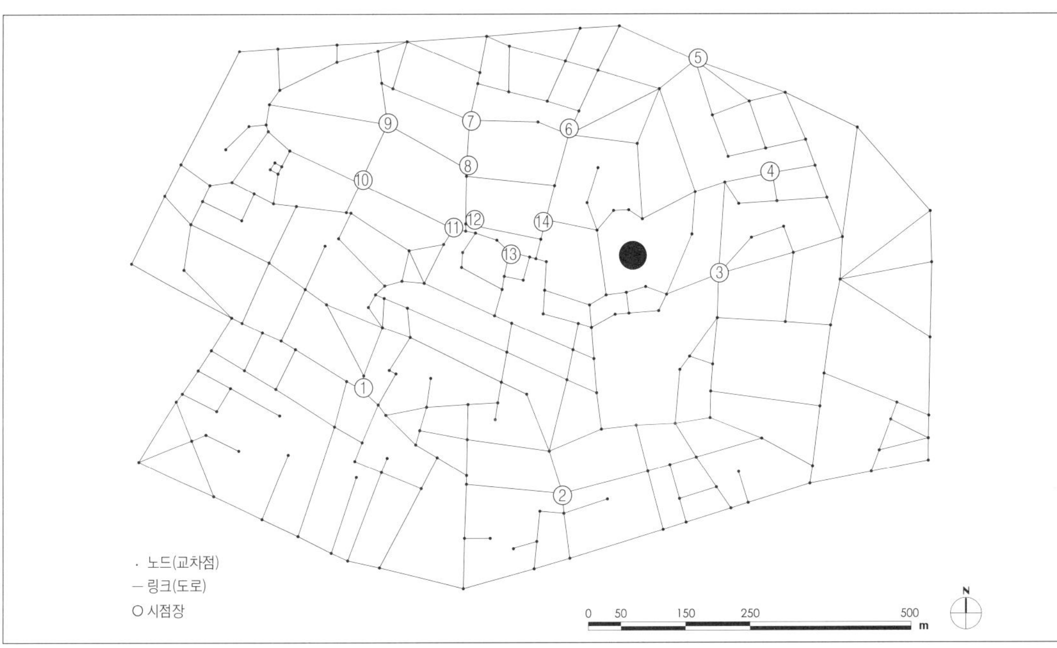

그림 4.52 링크와 노드로 표현된 몽마르트르 지구

4-4 연속 경관 구도의 활용 방법

사크레 쾨르 사원을 방문하는 관광객이 위트릴로에 의해 그려진 장소를 찾아 그곳에 서서 그 구도를 만끽하고 있는 광경을 많이 보았다. 인상파를 중심으로 한 대표적인 회화의 시점장을 기입하여 산책 경로를 제시한 저자도 있다[13)14)].

여기에서 나는 위트릴로가 그린 회화의 몽마르트

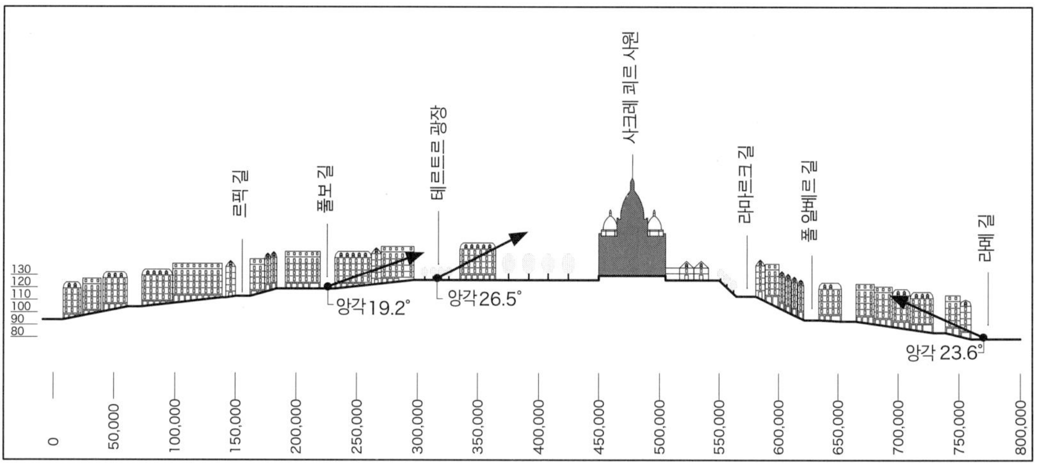

그림 4.53 몽마르트르 지구의 동서 단면도

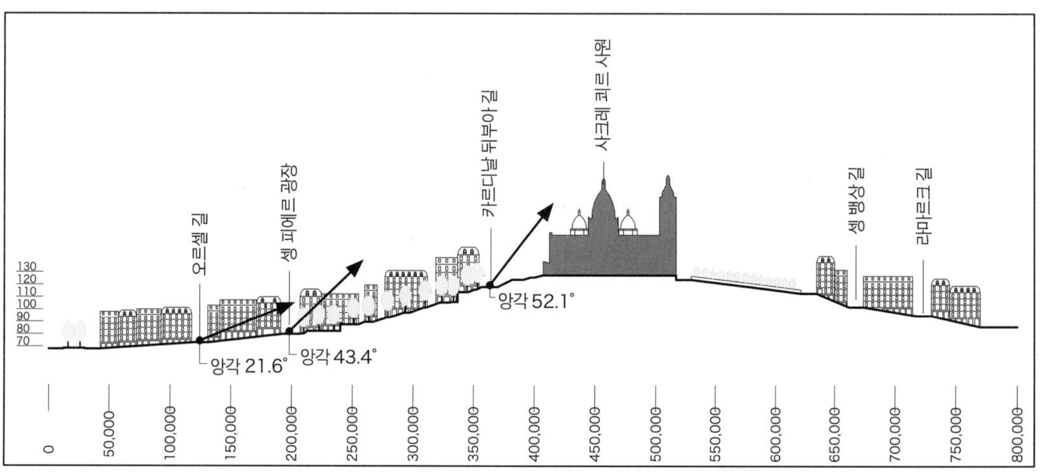

그림 4.54 몽마르트르 지구의 남북 단면도

르 지구의 시점장을 돌아보는 경로를 제안하고자 한다.

몽마르트르 지구는 다음과 같이 단면도에서 보는 것처럼 언덕의 정상에 사크레 쾨르 사원이 서 있으며 표고는 약 65-130m의 범위이다. 실제 걸어보면 급한 언덕과 계단 길도 많다. 여기서 경로의 기복을 파악하여 특징 있는 시대상의 리듬, 초점의 고저 변화 등의 관점에서 검토한다. 참고로 몽마르트르 지구의 동서 단면(그림 4.53)과 남북 단면(그림 4.54)을 제시하고 있다.

1. 경로와 시점장 표고와의 관계

개략 초기에 그려진 회화는 "도로와 건축의 투시도적 경관"의 축경과 "마을 전체를 내려다보는 경관"의 부감경이 많고, 후기가 되면서 대상을 한정시킨 "심볼릭한 건조물 경관"을 많이 그리고 있다.

표고와의 관련에서는 표고가 낮은 시점장(표고 80-90m)에서는 "도로와 건축의 투시도적 경관"의 구도를 많이 취하고 있다. 다음으로 높은 표고로 이동하여 "부감경"과 "심볼릭한 건조물 경관"(표고100m)을 그리고 있어, 위트릴로는 시점장의 표고가 100m이상이 되어서야 비로서 처음으로 사크레 쾨르 사원을 그리고 있음을 알 수 있다. 100m 이하의 표고의 시점장에서는 사크레 쾨르 사원을 그리고 있지 않으며, 심지어 정면 방향에서도 조차 그리지 않았다.

앞에서 앙각을 조사하였으나, 사크레 쾨르 사원의 건물 높이가 높기 때문에, 낮은 장소에서의 앙각이 너무 커 버리기 때문에 "그림이 되는 경관"의 시점장이 되기 어렵다. 언덕 위에 도착하기 위해서는 낮은 주변의 대로에서 접근하게 된다. 표고가 낮은 지하철역에서 내려, 바로 이곳부터 시작된다.

2. 시선방향을 고려한 산책 경로 구축법

그림 4.7의 시점장 분포를 보면 시선 방향과 시점장과의 관련을 알 수 있다. 즉, 시점장에서 시대상 방향으로 이어지는 시선 또는 최단 시점장을 도로에 따라 서로 연결한 것이 그림 4.55이다. 그 결과, 이 경로는 위트릴로 회화의 실경을 보는 최단 거리 경로가 된다. 만약, 이 경로상에서 보는 경관이 리듬 등의 특징이 보인다면, 일본 정원 공간이나 신사 경내를 돌아보는 연속 경관(시퀀스 경관)[15] [16] [17]과 유의한 성격이다. 이것은 위트릴로가 그린 회화의 실경을 걸으면서 흥겨운 연속적인 경관을 얻을 수 있음을 의미한다.

그 표고의 단면을 나타낸 것이 그림 4.56이다. 경로의 출발점은 아베스 길이며, 바로 이곳이 지하철역이 있는 곳이다.

다음으로 시점장 상호간의 관련에 대하여 조사해 보자.

(1) 시점장 상호 거리의 리듬감

시점장은 앞에서 본 것과 같이 교차로에서 주변이 보이는 개방된 공간이다. 시점장 상호간의 거리를 보면, 아베스 길에서 시작한 이 구간은 200-300m로 긴 거리로 구성되어 있으며, 후반이 되면 70-150m로 짧아진다. 이 거리는 도로의 길을 보는 경우의 깊이감을 나타내는 것이다. 즉, 최초 시점장 간의 거리는 길지만 점점 그 간격이 짧아져 개방 공간의 간격이 짧아지는 리듬을 가진다. 축경의 깊이감 또한 리듬감을 가진다.

그림 4.5처럼, 기점에서 사크레 쾨르 사원까지 경로의 총 연장은 약 2.6km이다. 일반적으로 산책 거리는 4km, 산책 시간은 1 시간이다[14]. 이러한 경로는 표고 차는 있지만 산책로 거리의 범위이다. 실제로 천천히 위트릴로의 회화와 비교하면서 산책하면 55분이 소요된다.

(2) 표고의 리듬감

길의 표고에 대한 특징을 보면, 표고 84m의 아베스 길에서 출발하여 다음의 표고가 75m로 내려가고, 다음이 93m로 올라간다. 즉, 업 다운을 반복하면서

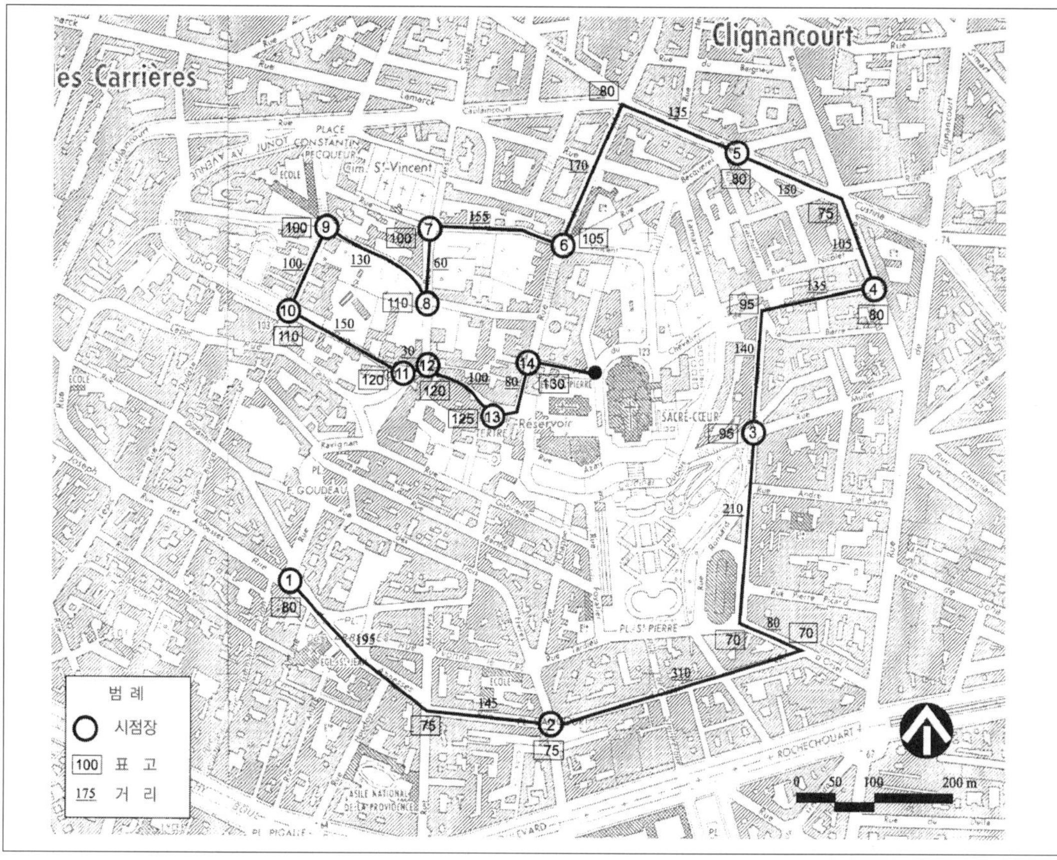

그림 4.55 시점장 간의 경로

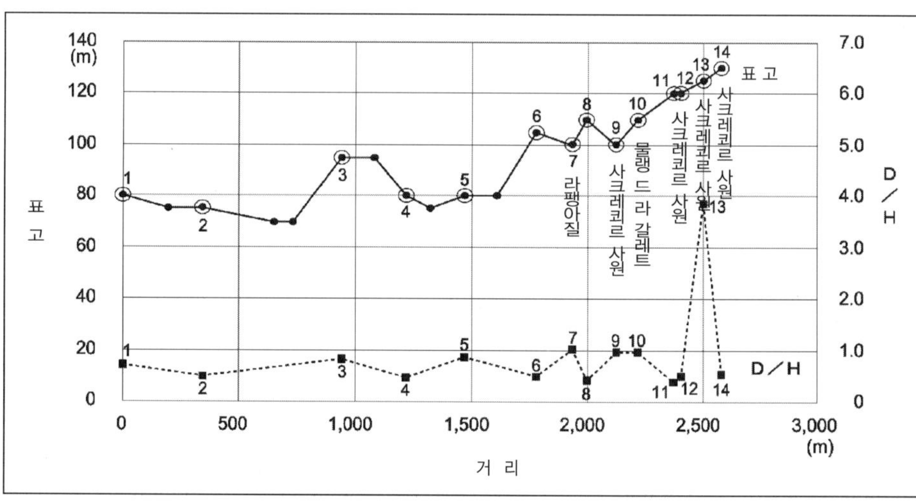

주) 번호는 시점장 번호

그림 4.56 시점장의 표고와 시점장간의 거리

정상에 가까워지고 그러면서 계속하여 상승하여 몽마르트르 지구에서 가장 높은 130m의 사크레 쾨르 사원에 도착하게 된다(그림 4.56).

처음에는 완만한 도로를 걷고 오르고 내리는 길의 경사가 변화하면서 그 후에는 점차적으로 올라가게 된다.

(3) 경관 타입과 기복 타입

평지의 완만한 지형에서는, 예를 들어 아베스 길과 오르셀 길을 정면에서 바라보는 "도로와 건축의 투시도적인 경관"의 길의 축경, 언덕을 오르는 경우는 (이 경사는 폴 알베르 길임) 올라선 후에 뒤 돌아보면 "마을 전체를 내려다보는 경관"의 부감경으로 시가지를 내려다 볼 수 있다. 계속해서 내리막 경사를 내려오면(코탱 소로) 다시 한번 뒤돌아 경사의 계단을 올려다보는 "앙감경"을 볼 수 있다.

다시 완만한 길에서는 길의 끝이 보이는 축경이 된다. 그 후 경사를 올라(몽 스니 길), 뒤돌아보는 부감경을 볼 수 있다. 마지막으로 좁은 길과 굽이 굽은 교차로를 지나면서 목표물을 향해 전진한다. 여기서는 좁은 도로의 축경 끝에 불쑥불쑥 심볼릭한 건조물을 보는 경관이 반복되면서 최후에는 사크레 쾨르 사원 전체를 볼 수 있다.

이처럼, 표고의 기복과 경관 타입이 리듬을 가지고 있는 것을 알았다.

그 중에서도 표고의 기복이 있기 때문에, 조망 거리가 짧은 몽마르트르 지구에 있어서도 마을 전체를 내려다보는 경관이 가능한 것이다. 우리들은 이 몽마르트르의 언덕에서 파리 시가지를 바라보는 조망 경관이 가능함과 동시에, 자기가 서 있는 몽마르트르의 위치를 확인할 수 있었다.

(4) 도로 폭과 D/H 리듬

도로 폭의 변화를 아베스 길에서 바라보면, 처음에는 26.6m, 다음으로 10.7m, 다음으로 14.4m과 같이 도로의 폭이 넓어졌다 좁아졌다 반복하고 있어, 이로부터 리듬감을 얻을 수 있다(그림 4.57).

도로와 건물의 관계(D/H)를 보면, D/H = 1 이상의 도로는 하나 밖에 없다(지점7에서 지점8방향의 도로), 1 이하라는 것은 도로의 폭과 비교하여 건물 높이가 높다는 것을 의미한다.

값이 큰 것은 개방적인 도로이며, 값이 작은 것이 폐쇄적인 도로이다. 즉, 좁은 도로의 양측에 높은 건물이 면하고 있는 것이 몽마르트르 마을의 특징이며, D/H가 1 이하라는 수가 이것을 나타내고 있다.

아베스 길에서 순서대로 그 값(D/H)을 조사해 보면, 0.98이 두 개의 노드에 이어지는 것, 0.42, 0.49와 연결되는 것, 이 2개소를 제외하면 0.72-1.02 와 0.42-0.47 의 값이 서로 교차된다. 즉, 좁은 도로이면서도 폐쇄적 도로와 개방적 도로가 교차되어 출현하는 리듬감을 예상할 수 있다.

"인간은 개방적인 공간이 계속 지속되면 반응이 없고, 반대로 폐쇄적인 공간이 계속 지속하여도 동일하게 무반응이지만, 개방적인 공간에서 폐쇄적인 공간으로, 또는 폐쇄적인 공간에서 개방적인 공간으로 변화하는 경우, 개방도가 변화 지각에 반응한다"[15]. 위트릴로는 이렇게 다양한 도시 공간을 그리고 있으나, 그러한 길을 연결하면 연속된 리듬을 기진 경로를 얻을 수 있다.

3. 산책 경로 제안

산책 경로로 제안한 시점장과 시대상의 시선 방향을 최단으로 연결하는 경로가 거리, 표고, 경관 타입에 의해 일정 리듬을 갖고 있음을 알았다. 이어진 경로의 마지막에는 위트릴로가 수없이 그린 사크레 쾨르 사원의 시점장으로 이어진다. 위트릴로 회화는 사크레 쾨르 사원을 중심으로 한 회화임과 동시에 몽마르트르 지구의 공간이 사크레 쾨르 사원을 중심으로 구성되어 있음이 산책 경로를 검색함으로써 명확해졌다. 그것은 낮은 표고의 시점장에서 점차 높은 표고의 시점장에 도착하여, 최후에 정상에 도달하는 사크레

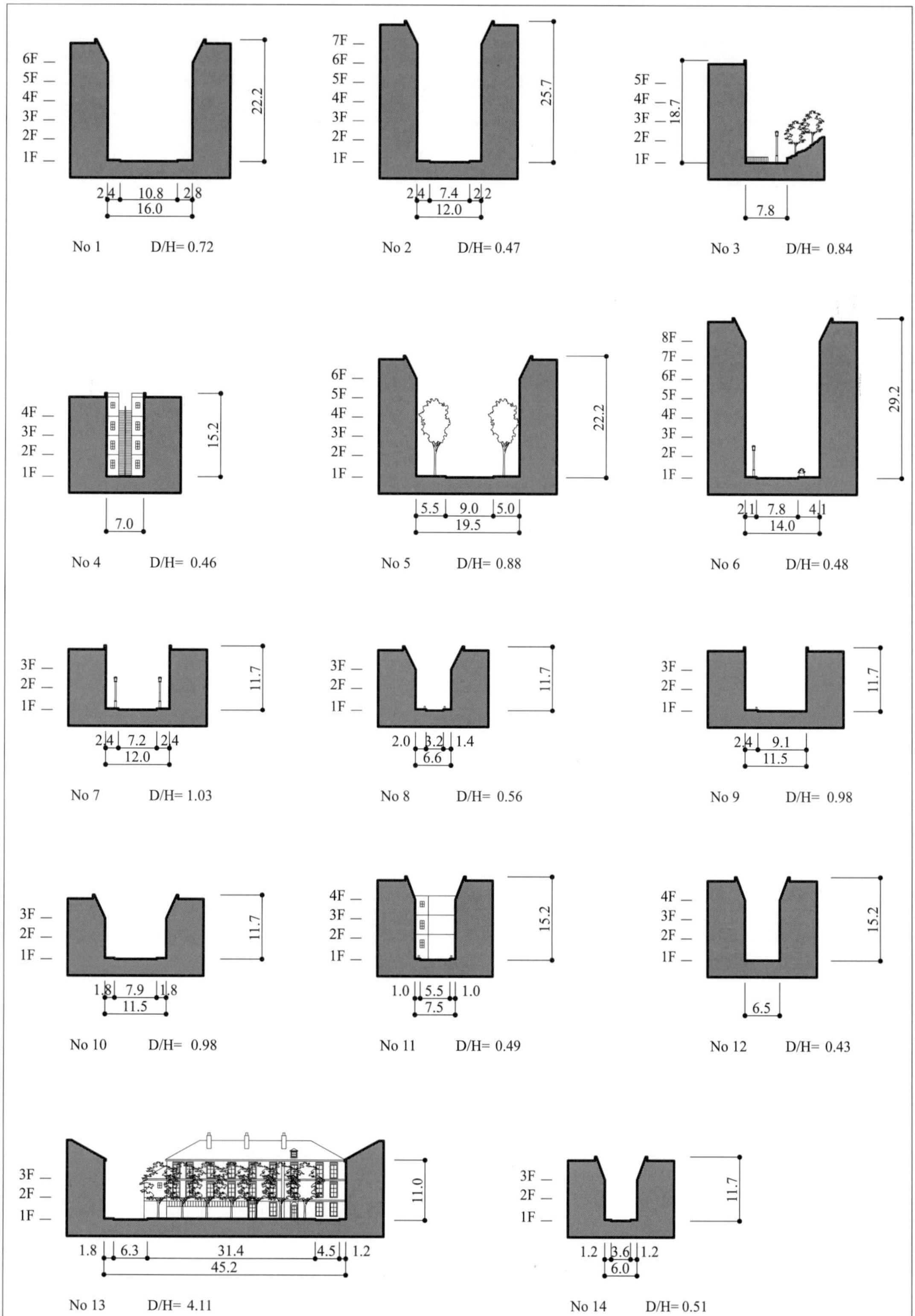

No 1 D/H= 0.72
22.2
2.4 10.8 2.8
16.0
No 2 D/H= 0.47
25.7
2.4 7.4 2.2
12.0
No 3 D/H= 0.84
18.7
7.8
No 4 D/H= 0.46
15.2
7.0
No 5 D/H= 0.88
22.2
5.5 9.0 5.0
19.5
No 6 D/H= 0.48
29.2
2.1 7.8 4.1
14.0
No 7 D/H= 1.03
11.7
2.4 7.2 2.4
12.0
No 8 D/H= 0.56
11.7
2.0 3.2 1.4
6.6
No 9 D/H= 0.98
11.7
2.4 9.1
11.5
No 10 D/H= 0.98
11.7
1.8 7.9 1.8
11.5
No 11 D/H= 0.49
15.2
1.0 5.5 1.0
7.5
No 12 D/H= 0.43
15.2
6.5
No 13 D/H= 4.11
11.0
1.8 6.3 31.4 4.5 1.2
45.2
No 14 D/H= 0.51
11.7
1.2 3.6 1.2
6.0

그림 4.57 길 단면도

쾨르 사원을 보는 경관에 도달하게 된다.

통상 관광객은 우선 사크레 쾨르 사원을 향한다. 그러나 "미국 작가인 한 친구는 파리 주재가 끝나갈 무렵, 몇 번이나 몽마르트르를 걸어 다녔음에도 불구하고 이제껏 단 한번도 사크레 쾨르 사원에 오른 적인 없다는 것을 알고 매우 놀랐다. ……"[3]. 그리고 결국 그 작가도 마지막에는 사크레 쾨르 사원에 도착한다. 즉, 루이 슈발리에도 또한, 주변을 충분히 산책한 후에 사크레 쾨르 사원을 보는 것을 추천하고 있는 것이다.

이상을 종합하면, 위트릴로가 그린 회화의 시점장을 연결한 사크레 쾨르 사원의 주변을 빙빙 돌아가면서 최후에 사크레 쾨르 사원을 보는 회유 경로를 산책 경로로 정비함으로써 리듬감 넘치는 산책 코스를 얻을 수 있다.

4-5 연속 경관 구도

1. 경관 조작 지표의 특징

사크레 쾨르 사원이 파리 시내 전체의 심볼릭한 건조물로서, 매우 광역적인 범위의 경관 자원으로서의 역할을 다하고 있다.

이와 동시에, 사크레 쾨르 사원이 몽마르트르 지구의 회화에서처럼, 소지구 레벨의 좁은 경관에서도 심볼릭한 건조물의 경관으로서 중요한 역할을 하고 있음을 이야기해 왔다. 또한, "심볼릭한 건조물 경관", "도로와 건축의 투시도적 경관", "마을 전체를 내려다보는 경관", 의 3가지 구도가 지구 레벨의 경관으로 그려졌으며, 몽마르트르 지구 경관으로서도 충분히 역할을 해 왔다. 각각의 현지 조사에 의해 실경과 회화를 비교하여 그 특징을 조사하였다.

(1) 시점장

도로 교차로가 주된 시점장이다. 몽마르트르 교차로의 형태가 복잡하고 곡선인 것도 있어, 그 교점은 4,5,6차로이다. 당연하지만, 그 교차로의 전면에 있는 광장도 시점장이 되고 있다. 교차로는 주변이 오픈되어, 조망 가능한 개방적인 공간이기 때문에 시점장으로서 활용하고 있다.

시점장이 될 수 있는 구체적인 형태는, 무엇보다도 개방도 높은 장소이어야 하며, 그 다음으로 1)도로의 교차점, 2)광장, 3)계단의 스테지, 4)건물 상층 등과 같은 곳이다.

(2) 시대상까지의 거리

시점장에서 심볼릭한 건조물까지의 거리는 100m 이내, 길의 조망거리는 대략 300m이내를 그리고 있다. 즉, 근경 범위인 300m이내에 시대상이 그려져 있다. 그 거리는 지구 경관에서 중요한 경관 거리이다.

단, 여기서 주목해야 할 점은 위트릴로가 정면(남측)에 있는 셍 피에르 광장에서 사크레 쾨르 사원을 그리지 않았다는 점이다. 셍 피에르 광장에서 사크레 쾨르 사원의 정상을 보는 앙각은 43.4도, 거리는 220m이다. 건물을 바라보기 위해서는 그래도 가능한 각도일 수도 있겠지만, "그림이 되는 경관"으로서는 적절한 각도이지 않다. 즉, 언덕 위에 서있는 사크레 쾨르 사원의 높이에 비해, 정면 광장에서 바라보기에는 광장이 좁다고 위트릴로는 판단한 것으로 생각된다.

2. 연속 경관의 특징

우선, 사크레 쾨르 사원의 주변 지구에서 비교적 낮은 지구의 시가지를 바라보며 걸으면, 언덕 위의 사크레 쾨르 사원이 살짝 보이는 곳, 또는 갑자기 끝이 보이는 길이 나오고, 결국에는 사크레 쾨르 사원이 가장 잘 보이는 곳, 즉 앙각이 충분히 확보된 장소에 도착한다, 라는 연속적인 경관을 가진 지구로서 몽마르트르 지구를 파악할 수 있다.

이러한 경관을 바라보는 시점장 공간은 서로 가깝게 위치하고 있으며, 1시간 정도 걸어 돌아 볼 수 있는 거리로 구성되어있다. 그러나, 그 각 시점장은 개방된 공간이며 리듬을 가진 길로 연결되어 있다. 또한, 시선 방향에는 특징 있는 건물이 반드시 존재하여 시야에 들어온다. 이러한 조건이 각 시점장을 연속적인 경관의 초점이 되게 하는 요소이다.

일반적으로 회화는 하나의 시점장에서 한 방향 밖에 그리지 않는다. 그러나, 상기와 같은 시점장을 연속적으로 돌아보고 있음은 하나의 시리즈로서 회화의 실경을 즐길 수 있는 산책 경로의 선정이 가능하며, 나아가 지구의 연속적인 경관을 얻을 수 있다.

이상으로, 하나의 심볼릭한 건조물을 중심으로 그 시점장을 설정하여 다른 부차적인 시대상을 포함한 네트워크화를 도모하여, 산책로 등의 정비를 진행한다면 연속적인 경관을 얻을 수 있음을 암시하고 있다. 앞으로 연속적인 경관을 창출할 때, 이러한 기법이 적용될 수 있다.

또한, 서론에서 논한 것처럼, 시그레 쾨르 사원은 멀리서 볼 수 있는 경관 자원이기도 하다. 즉, "마을 전체를 내려다보는 경관"의 한가지 요소로서도 적용될 수 있다. 심볼릭한 건조물이 이렇게 넓은 공간에서도 활용되어 분석된 것처럼 소지구의 경관 자원으로서도 활용되고 있으며, 공간의 각 레벨에서 활용될 수 있음을 알았다.

|참고 문헌|

1) 千足伸行：コタン小路, 千足伸行編集・解説：Vivant 15 ユトリロ, 講談社, pp. 75-78, 1996
2) 益田義信, 熊瀬川紀, 双葉十三郎：モンマルトル青春の画家達, 新潮社, 1986
3) ルイ・シュヴァリエ, 河盛好蔵訳：歓楽と犯罪のモンマルトル, 文藝春秋, 1986
4) 千足伸行：都に雨が降るごとく……ユトリロとパリの憂愁, 千足伸行監修：モーリス・ユトリロ展 1998-1999 カタログ, アート・ライフ, pp.19-26, 1998
5) 鹿島茂：馬車が買いたい, 白水社, 1990
6) 饗庭孝男編：パリ・歴史の風景, 山川出版社, 1997
7) 井上輝夫, 横江文憲, 熊瀬川紀：ユトリロと古きよきパリ, 新潮社, 1985
8) 萩島哲：風景画と都市景観, 理工図書, 1996
9) 千足伸行編集・解説：Vivant 15 ユトリロ, 講談社, 1996
10) 千足伸行監修：モーリス・ユトリロ展 1998-1999 カタログ, アート・ライフ, 1998
11) 井上靖, 高階秀爾編：世界の名画 20, ユトリロとモディリアーニ, 中央公論社, 1974
12) ゴードン・カレン, 北原理雄訳：都市の景観, 鹿島出版会, 1975
13) Patty Lurie : Guide to Impressionist Paris, Robson, 1996
14) Julian More : Impressionist Paris, Pavilion, 1998
15) 材野博司：庭園から都市へ — シークエンスの日本, 鹿島出版会, 1997
16) 進士五十八：日本庭園の特質－様式・空間・景観－, 東京農大出版会, 1990
17) 伊藤ていじ・他：特集・日本の都市空間, 建築文化, 1963

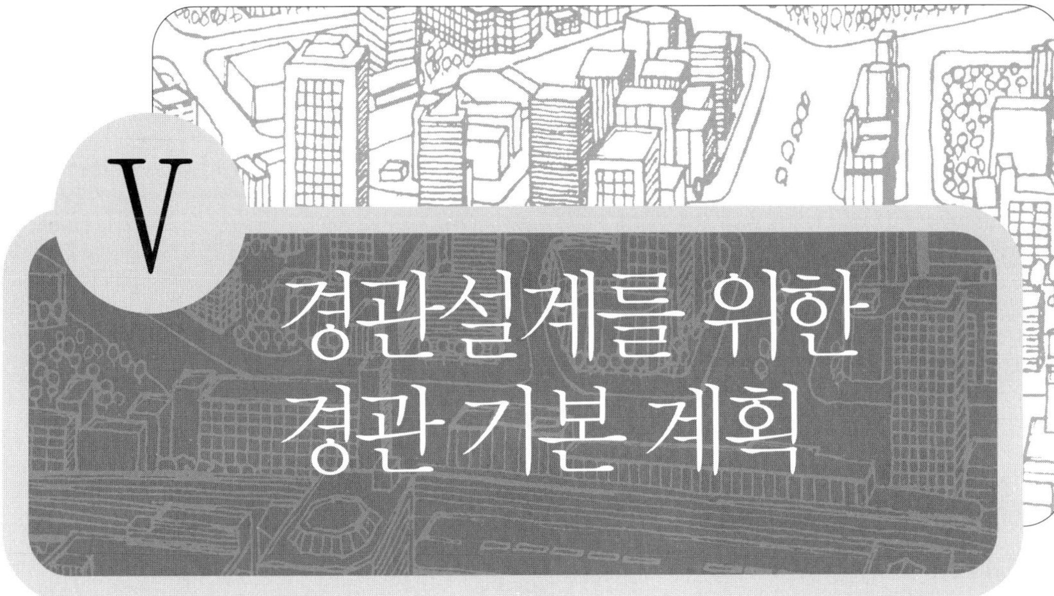

V 경관설계를 위한 경관 기본 계획

5-1 공간에 따른 경관 타입 연출법

5-2 경관기본계획에의 적용 – 6가지 경관 구도 조성

지금까지 논한 유럽의 도시적 풍경화의 특징은, '역시 화가들이 각각 개성 있는 경관 요소를 그리고 있으며, 바깥 세상의 관심거리도 많았다' 라는 것이, 지금까지 글을 써 온 솔직한 심정이다.

물론, 인상파 화가는 수변의 빛과 색채에 주목하였기 때문에, "하천과 마을의 경관", "도로와 하천의 투시도적 경관", "항만 경관" 등, 물에 관련된 구도를 많이 그리고 있다. 그 결과, 내가 선정한 인상파 회화도 그러한 회화가 다수 포함되어 있다.

그러나, 인상파의 대표적인 화가 중 한 사람인 피사로는 시가지의 도로와 건축물의 마을을 중심으로 그리고 있으며, 인상파의 영향이 비교적 적지만, 위트릴로 또한 자신이 살고 있는 주택지의 마을을 반복하여 그리고 있다.

결국, 화가들이 그린 '도시 경관' 이라는 것은, 그 실경 역시 아름다운 마을이다. 그것이 어떤 때 "그림이 되는 경관"의 구도가 되는 지, 그 시점장, 시대상과 시점장과의 관계 등, 지금까지 실시해 온 조사로 설명되었다고 생각한다.

5-1 공간에 따른 경관 타입 연출법

"그림이 되는 경관"에는 '심볼릭한 건조물 경관', 즉 단독 건축물 등의 좁은 범위의 건축물 경관은 가구, 지구, 도시와 같은 공간 범위의 경관이 존재하는 타입으로, 각각 이들 공간에 따른 지표(거리, 앙각)가 존재한다.

심볼릭한 건조물은 미크로 지구에서 조망 대상이 되며, 또한 멀리 어렴풋이 보이는 원경의 대상이 되기도 한다. 이렇게 각각의 공간 범위에서 심볼릭한 건조물은 경관상 아름다울 필요가 있다. 여기에는 미크로적인 경관을 포괄하면서, 가구 경관, 지구 경관, 그리고 도시의 경관이라는 식으로, 각 단계의 소 경관을 포함하면서 도시 경관에 이르는 것이다.

예를 들어, 파리의 노트르담 대성당의 경우, "심볼릭한 건조물 경관"으로서, 전면에 있는 광장에서 보아도 아름다운 경관을 제공하고 있으며 이것을 보는 시점장이 그곳에 존재한다. 게다가, 공간 범위가 개방되어 "도로와 하천의 투시도적 경관"과 "하천과 마을의 경관" 속에 존재하면서 아름다운 경관을 제공하고 있으며, 이를 위한 시점장 역시 존재하고 있다. 다시 말해, 이 타입은 '단독 건축물의 경관'과 '지구 레벨의 경관'으로서, 모두 활용할 수 있다. 따라서, 이 경관 타입에서는 경관 요소 자원을 중첩하여 활용할 수 있다는 점이 매우 중요하다.

1. 심볼릭한 건조물 경관

(1) 떨어져서 바라보는 건조물의 경우

1) 심볼릭한 건조물이 300m 이내의 초근경, 또는 근경의 거리경에 위치한다.

2) 시대상의 앙각 : 20-30도

"심볼릭한 건조물 경관"은 다른 경우와 비교하여 가장 가까이에서 조망하는 경관이다. 게다가 높은 건조물이 시대상이 된다. 높은 건물을 보기 위해서는 높이에 따라 어느 정도 떨어져서 볼 수 있는 오픈 스페

그림 5.1 적정한 오픈 스페이스가 존재하는 심볼릭한 건조물의 경관

그림 5.2 적정한 오픈 스페이스가 없는 곳에서 사크레 쾨르 사원을 그린 예

그림 5.3 적정한 오픈 스페이스가 없는 경우의 심볼릭한 건조물의 경관(1)

이스가 필요하다.

따라서, 걸으면서가 아니라, 멈춰 서서 제대로 시대상의 전체상을 보는, 이것을 목적으로 하는 공간이 존재하여야만 한다. 그러한 요소를 만족하는 공간이 "심볼릭한 건조물 경관"의 존재를 보증하는 것이다(그림 5.1 참조)

그 경우, 건조물까지의 거리는 앙각이 최우선 조건으로 결정된다. 그 앙각의 각도는 20-30도이다. 높으면 높을수록 건물 앞 오픈 스페이스까지의 거리도 길어지나, 그 거리는 시대상에서 300m이내이다. 어디까지나 근경 범위 내에 시점장이 위치한다. 반대로 전정이 넓으면 전경이 삭막한 인상이 되어 시점장으로는 부적절하다.

(2) 떨어져서 건물 전체를 볼 수 없는 건조물의 경우

1) 심볼릭한 건조물은 100m이내의 초근경 거리경에 위치한다.

2) 시대상의 앙각 : 30-45도

그려진 회화의 사례가 적다(그림 5.2). 앙각은 30도 이상이다. 건물의 일부가 전면의 장해물로 보이지 않기 때문에, 큰 둥근 지붕의 대규모 건조물의 일부를 초근경에서 보는 경관이다. 주변 시가지의 마을과 비교하여 극단적으로 규모가 커서 다이나믹한 경관을 제공한다. 몽마르트르 지구의 사크레 쾨르 사원(그림 5.3), 루앙 대성당, 피렌체의 두오모(그림 5.4) 등 심볼릭한 건조물의 일부를 가장 가까운 좁은 노지에서 보는 경관이다.

2. 가구 경관

1) 300m 이내 거리경(근경)

2) 끝에 보이는 아이 스톱, 그 시대상의 앙각 : 10-20도

시가지 내의 길을 걷는다. 길이 굽어있는 경우도 포함된다. 길 양쪽에 빽빽이 들어선 건물들이 있고,

그림 5.4 적정한 오픈 스페이스가 없는 경우의 심볼릭한 건조물의 경관(2)

그림 5.5 지구의 길 경관(1)

그림 5.6 가구의 길 경관(2)

그 길 끝에 가끔 아이 스톱과 같은 건물이 보인다. 그 아이 스톱은 100m이내의 초근경인 경우가 많다. 이 경우, 앙각이 10-20도이며, 그곳에서 얻는 경관이 지구 레벨의 경관이라고 할 수 있다(그림 5.5, 그림 5.6).

또한, 도로 안쪽까지 한눈에 볼 수 있는 직선 도로에서도 존재한다.

단, 좁은 노지나 뒷길이 멀리 보이는 조망 가능한 길과의 배치가 조화를 가져야만 한다.

3. 지구(교구) 경관

1) 거리경은 1km 이내(중경)

2) 시대상의 앙각 : 5-10도(중경)

이 범위에서는 하천의 축경과 하천의 마을을 보는 경우, 길의 축경을 보는 경우(D/H는 0.5-1.4) 등이다(그림 5.7, 그림 5.8).

그림 5.7 지구의 수변 경관(1)

그림 5.8 지구의 수변 경관(2)

하천 경관의 축경의 경우, 근경에 다리를 배치하며, 그 하천 폭은 약 100m 이내이다. 대안경에서의 하천 폭은 150m이다. 따라서, 그것을 보려면 초근경에서는 하천 경관을 바라보기에 너무 가깝기 때문에, 근경부터 중경까지의 범위에서 가장 좋은 경관을 얻기 쉬우며, 이 범위의 하천 경관이 그림에 많이 그려졌다.

이 경관의 경우, 중경까지의 거리경을 조망하여야만 하기 때문에, 시대상까지의 조망 거리가 확보되어야 하며, 또한 그러한 시대상을 볼 수 있는 시점장이 필요하다.

4. 도시 경관

이 범위의 경관은 개방성을 가져야 하기 때문에 전체를 내려다보는 경관이 대부분이다. 주요한 지표는 다음 2가지이다.

1) 거리경은 1-5km 이내까지 포함

2) 원경 요소의 앙각은 5도 정도

시가지의 마을을 보는 가장 먼 거리는 시점장에서 약 2km 의 원경이다(그림 5.9, 그림 5.10). 이 거리는 쉽게 보이지도 않으며, 또한 인상에도 남지 않는다. 그러나 이러한 원경을 포함하는 마을을 그리는 경우, "마을 전체를 내려다보는 경관", "항만 경관"(그림 5.11)과 "하천과 마을의 경관"(그림 5.12)의 2가지 타입이 있으며, 그 이외는 없다. 이러한 원경을 활용하는 경우, 도시의 특성을 가지게 하는 스카이라인이 중요한 포인트가 된다. 마을과 구릉지, 산등성이, 해변이 주된 요소이며, 그 앙각은 5도 정도로 활용된다. 반면, 시가지 공간을 분절하는 해변과 녹지의 배치에는 부각(내려다보는 각) 약 5도이다.

일반적으로 "마을 전체를 내려다보는 경관" 타입에도 근경과 1km이내의 중경이 경관의 주 요소이다.

5. 연출 기법

(1) 시점장

"그림이 되는 경관"을 얻을 수 있는 시점장은 시가지의 교차로인 경우가 많고, 특히 변형 교차로이다. 또한, 굽은 지점, 이곳은 도로의 경우도 하천의 경우도 공통된 시점장이 되며, 이러한 시점장 공간은 개방성이 매우 높다. 지금은 도로와 하천을 정비할 때, 직각 교차로와 직선 도로, 하천으로 조성되는 경우가 많다. 그러나, 그 교차로와 주변 공간의 정비 또한 필요하다. 때문에, 정비 시에는 특히 신중해야만 한다. 시점장의 전면 또는 인접하고 있는 광장의 D/H는 1.8-5.0 이다.

"마을 전체를 내려다보는 경관"의 시점장은 시가지 내의 고층부 상층, 또는 근교의 구릉지이다.

(2) 도로 단면, 하천 단면

심볼릭한 건조물을 중심으로 반경 1km 범위 내에 존재하는 도로와 하천의 보전 정비를 행하여 "그림이 되는 경관"으로 활용한다. 즉, 하천과 함께 심볼릭한

그림 5.9 도시 경관(1) (근경, 중경, 원경을 포함함)

그림 5.10 도시 경관(2)

그림 5.11 항만 경관(중경, 원경)

그림 5.12 도시 경관(3) (중경, 원경)

건조물을 본다든지, 길과 함께 심볼릭한 건조물을 볼 수 있도록 정비하는 것이다. 그 때에는 도로 단면과 하천 단면(D/H)를 고려하여 보다 조망이 잘 되도록 하여야만 한다.

5-2 경관기본계획에의 적용 - 6가지 경관 구도 조성

회화를 한 장 한 장 살펴보면 개별적인 특징을 볼 수 있으나, 물리적인 면을 보면 앙각, 거리 등에서 몇 가지의 공통점을 볼 수 있다.

그 공통성의 존재를 고려한다면, "그림이 되는 경관"을 도시 속에 만들어 낼 수 있다. 즉, 시점장에서 시대상 방향으로, 시대상 거리까지의 경관 별로 구성 요소를 배치하는 것이다.

인상파의 도시적 경관의 분석 결과를 실현하기 위해서는, 우선 지방 자치제에서 책정하여 실시되고 있는 '경관 형성 기본 계획' 에 적용할 필요가 있다. '경관 형성 기본 계획' 이라는 것은 도시계획에 관한 중요한 부문의 한 계획이다.

지금까지 책정되어 온 경관 형성 기본 계획의 특징으로, 1)토지 이용 존의 구분, 또는 행정구역에 의한 경관 형성 방침이 제시되어야 할 것, 2)경관 형성을 위한 재정 기반이 약하기 때문에, 도시 계획 사업과 관련한 항목이 다수 표시되나, 개별적으로는 기재되어 있는 경우가 적다는 것, 3)경관 자원의 "보전"이라는 관점이 강한 관련 항목이 도면 중에 다수 기재되어 있음, 구체적으로는 산등성이, 녹지나 하천의 보전, 그리고 전통적인 마을 보전 등이 기재되어 있으며, 경관 형성이 "환경 보전"이라는 관점에서 파악되어지고 있는 것, 등이 있다.

어느 것도 중요한 항목이지만, 시각적인 이유에 의해 즉, 단순히 경관론적인 논거에 의해 계획된 항목이나 사례는 비교적 적다. 비록 환경 부분과 관련 있다고 하지만, '환경 보전 계획' 과 '경관 형성 기본 계획' 과의 구별이 불명확한 계획이 많고, 결국 도시계획 사업을 중심으로 한 계획이 대부분으로 구성되어 있다.

한편, 경관 형성 기본 계획은 1)현황도(경관 자원도), 2)과제도, 3)계획 방침도, 4)중점 지구도(현황, 과제, 계획), 의 4 부분으로 구성되며, 각각의 도면에는 문서가 포함되어있다. 이 4 점을 1 세트로, 경관 형성 기본 계획은 입안될 필요가 있다. 사실, 수많이 책정하고 있는 자치제도 이러한 구성으로 입안하고 있다. 각각의 도면을 어떻게 반영하여야만 하는 지, 다음에 하나의 사례로 설명한다.

1. 현황도

현황도에는 잠재력을 가진 '경관 자원 지도' 를 작성하고 있다. "그림이 되는 경관"의 분석에 의하면, 그 자치제의 시점장과 시대상의 현황 파악이 필요함을 알 수 있다.

시점장은 도로의 교차로, 광장, 오픈 스페이스, 하천의 완곡부, 도로의 굽은 각, 교외의 구릉지, 또는 시가지의 고층 건물 상층이다.

시대상은 심볼릭한 건조물, 고층 건물, 하천, 산등성이, 직선 도로의 양측 건물들(그 비가 1/1의 도로) 등이 있으며, 산등성이는 구역 밖의 높은 곳도 검토 대상이 된다.

그 도시 현황 조사에서 상기 지점이 경관을 고려함에 있어 자원이 되기 때문에, 우선 이것을 지도상에서 픽업할 필요가 있다. 이들은 시점장과 시대상으로서의 가능성을 포함한 장소로, 지금 그대로 바로 활용할 수 없는 지점은 물론, 지금 그대로 바로 활용 가능한 지점도 모두 포함하여, 경관 자원의 현황으로 정리한다. 이 때, 시점장과 시대상으로 나누어 현황도를 작성한다.

2. 과제도

6가지 경관 타입의 모든 시점장에 존재하는 각 요소의 가시 영역에 대하여 시뮬레이션 분석을 행한다.

예를 들면, "마을 전체를 내려다보는 경관"의 시뮬레이션 분석은 산등성이나 고층 건물의 상층을 시점장으로 하여, 주변 360도를 내려다보고 거리경 별로 각 요소가 적절한 부각으로 가시 가능한 지를 계측하여 시점장의 가능성을 평가한다. 동시에 시대상 측의 보존 구역과 재정비 구역의 가능성을 평가한다.

양자의 가능성을 검토한 후에, 주변 상황을 종합하여 시점장으로서 활용할 수 있는 지를 판단하게 된다. 또한 시점장에서의 비가시 영역이 보전 가능한 영역인지 아닌지를 현장 조사로 확인한다.

이상의 분석 결과를 종합하여, "그림이 되는 경관"을 창출할 수 있는 시점장의 정비 지침 및 시대상의 정비 지침을 제시한다.

3. 계획 방침도

"마을 전체를 내려다보는 경관", "심볼릭한 건조물 경관", "도로와 건축의 투시도적 경관", "하천과 마을의 경관", "항만 경관" 과 같은 모든 타입에 대한 시점장과 시대상의 보전 및 정비 방침을 제시한다.

한 예로, 시점장 정비의 경우, 시가지의 교차로, 광장, 공원, 곡선의 하천, 도로의 곡점, 다리, 구릉지, 고층 건물의 상층, 등과 같은 지점이 정비 대상이 될 수 있다. 물론 이러한 곳은 "그림이 되는 경관"의 조건을 만족하고 있는 시점장이어야 함은 물론이고, 적절한 앙각이나 부각을 가져야 하며, 또는 시점장에서 보이는 시대상이 장래에도 보전되어야만 하는 등, 다양한 전제 조건이 필요하다. 게다가 시점장과 시점장 사이를 잇는 경로의 발견하여, 이들 공간의 정비 내용 또한 포괄적이면서 구체적인 계획 방침이 제시되어야만 한다.

시대상 정비의 경우에는, 하천, 다리, 직선 도로, 산등성이 등과 같은 영역은 보전 구역으로서의 정비 방침을 제시한다. 이곳 또한, 시점장이 장래에도 보전되는 것이 전제되어야만 한다.

반면에 현황에는 시점장이나 시대상으로서 존재하지 않지만, 앞으로 시점장이 정비되면서 "그림이 되는 경관"이 될 수 있는 시대상이 존재한다면, 그 시점장 또한 정비 대상이 된다. 그리고, 현황에는 시점장만 존재하고 있어 시대상을 정비하여 "그림이 되는 경관"을 얻을 수 있다면, 이 시대상 역시 정비 대상이 된다.

거꾸로, 시점장과 시대상이 "그림이 되는 경관"으로서 유효하지만, 장래에 개발이나 변경의 가능성이 높다면, 이에 대한 대응 방침을 제시하여야만 한다.

4. 중점 지구 계획도

중점적으로 정비되어야 하는 지구로서 꼽히는 장소는 조망 가능한 도로와 하천에 대한 경관 정비가 중점 지구로서 채용되기 쉽다.

1) 그 자치제에서 대표하는 경관이 보이는 시점장. 즉, 자치제에서 흔히 말하는 "얼굴"을 보는 시점장이다. 그리고 중요한 것은 그 주변을 포함한 정비이다. 예를 들어, 도로의 각종 교차로 및 그 근방의 세부 설계가 필요하다. 아니면 하천 공간의 시점장 설계도 중점 과제가 된다.

2) 하천 주변을 포함한 정비이다. 하천 주변의 정비는 경관상 많은 영향을 미치는 것이다. "하천과 도로의 경관", "하천과 마을의 경관" 등의 경관 타입이 있다. 구체적으로 하천 변에 서 있는 건축물과 다리,

하천 변의 오픈 스페이스가 가지는 경관이 중요하다. 이들 공간은 시점장도 되며, 시대상도 된다. 따라서, 그것을 활용하는 정비 계획이 필요하다.

5. 경관 규제 방향

도로변, 하천 변은 대체적으로 조망 가능한 공간이며, 이 조망 시선의 연장선상에 심볼릭한 건조물이 보인다. 대략 그 범위는 중경 범위이다. 따라서, 도로와 하천 변의 조망을 방해하는 행위는 규제되어야 하며, 그를 위한 제도를 만들어야만 한다. 하천 변, 간선 도로변, 광장 주변 등은 그것을 구역으로 규제한다.

그러나, 전체를 구역으로 규제하는 방법의 경관 컨트롤은 바람직하지 않다. 어느 지역, 어느 지구에서도 심볼릭한 건조물이 보일 필요는 없으며, 사실 어떤 장소에서도 볼 수 있어야 하는 것이 아니기 때문이다. '심볼릭한 건조물이 어디에서든 보여야 한다' 는 논쟁은 무의미하며, 따라서 넓은 범위의 규제 구역은 의미가 없다.

심볼릭한 건조물은 시선 끝에 살짝 보이는 경우도 있으며, 길을 걸을 때 갑자기 눈앞에 나타나는 경우도 있는 가하면, 정면으로 보이는 경우도 있다. 때로는 멀리 보이는 마을 속에 심볼릭한 스카이라인을 강조하는 경우도 있다.

심볼릭한 건조물을 보는 시점장은 다양한 장소가 있기 때문에 시점장을 선택하여 규제할 필요가 있다. 이를 위한 규제는 반드시 필요하며 그러한 시점장은 반드시 정비되어야만 한다.

'마을 보전' 의 경우를 예로 든다면, 그 범위는 근경 범위에 있어야 하며, 그러한 근경 구역 내를 대상으로 그 규제 방법을 고려해야만 한다.

물론, 생활 환경을 정비한다는 관점에서 규제하는 것은 두말할 필요가 없다.

|참고 문헌|

1） 清水正行：地方自治体の景観マスタープラン策 定手法に関する研究，学位論文（九州大学），2002

ㅁ

ㅂ

ㅇ

ㅈ

ㅊ

ㅋ

ㅌ

ㅍ

ㅎ

기타

유럽 도시 경관 가이드 북

1판 인쇄 2006년 4월 15일
1판 발행 2006년 4월 20일

지은이 | 萩島 哲
옮긴이 | 강명수
발행인 | 김병계
발행처 | 도서출판 보문당
등록 | 1990년 6월 15일(제1-1066호)
주소 | 서울시 마포구 신수동 448-6 우) 121-110
전화 | 704-7025 / 704-0635
팩스 | 704-2324
홈페이지 | http://www.bomoondang.co.kr
전자우편 | bmdpub@naver.com
표지 · 본문디자인 | 디자인샘 · 디자인이유

값 14,000원
ISBN 89-8413-110-5

*파본이나 잘못된 책은 교환하여 드립니다.